数据库系统理论及其新技术研究

刘月兰　杨秀荣　韩丽娜　编著

中国水利水电出版社
www.waterpub.com.cn
·北京·

内 容 提 要

本书系统全面地介绍了数据库系统概述、数据模型、关系数据库理论、关系数据库标准语言 SQL、关系数据库规范化理论、数据库系统的设计与实施、数据库的安全性与完整性、数据库事务管理与实现、数据库访问标准、现代数据库新技术。本书取材广泛，内容丰富，解析清楚，讲述明确，通俗易懂，可供从事数据库开发应用的研究人员和工程技术人员参考。

图书在版编目(CIP)数据

数据库系统理论及其新技术研究 / 刘月兰，杨秀荣，韩丽娜编著. —北京：中国水利水电出版社，2016. 12（2022. 10重印）

ISBN 978-7-5170-4943-2

Ⅰ. ①数… Ⅱ. ①刘… ②杨… ③韩… Ⅲ. ①数据库系统 Ⅳ. ①TP311.13

中国版本图书馆 CIP 数据核字(2016)第 296750 号

责任编辑：杨庆川 陈 洁　　封面设计：崔 蕾

书 名	数据库系统理论及其新技术研究 SHUJUKU XITONG LILUN JIQI XIN JISHU YANJIU
作 者	刘月兰 杨秀荣 韩丽娜 编著
出版发行	中国水利水电出版社 (北京市海淀区玉渊潭南路 1 号 D 座 100038) 网址：www. waterpub. com. cn E-mail：mchannel@263. net(万水) sales@mwr.gov.cn 电话：(010)68545888(营销中心)、82562819（万水）
经 售	全国各地新华书店和相关出版物销售网点
排 版	北京鑫海胜蓝数码科技有限公司
印 刷	三河市人民印务有限公司
规 格	184mm×260mm 16 开本 17. 25 印张 420 千字
版 次	2017年1月第1版 2022年10月第2次印刷
印 数	2001-3001册
定 价	59. 00 元

凡购买我社图书，如有缺页、倒页、脱页的，本社营销中心负责调换

北京科水图书销售有限公司
电话：(010)63202643、68545874

前言

在社会信息化的今天，信息已经成为全社会宝贵的资源。就信息本身而言，大致可将其分为结构化信息、半结构化信息和非结构化信息三类。作为管理结构化信息的有效手段，数据库系统对于当今的研发部门、政府机关、企事业单位等都至关重要；作为数据库系统的核心，数据库管理系统DBMS——特别是关系型数据库管理系统用于高效创建数据库和存储大量数据并对其进行有效管理和维护，其本身具有很大的工程实用价值。

虽然数据库技术产生于20世纪60年代末，但经过40多年的迅猛发展，已经是当前发展最快、最受人关注、应用最广泛的科学技术之一。数据库系统已经成为现代信息系统不可或缺的核心组成部分。在当今社会，不仅是传统的商业、管理和行政事务型应用离不开数据库，那些实时、过程和控制的工程型应用领域也要求并且开始使用现代(非传统)数据库。因此，人们越来越普遍地要求全面学习和掌握数据库的理论知识、系统技术、应用方法及其最新发展情况。作者根据多年研究，以培养技术型人才为目标编撰了本书。

本书共分为9章，分别是数据库系统概述、数据模型、关系数据库、关系数据库标准语言SQL、关系数据库规范化理论、数据库系统的设计与实施、数据库的安全性与完整性、数据库事务管理与实现和现代数据库新技术。

本书具有如下特点：

• 既注重有重点地介绍数据库的基本原理和方法，又补充现代数据库系统的新技术、新知识、新水平和新趋势。

• 缩减传统数据库系统的部分内容，突出数据库理论与实践紧密结合的特征，结合应用实例讲解，突出能力训练。

• 本书根据知识点、要点及层次，结合实践的特点来组织内容，对部分难点配以直观的图示和具体的示例。

• 在内容选取、章节安排、难易程度、例子选取等方面，充分考虑到理论与实践相结合。力求既讲述知识，又介绍探讨问题的思路。

本书在编撰过程中得到了单位领导和同仁的热情帮助和支持，在此表示衷心的感谢！

本书的编撰参考了大量的著作和文献，在此向相关作者表示感谢！

在编撰的过程中，我们力求精益求精，但难免存在不足或疏漏之处，真诚希望同行专家和读者对本书提出宝贵的意见和建议。

作　者

2016年8月

目 录

第1章 数据库系统概述

1.1 数据、信息及其管理

1.1.1 数据与数据库

1. 数据

一提到数据(Data),人们在大脑中就会浮现像3、4.3、—50等数字,认为这些就是数据,其实不然,这只是最简单的数据。从一般意义上说,数据是描述客观事物的各种符号记录,可以是数字、文本、图形、图像、声音、视频、语言等。从计算机角度看,数据是经过数字化后由计算机进行处理的符号记录。例如,我们用汉语这样描述一位读者"王建立,男,年龄18岁,所学专业为计算机",而在计算机中是这样表示的:(王建立,男,18,计算机)。将读者姓名、性别、年龄和专业组织在一起,形成一个记录,这个记录就是描述读者的数据。

数据本身的表现形式不一定能完全表达其内容,如1这个数据可以表示1门课,也可以表示逻辑真,还可以表示电路的通等。因此,需要对数据进行必要的解释和说明,以表达其语义。数据与其语义是不可分的。

2. 数据库

在日常工作中,人们会获取大量数据,并对这些数据进一步加工处理,从中获取有用的信息。在加工处理之前,一般都会将这些数据保存起来。以前人们利用文件柜、电影胶片、录音磁带等保存这些数据,但随着信息时代的来临,各种数据急剧膨胀,迫使人们寻求新的技术、新的方法来保存和管理这些数据,由此数据库(DataBase,DB)技术应运而生。

将你的家人、同事和朋友的名字、工作单位和电话号码组织起来,就可以形成一个小型数据库,也可以将公司客户的这些数据组织起来,形成更大规模的数据库。数据库就像是粮仓,数据就是粮仓中的粮食。实际上,数据库是长期存储在计算机内的、有组织的、可共享的大量数据的集合。这里的长期存储是指数据是永久保存在数据库中,而不是临时存放;有组织是指数据是从全局观点出发建立的,按照一定的数据模型进行描述和存储,是面向整个组织,而不是某一应用,具有整体的结构化特征;可共享是指数据是为所有用户和所有应用而建立的,不同的用户和不同的应用可以以自己的方式使用这些数据，多个用户和多个应用可以共享数据库中的同一数据。

1.1.2 数据处理和数据管理

在日常实际工作中，人们越来越清楚地认识到对数据的使用离不开对数据的有效管理，例如，企事业单位都离不开对人、财、物的管理，而人、财、物是以数据形式被记录和保存的，因此对人、财、物的管理就是对数据的管理。早期以手工方式对这些数据进行管理，现在大多以计算机对数据进行管理，使得数据管理成了计算机应用的一个重要分支。

数据处理是指对数据的收集、组织、存储、加工和传播等一系列操作。它是从已有数据出发，经过加工处理得到所需数据的过程。

数据管理是指对数据的分类、组织、编码、存储、检索和维护工作。数据管理是数据处理的核心和基础。

1.2 数据库与数据库管理系统

1.2.1 数据库系统

1. 数据库系统的组成

如图 1-1 所示，一个典型的数据库系统由四个部分组成：用户、数据库应用程序、数据库管理系统(DBMS)和数据库。然而，结构化查询语言(SQL)是一种国际公认的，被所有商业数据库管理系统产品所理解的标准语言。鉴于 SQL 在数据库处理中的重要性和数据库应用程序通常是用 SQL 语句来处理数据库管理系统的这一事实，我们可以用图 1-2 更加完善地描述数据库系统。

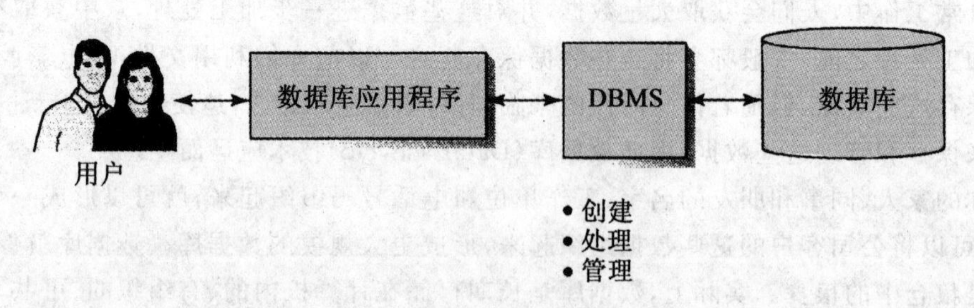

图 1-1 数据库系统的组成部分

从图 1-2 的右边开始，数据库是相关表和其他结构的集合。数据库管理系统(DBMS)是一个用来创建、处理和管理数据库的计算机程序。DBMS 接受 SQL 请求，然后把这些请求转换成数据库上的操作。DBMS 是需要被软件供应商许可的一个又大又复杂的程序。几乎没有企业编写自己的数据库管理系统程序。

数据库应用程序(Database Application)是作为用户和 DBMS 中介的一个或多个计算机程序的集合。应用程序通过提交 SQL 语句给 DBMS,从而读取或修改数据库数据。应用程序同时又以表单或报表的方式返回数据给用户。应用程序可以从软件供应商那里获得,而且它们经常都是被写在内部。

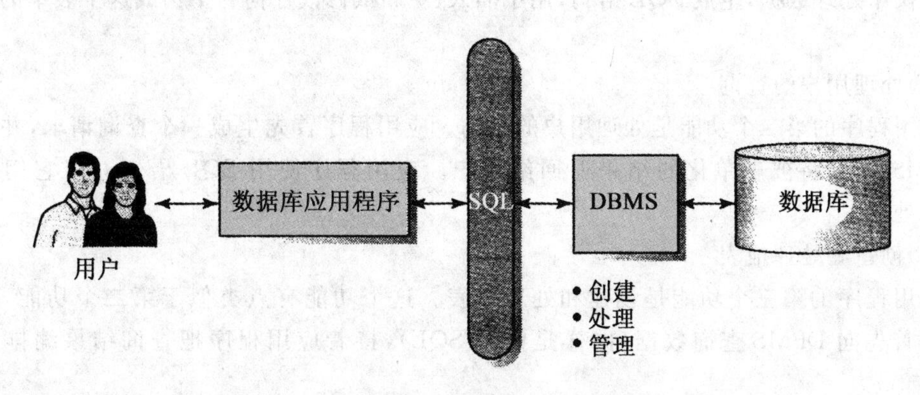

图 1-2　带有 SQL 的数据库系统组成部分

数据库系统的第四个组成部分是用户(User)。用户通过数据库应用程序明了事情,他们使用表单去读取、输入和查询数据,并且生成表达信息的报表。

图 1-3 所示为数据库系统的结构。

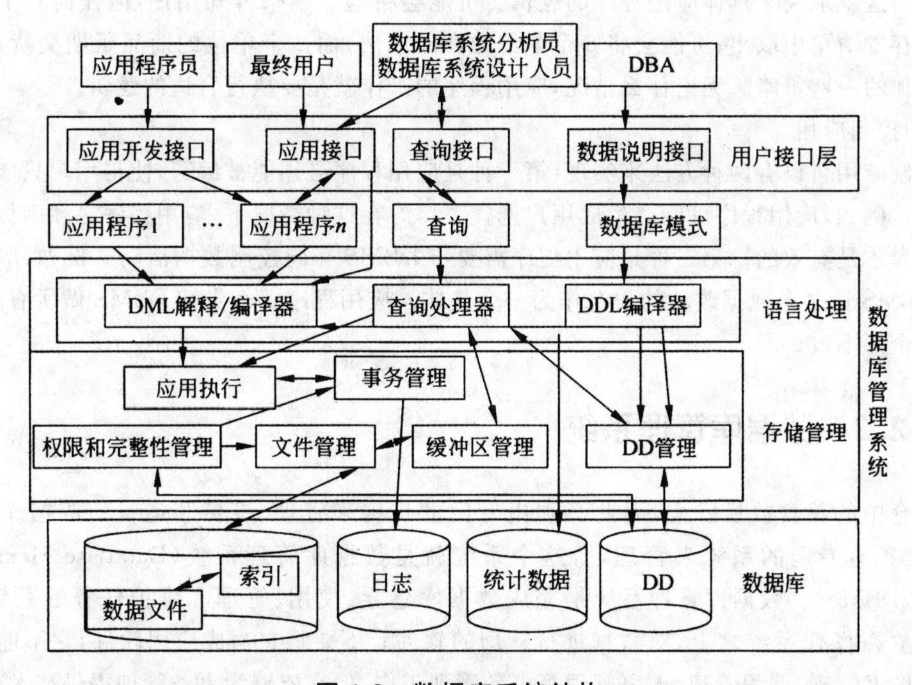

图 1-3　数据库系统结构

2. 数据库应用程序的基本功能

(1)创建和处理表单

首先,应用程序创建和处理表单。像所有的数据输入表单一样,这个表单的目的是以实用的方式把数据呈现给用户,而不用考虑基础表结构。除了屏幕显示的表单之外,应用程序根据用户的操作处理数据,生成 SQL 语句,用于插入、更新或修改任何一个构成这个表单的表中的数据。

(2)处理用户的查询

应用程序的第二个功能是处理用户的查询。应用程序首先生成一个查询请求,并且发送给 DBMS,然后将被表单化的结果返回给用户。应用程序使用 SQL 语句并将它们传递给 DBMS 处理。

(3)创建和处理报表

应用程序的第三个功能是创建和处理报表。这个功能有点类似于第二个功能,因为应用程序首先向 DBMS 查询数据(同样是使用 SQL),接着应用程序把查询结果编排成报表样式。

(4)执行应用逻辑

除了生成表单、查询和报表,应用程序还会采取其他方式根据特定应用逻辑来更新数据库。例如,假设一个用户使用订单录入应用程序请求 10 个单位的某个商品,进一步假设当应用程序查询数据库后(通过 DBMS),发现只有 8 个单位的该商品在库存中,那么接下来应该怎么做呢?这就取决于具体应用程序的逻辑。可能会将这一结果告知用户,但任何一个商品都不会从存货清单中取出;可能会将 8 个单位的商品取出,而 2 个单位的商品延期交货;也可能采取其他的一些策略。无论什么情况,应用程序的工作就是要执行合适的逻辑。

(5)控制应用

控制应用可以有两种方法来实现:第一种是应用程序必须能被编写,使得用户只能看到逻辑选择。例如,应用程序可能会生成用户选择菜单。在这种情况下,应用程序必须确保只有合适的选择才是有效的。第二种是应用程序需要与 DBMS 一同控制数据活动。例如,应用程序指导 DBMS 让某个数据改动的集合作为一个整体。应用程序要么告知 DBMS 做所有的改动,要么一个都不改。

1.2.2 数据库管理系统

粮仓中的粮食数量巨大,因此必须由专门的机构来管理、维护和运营。数据库也是一样,也必须有专门的系统来管理它,这个系统就是数据库管理系统(DataBase Management System,DBMS)。数据库管理系统是完成数据库建立、使用、管理和维护任务的系统软件。它是建立在操作系统之上,对数据进行管理的软件。不要将它当成应用软件,它不能直接用于诸如图书管理、课程管理、人事管理等事务管理工作,但它能够为事务管理提供技术、方法和工具,从而能够更好地设计和实现事务管理软件。数据库系统如图 1-4 所示。

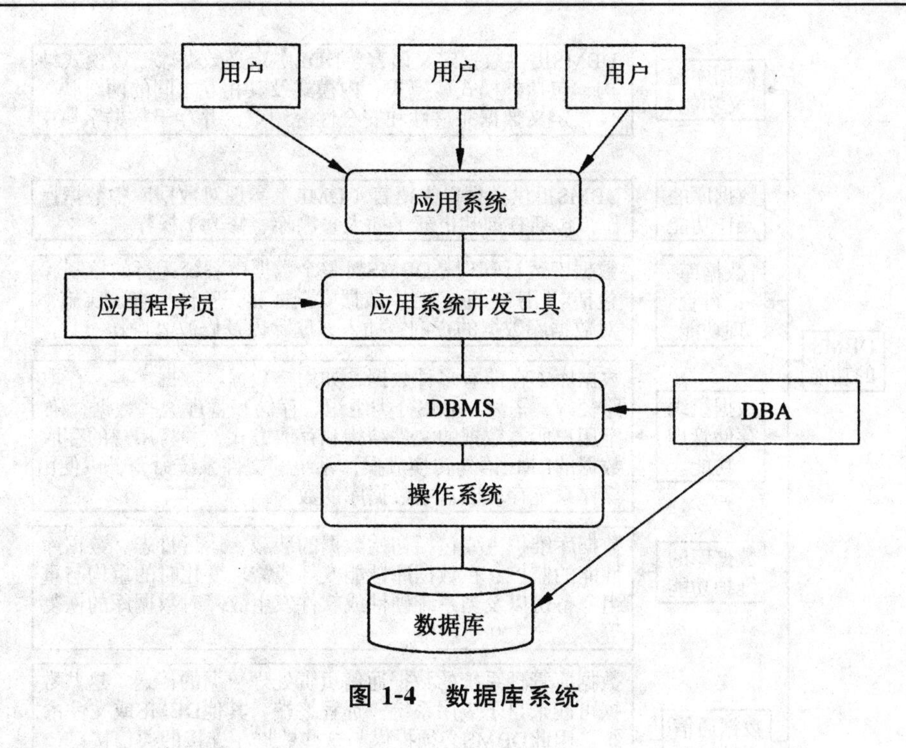

图 1-4 数据库系统

1. DBMS 的功能

DBMS 的具体功能如图 1-5 所示。

2. DBMS 组成

(1)语言编译处理程序

语言编译处理程序包括：

1)数据定义语言(DDL)翻译程序

DDL 翻译程序将用户定义的子模式、模式、内模式及其之间的映像和约束条件等这些源模式翻译成对应的内部表和目标模式。这些目标模式描述的是数据库的框架，而不是数据本身。它们被存放于数据字典中，作为 DBMS 存取和管理数据的基本依据。

2)数据操纵语言(DML)翻译程序

DML 翻译程序编辑和翻译 DML 语言的语句。DML 语言分为宿主型和交互型。DML 翻译程序将应用程序中的 DML 语句转换成宿主语言的函数调用，以供宿主语言的编译程序统一处理。对于交互型的 DML 语句的翻译，由解释型的 DML 翻译程序进行处理。

(2)数据库运行控制程序

数据库运行控制程序主要有 6 种，如图 1-6 所示。

(3)实用程序

实用程序主要有初始数据的装载程序、数据库重组程序、数据库重构程序、数据库恢复程序、日志管理程序、统计分析程序、信息格式维护程序以及数据转储、编辑等实用程序。数据库用户可以利用这些实用程序完成对数据库的重建、维护等各项工作。

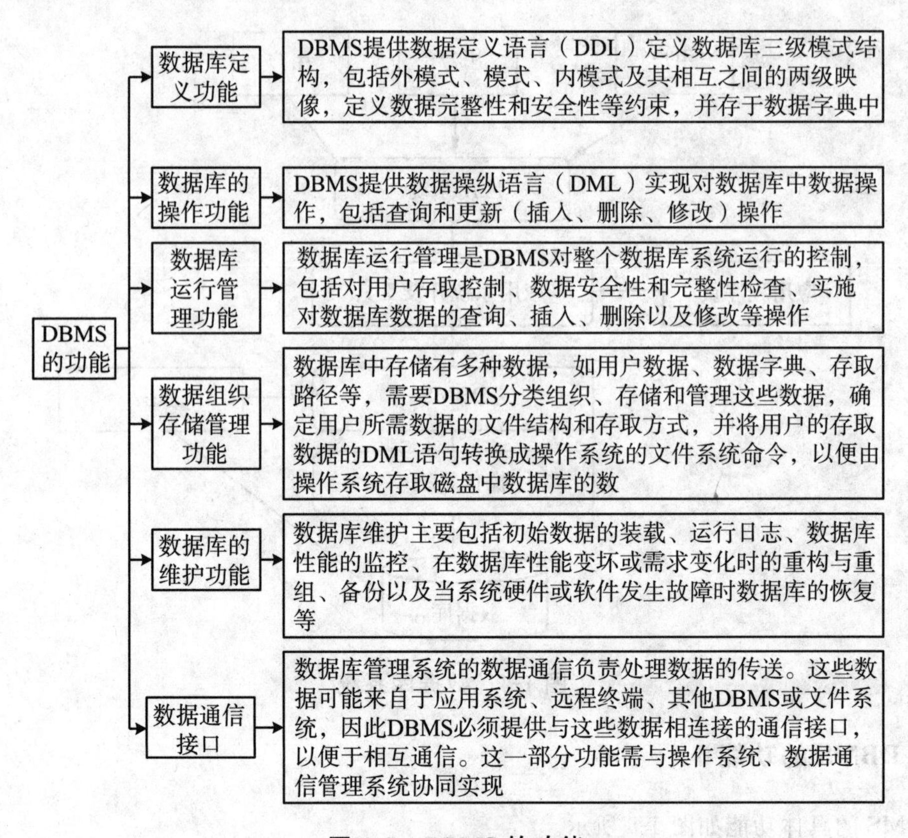

图 1-5　DBMS 的功能

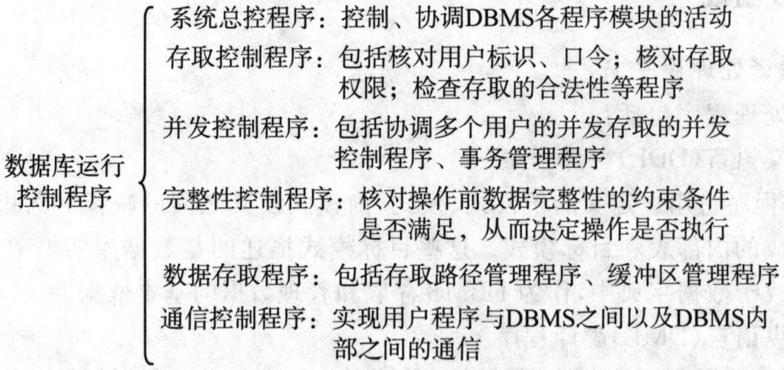

数据库运行控制程序：
- 系统总控程序：控制、协调DBMS各程序模块的活动
- 存取控制程序：包括核对用户标识、口令；核对存取权限；检查存取的合法性等程序
- 并发控制程序：包括协调多个用户的并发存取的并发控制程序、事务管理程序
- 完整性控制程序：核对操作前数据完整性的约束条件是否满足，从而决定操作是否执行
- 数据存取程序：包括存取路径管理程序、缓冲区管理程序
- 通信控制程序：实现用户程序与DBMS之间以及DBMS内部之间的通信

图 1-6　数据库运行控制程序

3. DBMS 的工作过程

在数据库系统中，当用户或一个应用程序需要存取数据库中的数据时，应用程序、DBMS、操作系统、硬件等几个方面必须协同工作，共同完成用户的请求。下面以一个程序 A 通过 DBMS 读取数据库中的记录为例来说明 DBMS 的工作过程，如图 1-7 所示。

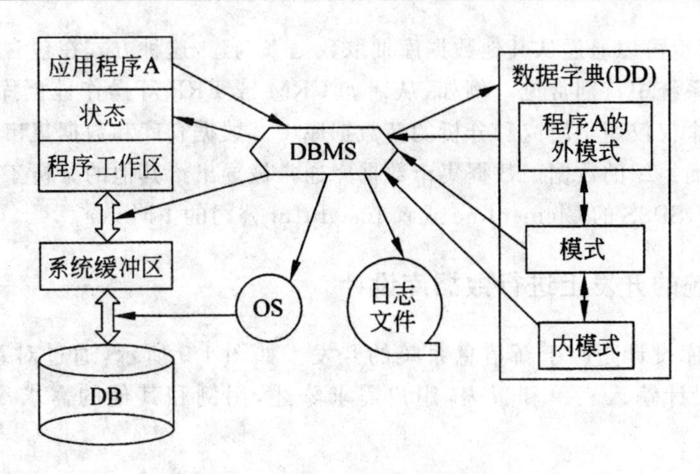

图 1-7　DBMS 存取数据操作过程

1.2.3　数据库设计

1. 在已有的数据上进行数据库设计

如图 1-8 所示，第一种数据库设计是从已有的数据中构建数据库。在某些情况下，给一个开发队伍提供一组电子数据表或是包含数据表的文本文件，要求他们开发一个数据库，并将来源于电子数据表和其他表的数据导入到新的数据库中。

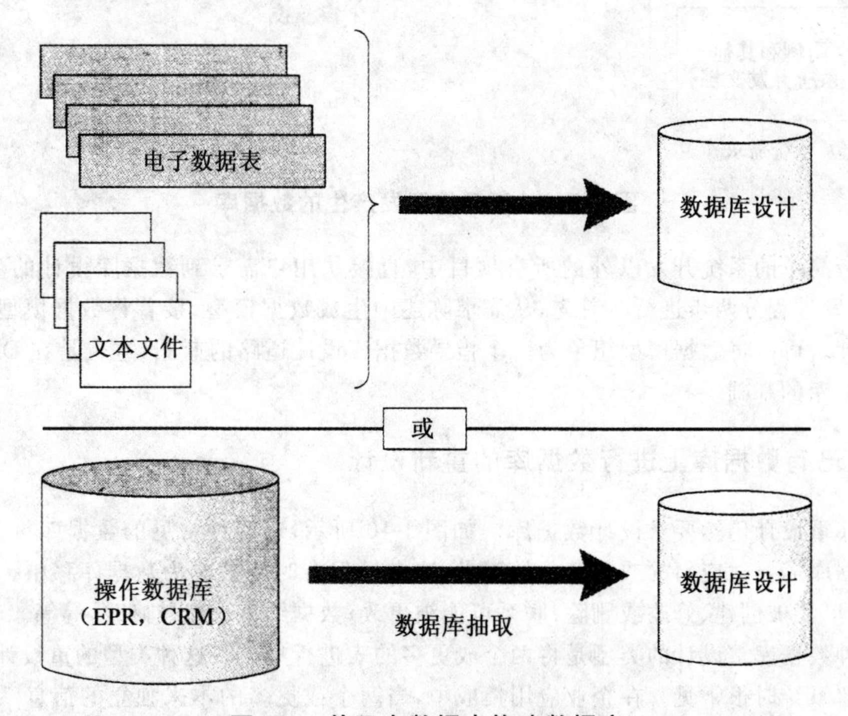

图 1-8　从已有数据中构建数据库

此外，数据库也可以通过从其他数据库抽取数据来构建，这种方式在包含报表和数据挖掘应用的商务智能系统中特别常见。例如，从诸如 CRM 或 ERP 等操作数据库中抽取的数据，可能被复制到一个仅仅用于研究和分析的新数据库中。数据仓库和数据集市数据库用来存储特意为研究报表而组织的数据。数据集市数据库通常被导出给其他的分析工具，比如 SAS 的 Enterprise Miner，SPSS 的 Clementine 或者 Insightful 公司的 I-Miner。

2. 在新系统的开发上进行数据库设计

另一种数据库设计是源于新信息系统的开发。如图 1-9 所示，通过对新系统需求的分析，例如需要的设计输入表单和报表，用户需求陈述，用例和其他的需求等来创建数据库设计。

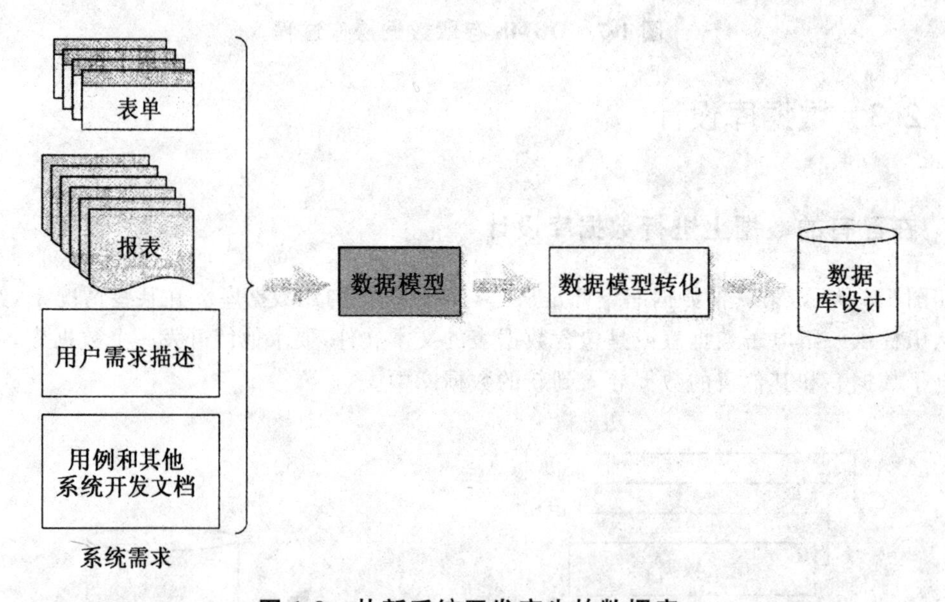

图 1-9　从新系统开发产生的数据库

在除最简单的系统开发以外的所有项目中，直接从用户需求到数据库设计的步伐太大。相应地，开发进程分两步进行。首先，从需求陈述中生成数据模型，接着将数据模型再转化为数据库设计。可以将数据模型想象为一个指导数据库设计道路的蓝图，这也是在 DBMS 中构建实际数据库的基础。

3. 在已有数据库上进行数据库的重新设计

数据库重设计仍然要求设计数据库。如图 1-10 所示，有两种常见的数据库重设计方式。一种是数据库需要适应新的或是变化的需求，这个过程有时候被称为数据库移植。在移植的过程中，表可能被创建、修改或删除；联系可能被更改；数据约束可能被修改，等等。

另一种数据库重设计的类型是将两个或更多的表进行集成。这种类型的重设计在更改或是消除遗留系统时很常见。在企业应用集成中，当两个或更多的本来独立的信息系统被修改为一起工作时，这种重设计也很常见。

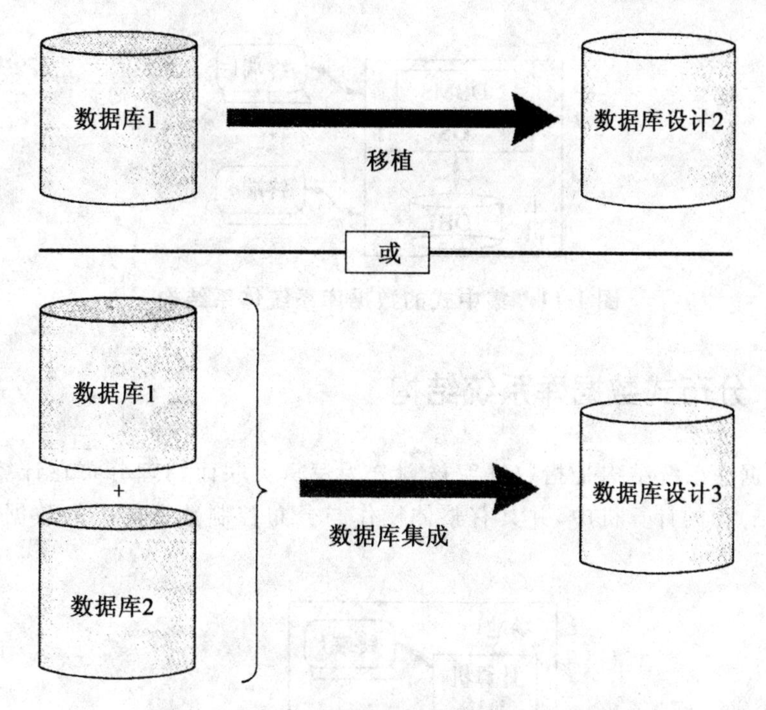

图 1-10 从数据库重设计起源的数据库

1.3 数据库体系结构

1.3.1 集中式数据库系统结构

1. 单用户数据库系统

在单用户数据库系统中，数据库、DBMS 和应用程序都装在一台计算机上，由一个用户独占，并且系统一次只能处理一个用户的请求。因而系统没有必要设置并发控制机制；故障恢复设施可以大大简化，仅简单地提供数据备份功能即可。这种系统是一种早期最简单的数据库系统，现在越来越少见了。

2. 多用户数据库系统

图 1-11 示出了一种多用户数据库系统体系结构。数据的集中管理并服务于多个任务减少了数据冗余；应用程序与数据之间有较高的独立性。但对数据库的安全和保密、事务的并发控制、处理机的分时响应等问题都要进行处理。使得数据库的操作与设计比较复杂，系统显得不够灵活，且安全性也较差。

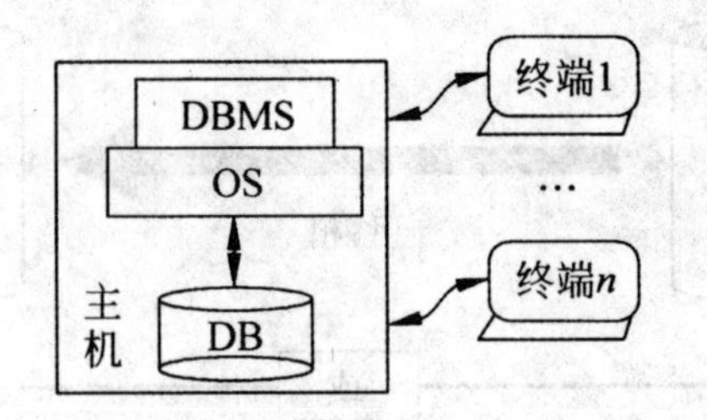

图 1-11　集中式的数据库系统体系结构

1.3.2　分布式数据库系统结构

分布式数据库系统结构是指数据库被划分为逻辑关联而物理分布在计算机网络中不同场地(又称结点)的计算机中,并具有整体操作与分布控制数据能力的数据库系统,如图1-12所示。

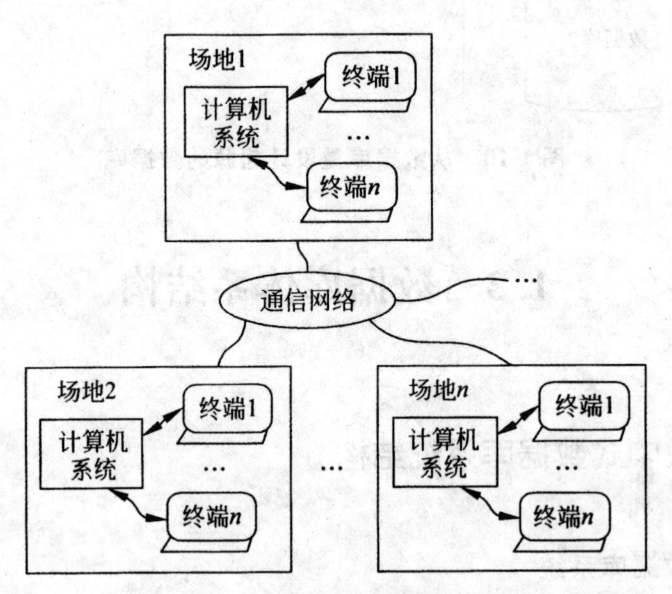

图 1-12　分布式数据库系统体系结构

例如,银行中的多个支行在不同的场地,一个支行的借贷业务可以通过访问本支行的账目数据库就可以处理,这种应用称为"局部应用"。如果在不同场地的支行之间进行通兑业务或转账业务,这样要同时更新相关支行中的数据库,这就是"全局应用"。

分布式数据库系统与集中式数据库系统相比有以下优点:

①可靠性高,可用性好。由于数据是复制在不同场地的计算机中,当某场地数据库系统的部件失效时,其他场地仍可以完成任务。

②适应地理上分散而在业务上需要统一管理和控制的公司或企业对数据库应用的需求。

③局部应用响应快、代价低。可以根据各类用户的需要来划分数据库,将所需要的数据分

布存放在他们的场地计算机中，便于快捷响应。

④具有灵活的体系结构。系统既可以被分布式控制，又可以被集中式处理；既可以统一管理同系统中同质型数据库，又可以统一管理异质型数据库。

分布式数据库系统的缺点：

①系统开销大，分布式系统中访问数据的开销主要花费在通信部分上。

②结构复杂，设计难度大，涉及的技术面宽，如数据库技术、网络通信技术、分布技术和并发控制技术等。

③数据的安全和保密较难处理。

1.3.3　客户机/服务器数据库系统结构

客户机/服务器数据库系统如图 1-13 所示。

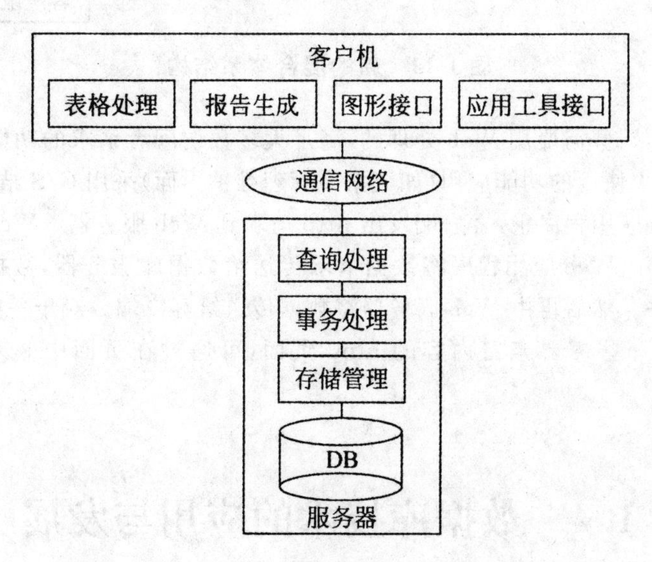

图 1-13　客户机/服务器数据库系统体系结构

客户机也称为系统前端，主要由一些应用程序构成，例如，图形接口、表格处理、报告生成、应用工具接口等，实现前端应用处理。数据库服务器可以同时服务于各个客户机对数据库的请求，包括存储结构与存取方法、事务管理与并发控制、恢复管理、查询处理与优化等数据库管理的系统程序，主要完成事务处理和数据访问控制。

客户机/服务器体系结构的好处是支持共享数据库数据资源，并且可以在多台设备之间平衡负载；允许容纳多个主机，充分利用已有的各种系统。

现代客户机和服务器之间的接口是标准化的，如 ODBC 或其他 API。这种标准化接口使客户机和服务器相对独立，从而保证多个客户机与多个服务器连接。

一个客户机/服务器系统可以有多个客户机与多个服务器。在客户机和服务器的连接上，如果是多个客户机对一个服务器，则称为集中式客户机/服务器数据库系统；如果是多个客户机对应多个服务器，则称为分布式客户机/服务器数据库系统。分布的服务器系统结构是客户机/服务器与分布式数据库的结合。

1.3.4 混合体系结构

为克服 B/S 结构存在的不足,许多研究人员在原有 B/S 体系结构基础上,尝试采用一种新的混合体系结构,如图 1-14 所示。

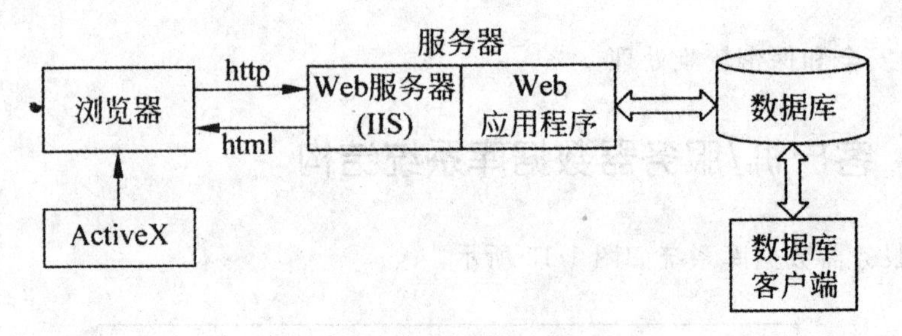

图 1-14 新的混合体系结构

在混合结构中,一些需要用 Web 处理的,满足大多数访问者请求的功能界面采用 B/S 结构。后台只需少数人使用的功能应用(如数据库管理维护界面)采用 C/S 结构。

组件位于 Web 应用程序中,客户端发出 http 请求到 Web 服务器。Web 服务器将请求传送给 Web 应用程序。Web 应用程序将数据请求传送给数据库服务器,数据库服务器将数据返回 Web 应用程序。然后再由 Web 服务器将数据传送给客户端。对于一些实现起来较困难的软件系统功能或一些需要丰富内容的 html 页面,可通过在页面中嵌入 ActiveX 控件来完成。

1.4 数据库技术的应用与发展

1.4.1 分布式数据库

分布式数据库系统是地理上分布在计算机网络不同结点,逻辑上属于同一系统的数据库系统,它既能支持局部应用,又能支持全局应用。

中国铁路客票发售和预订系统是一个典型的分布式数据库应用系统。系统中建立了一个全路中心数据库和 23 个地区数据库,如图 1-15 所示。

1.4.2 面向对象数据库

面向对象数据库系统(Object-Oriented Data Base System,OODBS)是将面向对象的模

型、方法和机制，与先进的数据库技术有机地结合而形成的新型数据库系统。它从关系模型中脱离出来，强调在数据库框架中发展类型、数据抽象、继承和持久性。

图 1-16 就是一个面向对象数据库的例子。

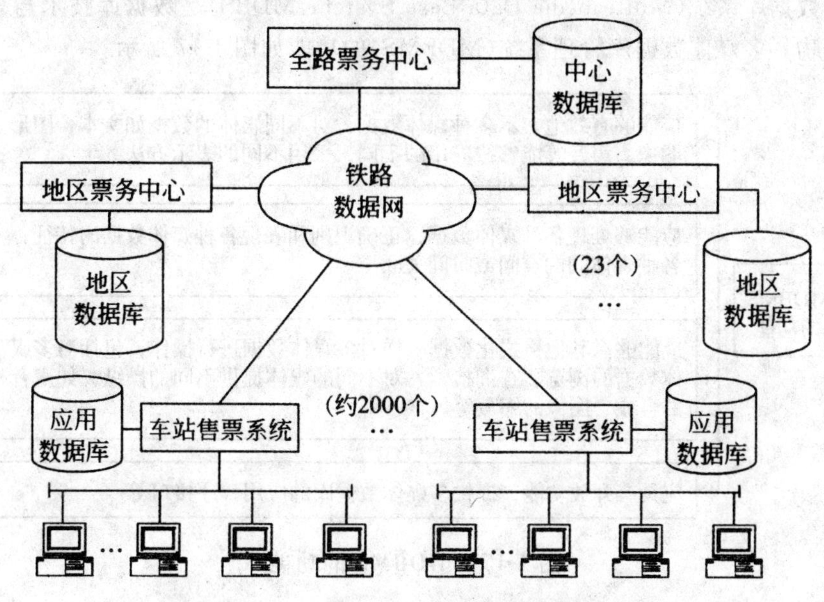

图 1-15　一个分布式数据库应用系统实例

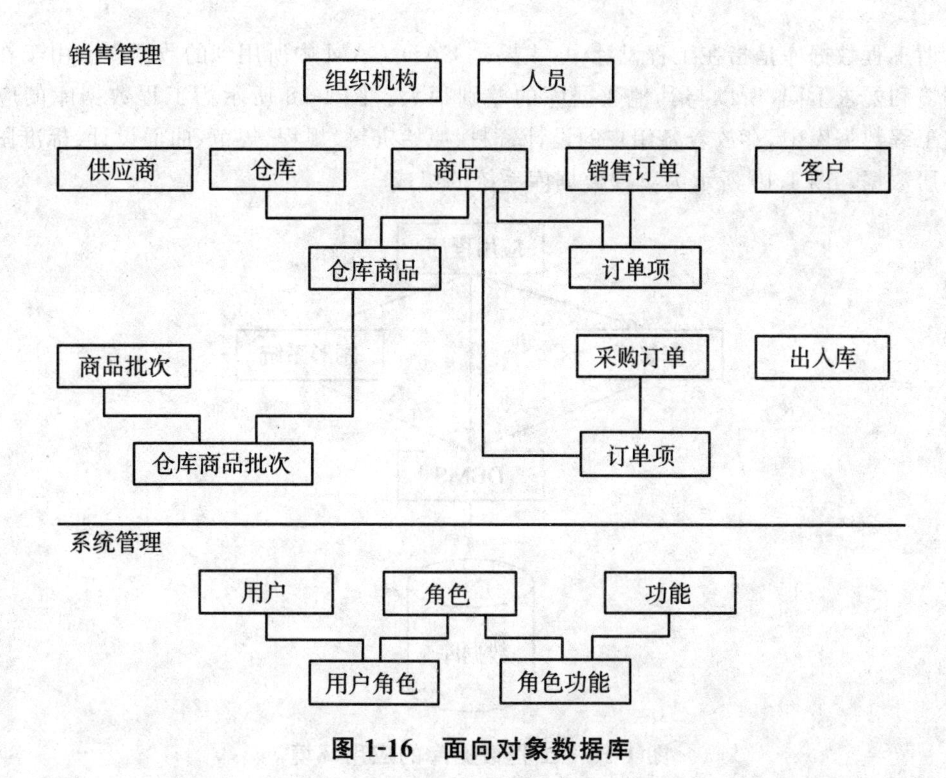

图 1-16　面向对象数据库

1.4.3 多媒体数据库

多媒体数据库系统(Multi-media Data Base System,MDBS)是数据库技术与多媒体技术相结合的产物。多媒体数据库管理系统(MDBMS)的功能如图 1-17 所示。

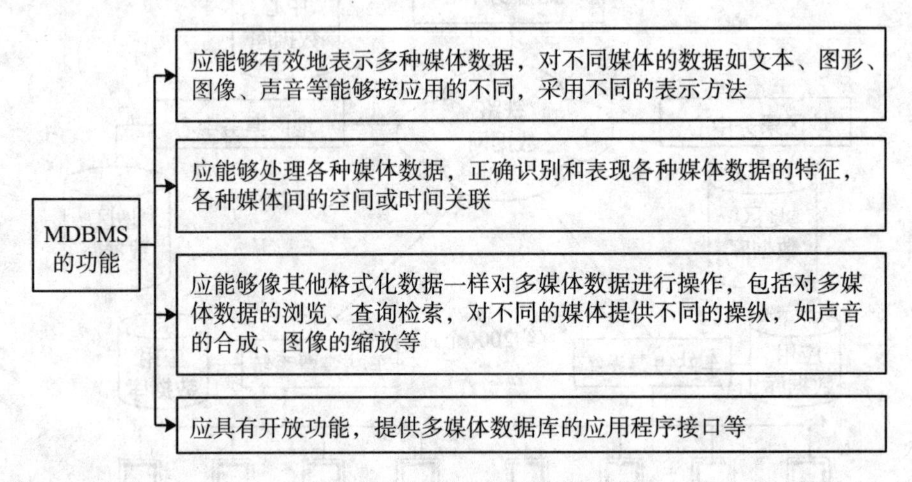

图 1-17 MDBMS 的功能

1.4.4 工程数据库

所谓工程数据库是指在工程设计中,主要是 CAD/CAM 中所用到的数据库。由于在工程中的环境和要求不同,所以与其他数据库的差别很大。图 1-18 所示为工程数据库的应用环境。在工程数据库中,存放着各用户的设计资料、原始资料、规程、规范、曲面设计、标准图纸及各种手册数据。图 1-19 所示为工程数据库系统的组成。

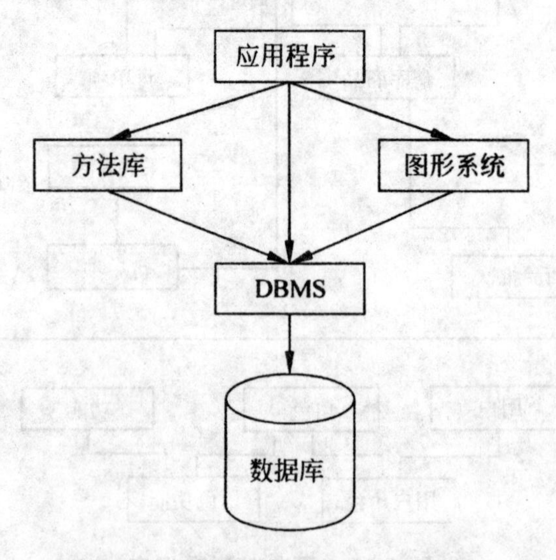

图 1-18 工程数据库的应用环境

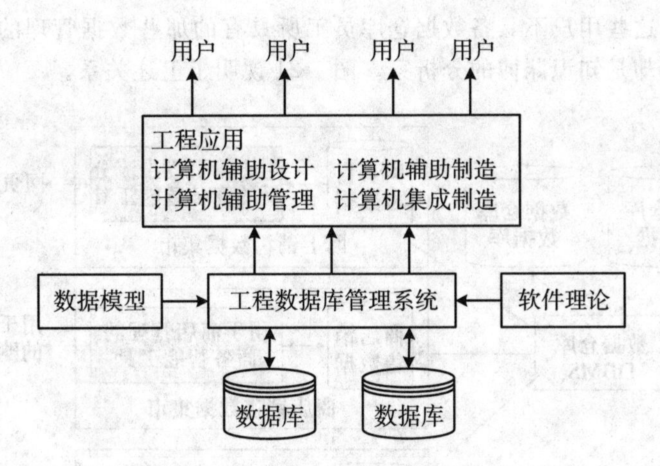

图 1-19　工程数据库系统的组成

1.4.5　数据仓库

数据库技术作为数据管理的一种有效手段主要用于事务处理，但随着应用的深入，人们发现对数据库的应用可分为两类：操作型处理和分析型处理。操作型处理也称为联机事务处理（On-Line Transaction Processing，OLTP），它是指对企业数据进行日常的业务处理。图 1-20 显示了数据仓库的组成元素。数据通过提取、转换和装载（ETL）系统从日常数据库中读取，然后清理和准备后用于商务智能处理。这可能是一个复杂的过程。

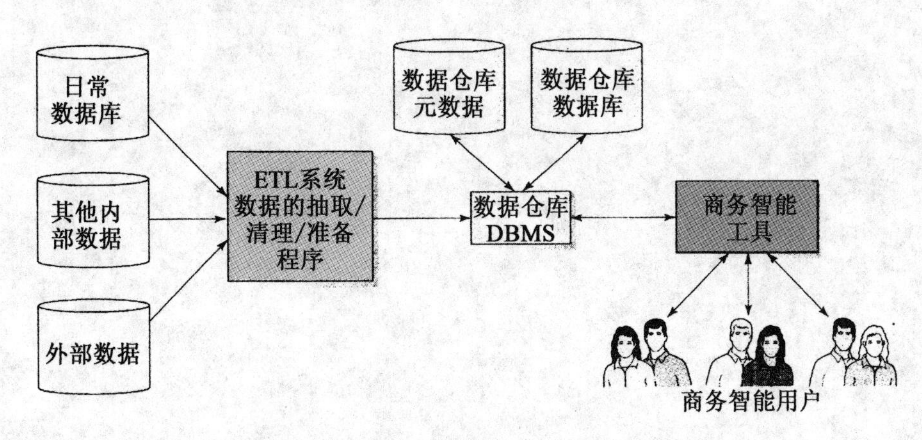

图 1-20　数据仓库的组成

分析型处理主要用于管理人员的决策分析，通过对大量数据的综合、统计和分析，得出有利于企业的决策信息，但若按事务处理的模式进行分析处理，则得不到令人满意的结果，而数据仓库和联机分析处理等技术能够以统一的模式，从多个数据源收集数据提供用户进行决策分析。

数据集市是小于数据仓库的数据集合，并且对应于商业中一个特定的组成部分或功能区域。数据集市在供应链上就像是零售商店。数据集市中的用户从数据仓库中获取属于特定的商业功能的数据。这些用户不具备数据仓库员工所具有的那些数据管理的专门技术，但是他们在特定的商业里却是知识渊博的分析家。图 1-21 说明了上述关系。

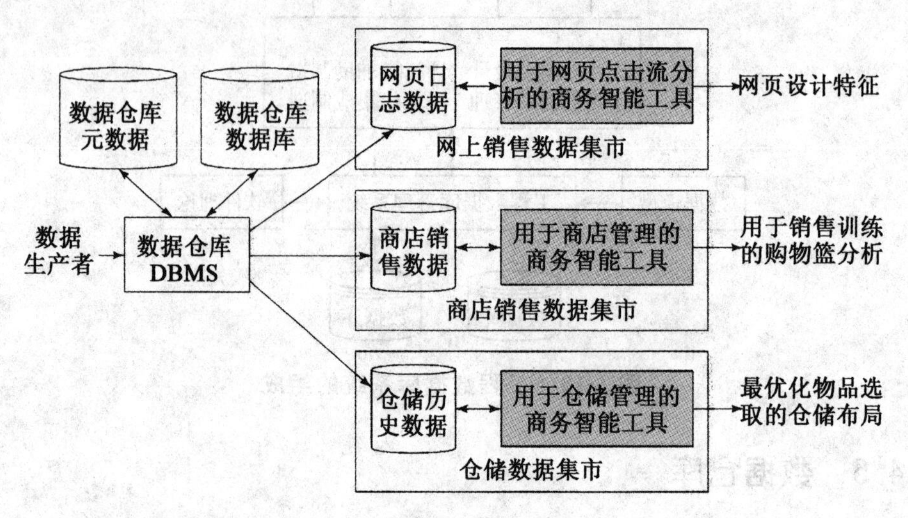

图 1-21　数据仓库和数据集市

第2章　数据模型

2.1　数据模型概述

2.1.1　数据模型的概念

数据模型是对现实世界数据特征的抽象。换句话说，数据模型是一个描述数据、数据联系、数据语义以及一致性约束的概念工具的集合。

现实世界的物质要在计算机中得以表示和处理，一般要经过两个阶段的抽象，从现实世界到信息世界的抽象，再从信息世界到计算机世界的抽象。下面先介绍这三个世界（领域）。

数据库并非随手拈来，而是需要根据应用系统中数据的性质、内在联系，按照管理要求来进行组织和设计。人们把客观事物存储到计算机中，实际上经历了现实世界、信息世界、计算机世界3个领域才最终抽象出来。在这3个领域中，数据抽象的过程可以用图2-1来表示。

由于计算机不可能直接处理现实世界中的具体事物，所以人们必须事先把具体事物转换成计算机能够处理的数据，即首先要数字化，要把现实世界中的人、事、物、概念用数据模型这个工具来抽象、表示和加工处理。数据模型是数据库中用来对现实世界进行抽象的工具，是数据库中用于提供信息表示和操作手段的形式构架，是现实世界的一种抽象模型。

1. 现实世界

现实世界即客观存在的世界。在现实世界中客观存在着各种物质，也就是各种事物及事物之间的联系。通过对现实世界的了解和认识，使得人们对要管理的对象、管理的过程和方法有个概念模型。认识信息的现实世界并用概念模型加以描述的过程称为系统分析。客观世界中的事物都有一些特征，人们正是利用这些特征来区分事物的。一个事物可以有许多特征，通常都是选用有意义的和最能表征该事物的若干特征来描述。以人为例，常选用姓名、性别、年龄、籍贯等描述一个人的特征，有了这些特征，就能很容易地把不同的人区分开来。

世界上各种事物虽然千差万别，但都息息相关，也就是说，它们之间都是相互联系的。事物间的关联也是多方面的，人们选择感兴趣的关联，而没有必要选择所有关联。如在教学管理系统中，教师与学生之间仅选择“教学”这种有意义的联系。

2. 信息世界

现实世界由人们的头脑来反映，被人们用文字、符号、图像等方式记录下来，对这些信息进行记录、整理、归纳和格式化后，它们就构成了信息世界。信息世界最主要的特征是可以反映数据之间的联系。现实世界是物质的，相对而言信息世界是抽象的。

为了正确直观地反映客观事物及其联系，有必要对所研究的信息世界建立一个抽象模型，称为信息模型(或概念模型)。

3. 计算机世界

计算机世界是数据在计算机上的存储和处理，这些数据是由信息世界中的信息经过数字化处理得到的。

现实世界、信息世界和计算机世界这三个领域是由客观到认识、由认识到使用管理的三个不同层次，后一领域是前一领域的抽象描述。三者的转换关系如图 2-1 所示。

早期的计算机只能处理数据化的信息(即只能用字母、数字或符号表示)，所以用计算机管理信息，必须对信息进行数据化，即将信息用字符和数值表示。数据化后的信息称为数据，数据是能够被机器识别并处理的。当前多媒体技术的发展使计算机还能直接识别和处理图形、图像、声音等数据。数据化了的信息世界称为计算机世界。通过从现实世界到计算机世界的转换，为数据管理的计算机化打下了基础。信息世界的信息在计算机世界中以数据形式存储。

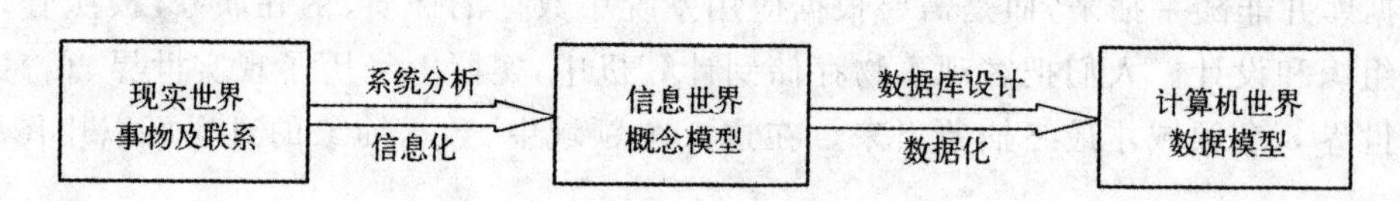

图 2-1　三种世界的联系和转换过程

2.1.2　数据模型的分类

现实世界中的客观事物及其联系，在数据世界中以数据模型描述。数据库中存储的是结构化的数据，就是说数据库不仅要考虑记录内数据项的联系，还要考虑记录之间的联系。描述这种联系的数据结构形式就是数据模型。数据模型是数据库系统中的一个重要概念，可以分为以下几类。

1. 概念数据模型

概念数据模型简称为概念模型，也称为信息模型。它按照用户的观点来对数据和信息建模，是一种独立于计算机系统的数据模型。概念数据模型是数据库设计人员与用户进行交流的工具，主要用于数据库设计。在概念模型中，将现实世界中的事物抽象为实体，将实体所具有的特征用属性来表示，将事物之间的联系用实体间的联系来表示。最常用的概念模型为实体-联系模型，用 E-R 图来表示，图 2-2 为读者借阅图书的 E-R 图。其次是面向对象的数据模型，如 UML 对象模型。

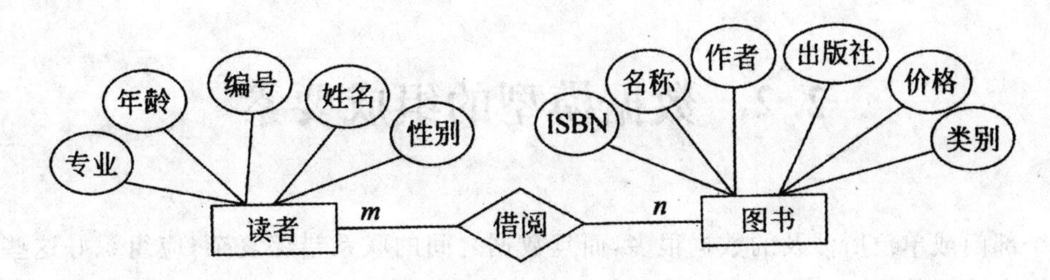

图 2-2　读者借阅图书的 E-R 图

2. 逻辑数据模型

逻辑数据模型简称为逻辑模型，也称为结构数据模型。主要是对数据最底层的抽象，它直接面向数据库的逻辑结构，是现实世界的第二层次抽象，它描述数据在系统内部的表示和存取方法，在磁盘上的存储和存取方法。不论哪种数据库系统都是根据逻辑模型建立的，逻辑模型主要用于数据库的实现。常用结构化数据模型有层次模型、网状模型和关系模型。

(1)层次模型

层次模型(Hierarchical Model)是用“树结构”表示数据之间的联系。层次模型把客观问题抽象成一个严格的自上而下的层次关系。其特征为：

①仅有一个结点且无父结点。

②其他结点仅有一父结点。

层次模型具有层次分明、结构清晰的优点，适用于描述主次分明的结构关系，但不能直接表示多对多联系。

(2)网状模型

网状模型(Network Model)用“图结构”表示数据之间的联系。网状模型是以记录为结点的网络，它反映现实世界中较为复杂的事物间的联系。其特征为：

①有多于一个结点且无父结点。

②有不少于一个结点且有超过一个的父结点。

网状模型表达能力强，能反映实体间多对多的复杂联系。但是网状结构在概念、结构和使用方面都比较复杂，对机器的软硬件要求比较高。

(3)关系模型

关系模型(Relational Model)采用“二维表”来表示实体以及实体之间的联系，每个二维表又称为一个关系。

关系模型的数据结构单一、理论严密、使用方便、易学易用，所以，广泛用于数据库系统。

3. 物理数据模型

物理数据模型简称为物理模型。它是对数据最底层的抽象，用于描述数据在物理存储介质上的存储方式和存取方法，是面向计算机物理表示的模型。与具体的数据库管理和操作系统有关，由数据库管理系统负责实现，数据库设计人员需要了解和选择物理数据模型，一般用户不需了解物理数据模型的细节。

2.2 数据模型的组成要素

一个部门或单位所涉及的数据很多,而且数据之间的联系错综复杂,应组织好这些数据,以方便用户使用数据。

在利用计算机来处理客观世界中的具体问题时,需要提前对问题进行抽象处理,提取出主要特征,把它概括成简单明了的轮廓,从而使复杂的问题变得易于处理,这个过程称为建立模型。在数据库技术中,我们用数据模型(Data Model)的概念描述数据库的结构与语义,对现实世界进行抽象。

1. 数据结构

数据结构所描述的内容包括两类,即数据对象的数据类型、内容、属性(如关系模型中的域、属性、关系),以及数据对象之间的联系(如网状模型中的系型)。

总之,数据结构是所描述的类型的集合,是对系统的静态特性的描述。数据结构是数据模型三要素中的首要内容。

2. 数据操作

数据操作是对系统的动态特性的描述,包括所有对象的实例允许执行的操作。一般为更新和检索两大类。数据模型需要对所有操作的明确含义、操作符号和规则作出相应的规定。其中操作指的是检索、插入、删除、修改,其规则为优先级别。

3. 完整性约束

这是一组对完整性的规则,是数据模型中包含的数据和联系需遵循的制约和依存规则,依据此规则,对数据模型的数据库状态和变化作出符合数据模型的限制,这样使数据具有一定的正确性、有效性、相容性。比如,在关系模型中,任何关系都必须满足实体完整性和引用完整性这两个条件。用于限定符合数据模型的数据库状态及变化,保证数据的完整性。

2.3 E-R 数据模型

P. P. Chen 于 1976 年提出了实体-联系方法(Entity-Relationship Approach),简称 E-R 图法。该方法用 E-R 图来描述现实世界的概念模型,提供了表示实体集、属性和联系的方法。E-R 图也称为 E-R 模型。

实体-联系(E-R)数据模型基于对现实世界由一组称为实体的基本对象及这些对象间的

联系组成这一认识的基础。E-R 模型是一种语义模型,它利用实体、实体集、联系、联系集和属性等基本概念,抽象描述现实世界中客观数据对象及其特征、数据对象之间的关联关系。E-R 模型的优点在于直观、易于理解,并且与具体计算机实现机制无关。

目前还没有具体的 DBMS 支持 E-R 模型,但有支持 E-R 模型的数据库设计工具,这种设计工具可以把 E-R 模型直接转换为具体的 DBMS 上的数据模型,并可以生成建立数据库的目标代码,甚至可以直接建立数据库,Power Designer 就是这样的工具。

2.3.1 基本概念

E-R 模型涉及的主要概念如下:

(1)实体(Entity)

客观存在的且能相互区别的事物。既指具体的对象,如教师、学生、课桌等;也指抽象的事件,如借书、足球赛等。

(2)属性(Attribute)

实体用属性(Attribute)来描述它的特征。比如 EmployeeNumber,EmployeeName,Phone,Email 等,对于某个特定的 Employee 实体,它的 EmployeeID 为 20100012,EmployeeName 为 Jack。

图 2-3 是两种表示属性的方法。图 2-3(a)用椭圆表示属性并连接到实体。这种方法用于最初的 E-R 模型。图 2-3(b)是矩形表示,常用于现在的建模工具中。

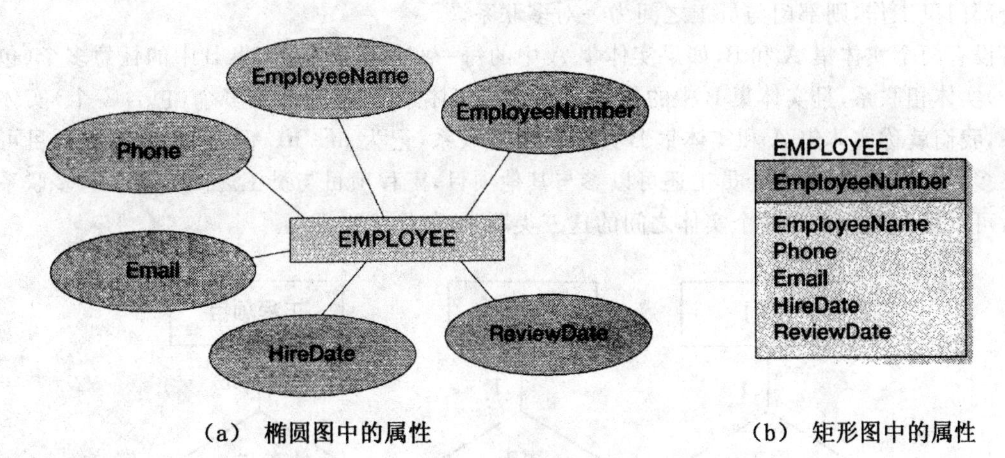

(a) 椭圆图中的属性　　(b) 矩形图中的属性

图 2-3 实体图中属性的不同表示方法

(3)码(Key)

唯一标识实体的属性集。例如,EmployeeID 为 Employee 实体的码,都是唯一的,不可能重复的,它就可以作为唯一标识某一员工的码。

(4)域

属性的取值范围称为域(Domain)。例如,EmployeeID 的域为 8 位整数,EmployeeName 的域为字符串集。

(5)实体集(Entity Set)

性质相同的同类型实体的集合称为实体集。例如,所有的学生、全国足球联赛的所有比赛等。

实体集不是孤立存在的,实体集之间存在各种各样的联系。例如,员工和部门之间有归属的关系,并且实体集不必互不相交。例如,可以定义单位所有员工的实体集 Employee 和所有客户的实体集 Customer,而一个 person 实体可以是 Employee 的实体,也可以是 Customer 的实体,也可以都不是。

(6)联系(Relationship)

实体可以通过联系和其他实体进行交互。例如实体集员工 Employee 和实体集部门 Depart 之间的联系是归属联系,即每个员工实体必然属于某个部门实体。

联系集是同类型的联系的集合,是具有相互关联的实体之间联系的集合,可能涉及两个或多个实体。

两个实体间的联系集可分为 3 种:

设有两个实体集 A 和 B,如果实体集 A 中的实体最少和实体集 B 中的一个实体相联系,且实体集 B 也符合此情况,我们就称实体集 A 与实体集 B 是一对一联系。例如,在一个部门里仅有一个负责人,而每个负责人也仅能在一个部门里任职,则部门与负责人间为一对一联系。

设有两个实体集 A 和 B,如果实体集 A 中的每一实体均与实体集 B 中任意多个(包含零个)实体相联系,且实体集 B 中每一实体最多和实体集 A 中的一个实体相联系,我们就称实体集 A 与实体集 B 之间具有一对多联系。例如,一个部门里有多个员工,而每个员工仅可以在一个部门里工作,则部门与员工之间为一对多联系。

设有两个实体集 A 和 B,如果实体集 A 中的每一实体,都与实体集 B 中的任意多个(包含零个)实体相联系,且实体集 B 中的每一实体均与实体集 A 中的任意多个(包含零个)实体相联系,我们就称实体集 A 和实体集 B 具有多对多联系,记为 m∶n。例如,一个工程项目可能需要多个员工参与,而每个员工还可以参与其他项目,工程项目与员工之间具有多对多联系。

可以用图形来表示两个实体之间的这三类联系,如图 2-4 所示。

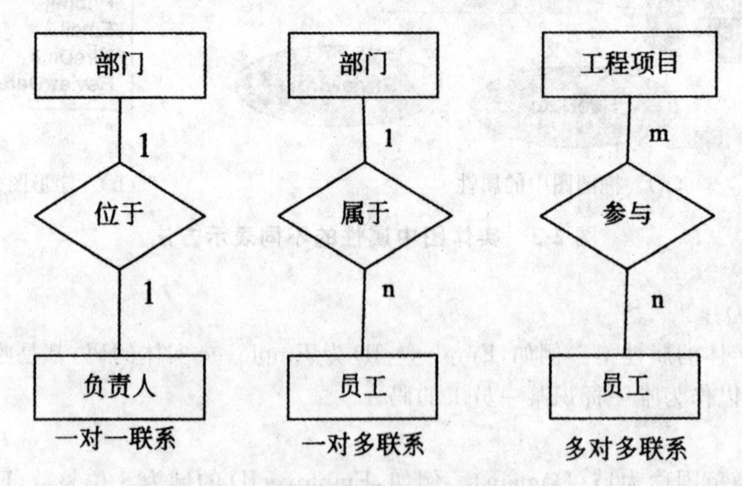

图 2-4　两个实体间的三类联系示例

当然，在同一个实体集中也可以具有上述三种联系。如，同一实体中员工之间有领导与被领导的关系，也就是说，可以有一个员工领导几名员工，且一个员工只由一个员工直接领导，这便是一对多联系。员工与员工之间还有配偶联系，由于一个员工只能有一个配偶，所以员工之间的“配偶”联系就是一对一的联系，如图 2-5 所示。

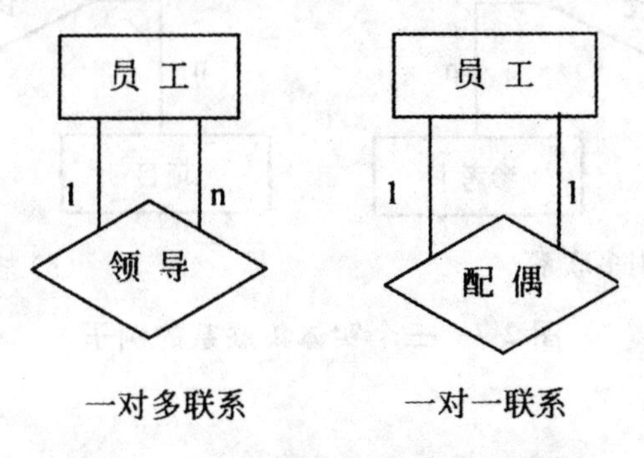

图 2-5　同一个实体内的联系示例

一般地，两个以上实体型之间也具有上述三种联系。如，学生选课系统中，有教师、学生、课程三个实体，并且有语义：同样一门课程可能同时有几位教师开设，而每位教师都可能开设几门课程，学生可以在选课的同时选择教师。这时，只用学生和课程之间的联系已经无法完整地描述学生选课的信息了，必须用如图 2-6 所示的三向联系。

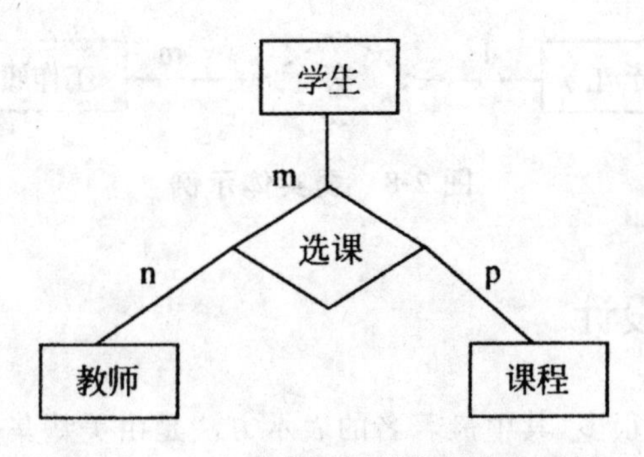

图 2-6　三个实体型之间的联系示例

以上三种实体间的联系都是发生在两个实体集之间的。实际上，三个或三个以上实体集之间也可以同时发生联系。例如，图 2-7(a)所示的课程、教师与参考书之间的联系，同一门课程能由几名教师教授，且一名教师仅能讲授一门课程；一门课程会用到几本参考书，且一本参考书仅用于一门课程。此时，课程与教师、参考书间具有一对多联系。再如，供应商、项目与零件的联系，每个供应商可以为几个项目提供许多种零件；每个项目能够由几个供应商来提供零件；每种零件能由几个供应商提供。此时，这三个实体集间具有多对多联系，如图 2-7(b)所示。

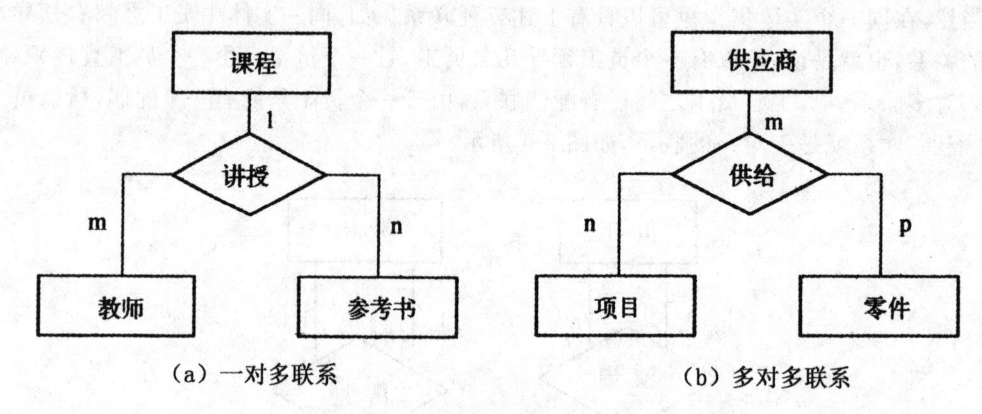

(a) 一对多联系　　(b) 多对多联系

图 2-7　三个实体集联系的例子

(7)弱实体集

在对实体进行描述时，某些实体集具有的属性不能够构成主键，而是必须借助其他实体集的某部分属性，我们把此类实体集称为弱实体集。那些不需要借助其他实体的即为强实体集。如图 2-8 所示，一般而言，强实体集的成员处于支配地位，而弱实体集的成员处于从属地位。如，某单位的员工实体集与工作履历实体集，则职工存在是工作履历实体集的前提，也就是说，工作履历实体集是弱实体集。

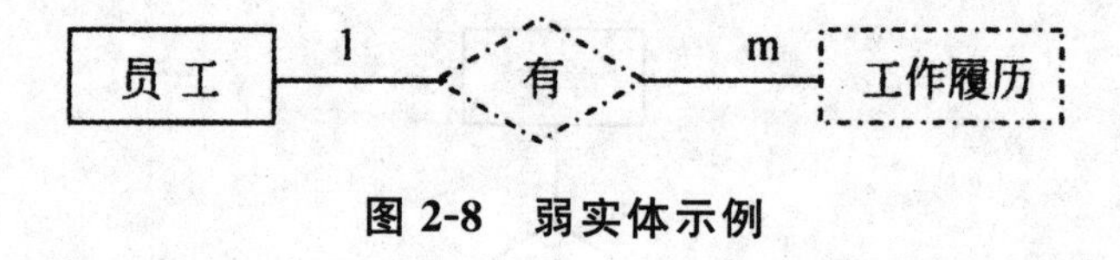

图 2-8　弱实体示例

2.3.2　E-R 图设计

概念模型的表示方法很多，其中最著名的表示方法是由美籍华人陈平山(Peter Chen)于 1976 年提出来的实体联系(Entity Relationship，E-R)方法，该方法用 E-R 图来描述概念模型，即 E-R 模型。

从上面的介绍可知，对现实世界进行抽象就是从中识别出各个客观对象(类)及其联系。对应在概念模型中就是实体(型)及其联系。E-R 图提供了表示实体型和联系的方法。

1. E-R 图基本元素和表示方法

E-R 图无须将每一个具体的实体都予以标明，而只需画出抽象的实体型即可，因为实体是动态变化的，而实体型则是相对稳定的。

①实体集用矩形代表，将实体名写在矩形中。

②属性由椭圆形代表，用线段把它和所属的实体集相连。如学生实体集具有学号、姓名、性别、年龄和所在系 5 个属性，用 E-R 图表示如图 2-9 所示；课程实体的 E-R 图如图 2-10 所示。

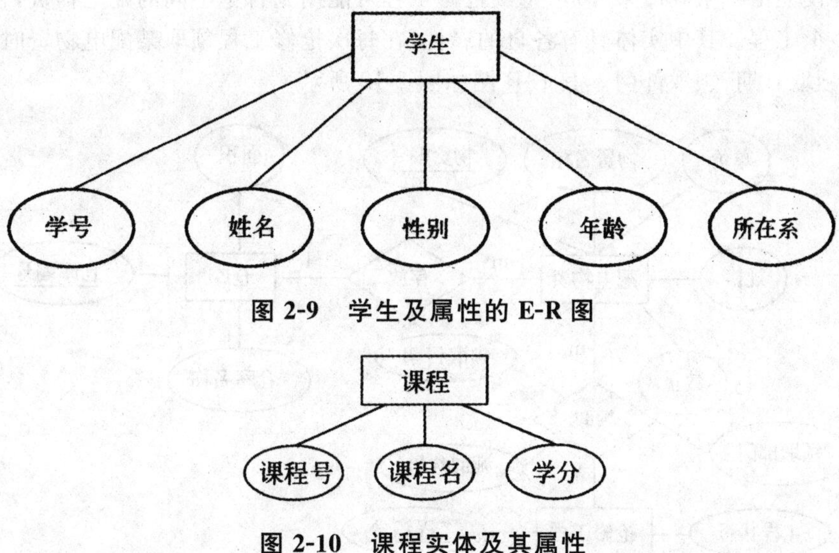

图 2-9　学生及属性的 E-R 图

图 2-10　课程实体及其属性

由于实体集的属性比较多，有些实体可具有多达上百个属性，所以在 E-R 图中，实体集的属性可不直接画出。

③联系由菱形代表，把用动词表示的联系填在菱形中。用线段将有关实体集相连，同时在线段旁边表明联系的类型(1∶1、1∶n 或 m∶n)。若联系具有属性，则由椭圆形代表，用线段将属性与其联系相连。对图 2-9 所示多个实体型之间的联系，假设每个学生选修某门课就有一个成绩，给实体及联系加上属性，如图 2-11 所示。

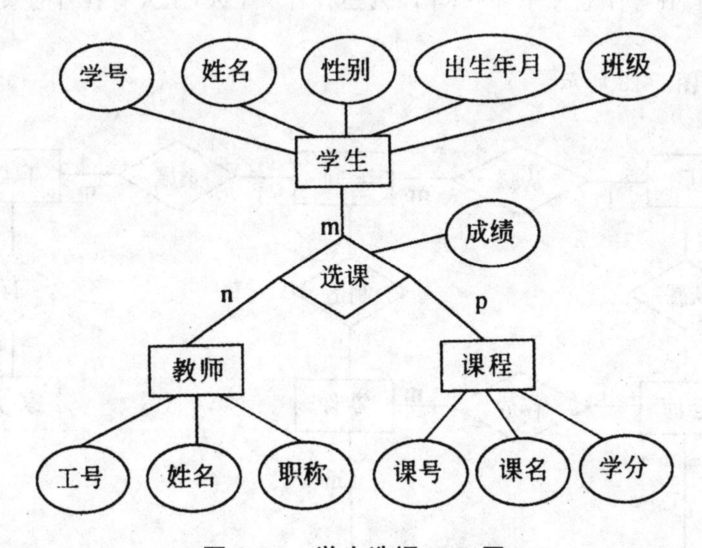

图 2-11　学生选课 E-R 图

2. E-R 图实例

例 2.1　某电力公司将其配电物资存放于仓库中，若每个仓库能够存放不同的配电物资，且每种物资仅能由一个仓库来存放；每次抢修工程可能用到若干不同的配电物资，且每种物资能够用于多个工程。其中实体具有各自的属性，在每次抢修工程领取某配电物资时，必须标明领取数量、领取日期、领取部门。其 E-R 图如图 2-12 所示。

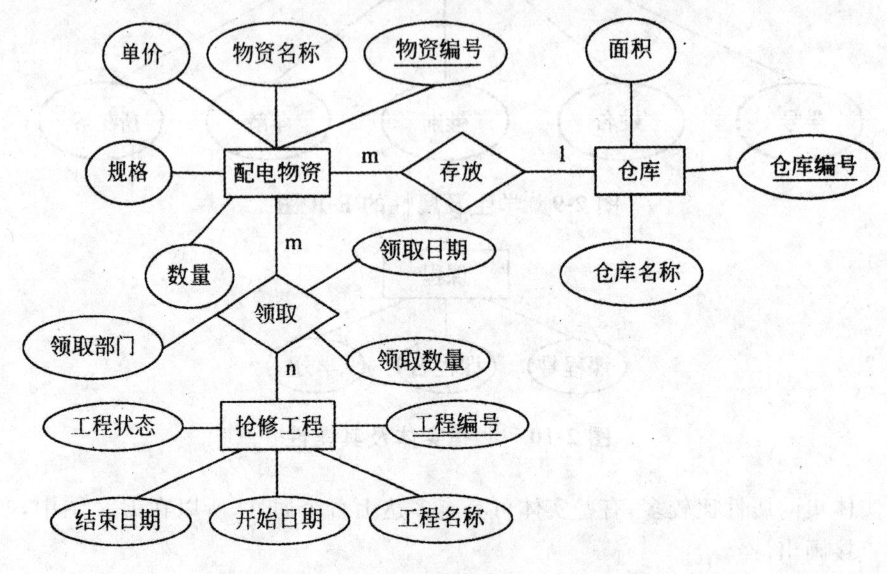

图 2-12　电力物资抢修工程 E-R 图

例 2.2　某工厂内有车间和仓库若干，每个车间能够制造不同的零件，每种零件仅可以由一个车间制造，每种零件能够用来组装若干种产品，组装每种产品必须用到不同的零件，每种零件和产品仅可以在一个仓库中存放；车间内还有若干工人，工人有各自的家属。其中实体具有各自的属性。

其 E-R 图如图 2-13 所示。

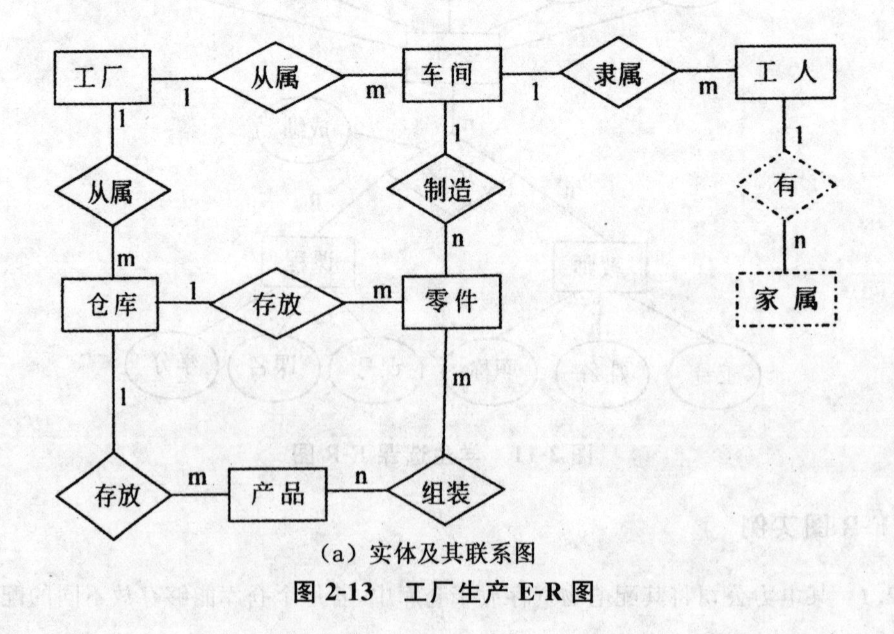

(a) 实体及其联系图

图 2-13　工厂生产 E-R 图

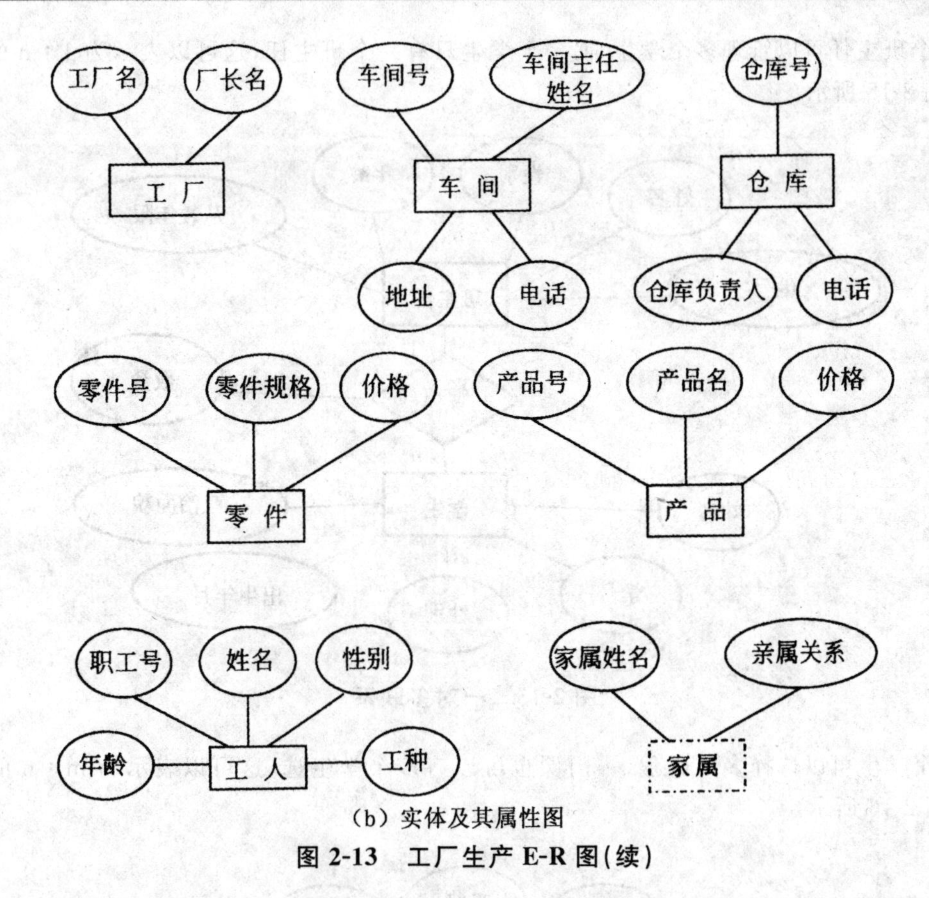

(b) 实体及其属性图

图 2-13　工厂生产 E-R 图(续)

例 2.3　用 E-R 图来描述一个班级中实体与实体之间的内在联系。

一个班只有一个班主任,一个班主任只负责一个班,这可以表示为 1∶1 的 E-R 图,如图 2-14 所示。

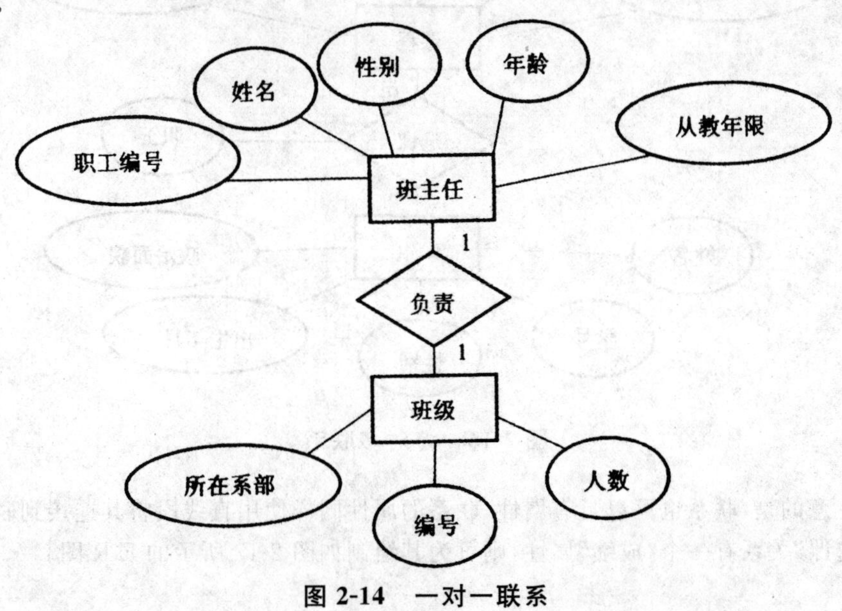

图 2-14　一对一联系

一个班主任可以管理多个学生，而一个学生只有一个班主任，这可以表示为 1∶n 的 E-R 图，如图 2-15 所示。

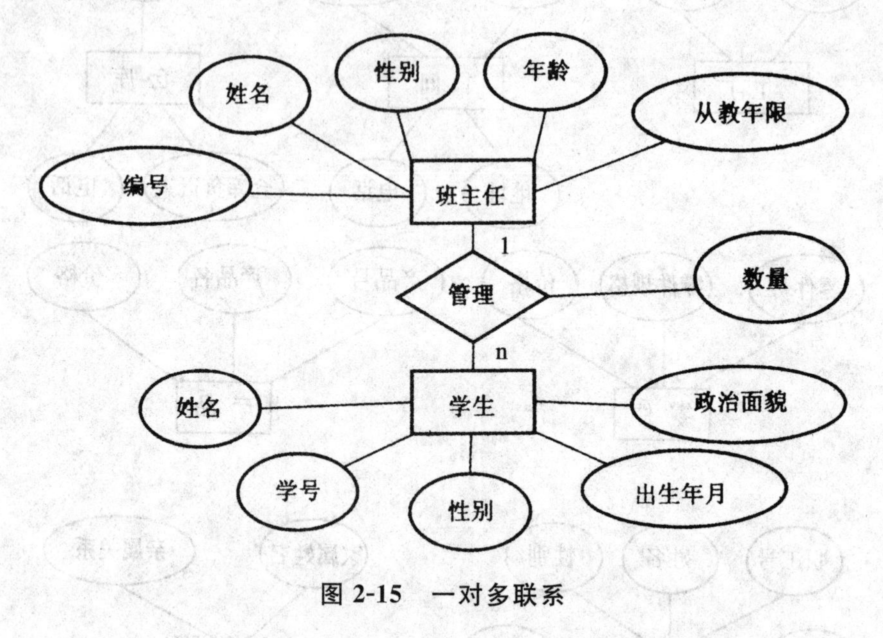

图 2-15　一对多联系

一个学生可以选择多门课程，一门课也可以有多个学生选，这可以表示为 m∶n 的 E-R 图，如图 2-16 所示。

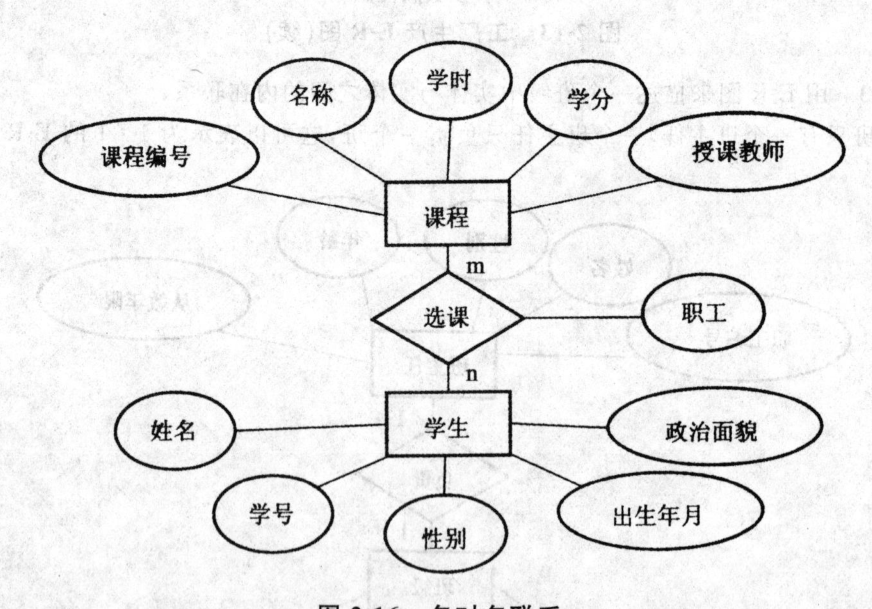

图 2-16　多对多联系

值得注意的是，联系也可以具有属性，联系的属性同样使用直线段将其连接到联系上。例如，如果“选课”关系有一个“成绩”属性，则可为其绘制如图 2-17 所示的 E-R 图。

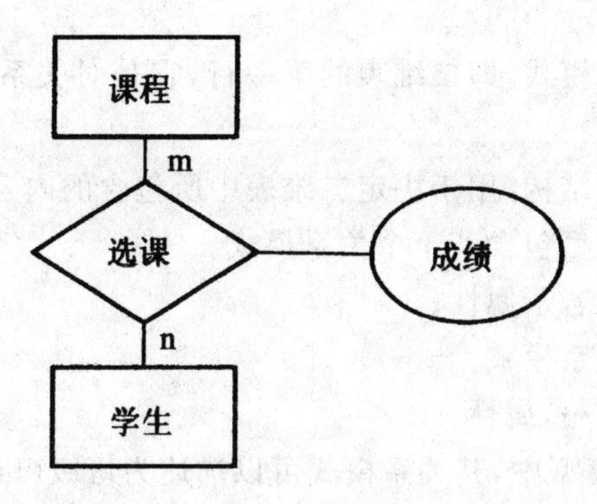

图 2-17　自带属性的实体联系

2.4　关系数据模型

1970 年，IBM 公司的 E. F. Codd 首次提出关系数据模型，之后基于该模型的关系数据库陆续推出。了解了关系数据库理论，才能合理设计关系数据库并加以利用。

2.4.1　基本概念

数据模型由层次模型和网状模型发展到关系模型，其数据结构也由“图”演变为“表”。

在关系数据模型中，实体和实体之间的联系均采用单一的二维表结构来表示数据模型。所谓二维表，就是由简单的行和列组成的表格，如图 2-18 所示。

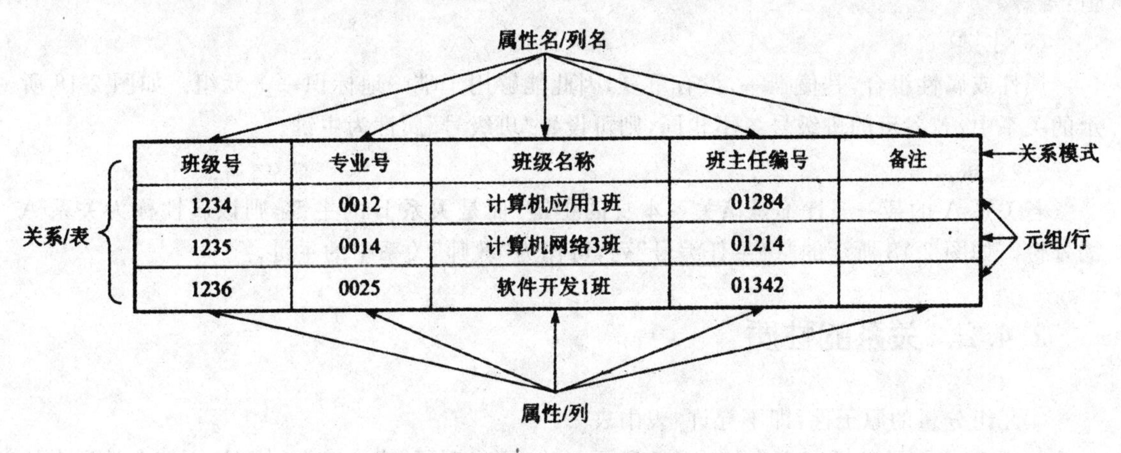

班级号	专业号	班级名称	班主任编号	备注
1234	0012	计算机应用1班	01284	
1235	0014	计算机网络3班	01214	
1236	0025	软件开发1班	01342	

图 2-18　关系数据

假设需要建立如图 2-18 所示的关系数据模型，则必须理解以下基本概念。

(1)关系模式

二维表的表头称为关系模式,即二维表的第一行,它是对关系的描述,也称为表的框架或记录类型。

①关系模式是二维表的结构,用于决定二维表中所包含的内容。

②一个数据库的关系模型包含若干个关系模式。

③每一个关系模式包括若干属性。

④可以按照下式描述关系模式。

关系名(属性 1,属性 2,…,属性 n)

在如图 2-18 所示关系模型中,其关系模式可以描述为班级(班级号,专业号,班级名称,班主任编号,备注)。

(2)关系

通俗地讲关系就是二维表,二维表名就是关系名。如图 2-18 所示就是一个关系。

(3)元组

二维表中的一行(除首行)称为关系的一个元组,对应到存储文件中的一个记录值。一个关系中可包含 0 到多个元组。图 2-18 中(1235,0014,计算机网络 3 班,01214)为一个元组。

(4)属性

表中的每一列称为一个属性。如图 2-18 所示,第一行中每一列的内容称为属性名(也叫列名),其余各行中的每个单元格中的内容称为属性值。同一列值表示同一属性,如第一列均表示班级号,"班级号"即为属性名。二维表的每一列在关系中称为属性,每个属性都有一个属性名,属性值则是各个元组在该属性上的取值。例如,表 2-18 中第二列,"专业号"是属性名,"0012"则为第一个元组在"专业号"属性上的取值。

(5)域

属性的取值范围。例如人的性别只能取"男"或"女"两种值,限定学习成绩取"0～100"的值,等等。

(6)主键

属性或属性组合,其值唯一,没有重复,因此能够用于唯一地标识一个元组。如图 2-18 所示的关系中,若各班的班级号各不相同,则可设置"班级号"属性为主键。

(7)外键

若关系 A 的某一属性不是该关系本身的主键,而是关系 B 的主键,则该属性称为关系 A 的外键。如图 2-18 所示的"班主任编号"列,可作为"教师"关系中的主键。

2.4.2 关系的性质

①元组分量的原子性:即不允许"表中表"。

将图 2-18 中的关系若变为如表 2-1 所示形式,则出现了"表中表"的情况,不符合性质 1 的要求。

表 2-1　出现了“表中表”的错误二维表

班级号	专业号	班级名称	班主任		备注
			班主任编号	班主任姓名	
1234	0012	计算机应用 1 班	01284	刘青	
1235	0014	计算机网络 3 班	01214	张启扬	

该表在日常生活中经常出现，但属性“班主任”出现了两个分量，或者说“表中还有小表”，这在关系数据库中是不允许的，因此表 2-1 不是一个关系。

②元组的唯一性：二维表中的元组各不相同。对于每一个表，一般都应选定或设计主键以区分不同元组。

③属性的唯一性：二维表中属性名不能重复。

④分量值域的同一性：二维表属性分量具有相同的值域。

⑤元组的次序无关性：二维表元组的次序不影响关系的表达，因此可任意交换。

⑥属性的次序无关性：二维表属性的次序也不影响关系的表达，因此也可任意交换。

⑦属性值允许为空：当二维表中的属性值为空值(NULL)时，表示该属性值未知，但不等同于 0，也不同于空格。

虽然元组中的属性在理论上是无序的，但使用时按习惯考虑列的顺序。

2.4.3　关系模型的创建

例 2.4　假设存在这样一个实体联系，该实体联系可以用如图 2-19 所示 E-R 图表示。请根据该 E-R 图创建关系模型。

分析：图 2-19 中包含了三个实体、两组实体间的联系。其中，三个实体可分别建立一个关系模型，“选课”和“讲授”两个联系也可以分别建立两个关系模型。

解题：

(1)建立关系模型“课程”

①建立“课程”实体的关系模式，并标记该关系的主键为课程号。可描述为

课程(课程号，课程名称，学分，学时)

②将关系模式转换为二维表，如表 2-2 所示。

表 2-2　课程信息表

课程号	课程名称	学分	学时

其中，“课程信息表”为表名，表格中显示的为二维表中的表头，即二维表的列名。

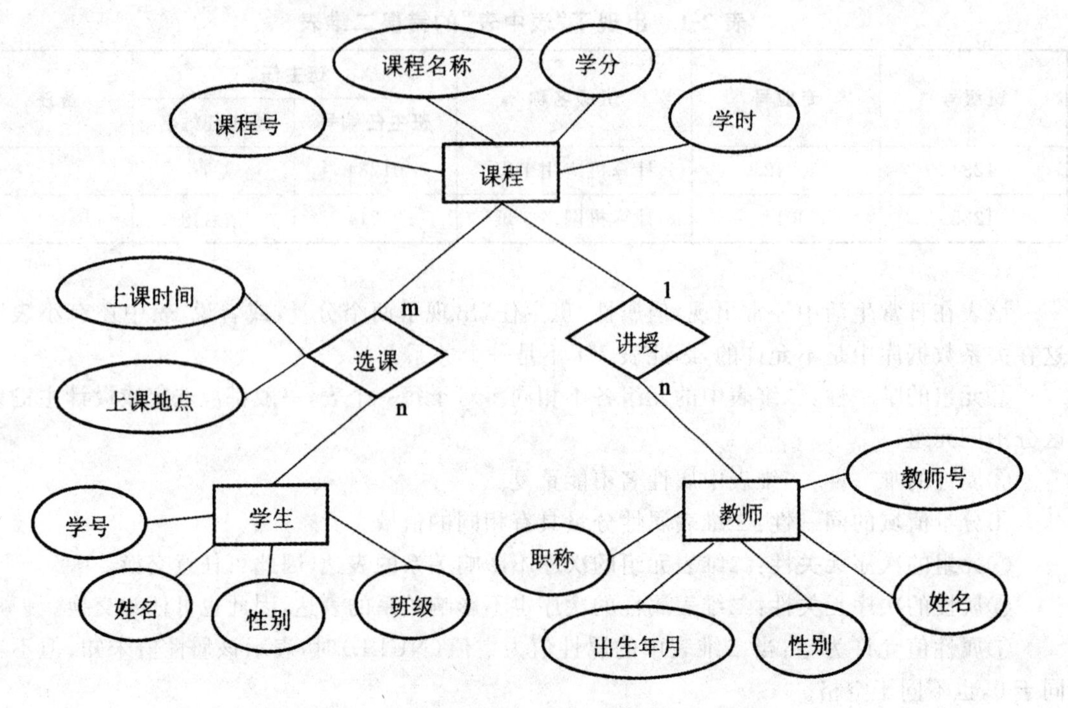

图 2-19　学生、教师、课程之间的 E-R 图

③详细描述各列创建信息如表 2-3 所示。

表 2-3　课程信息表

字段名	数据类型	是否为空	主键,外键	备注
课程号	char(6)	NOT NULL	PK	
课程名称	varchar(20)			
学分	int			
学时				

其中,"PK"表示主键。若为外键可用"FK"表示。根据表 2-3,可在数据库管理系统中对二维表结构进行定义。但不包含具体的数据记录。

(2)"学生""教师"两个实体的关系模型的创建方法与"课程"实体类同。

(3)"选课""讲授"两个联系的关系模型的创建也与以上实体的创建方法相同,但需要注意的是,它的关系模式中所包含的属性名除它本身的属性外,还包括它所连接的两端实体的主键,且其主键由两端实体的两个主键共同构成。

如"选课"关系的关系模式应表示为

选课(课程号,学号,上课时间,上课地点)

关系模型描述如表 2-4 所示。

表 2-4 教师信息表

字段名	数据类型	是否为空	主键,外键	备注
课程号	char(6)	NOT NULL	PK	
学号	char(8)	NOT NULL	PK	
上课时间	varchar(10)			
上课地点	varchar(10)			

2.5 其他数据模型

2.5.1 层次数据模型

层次模型是数据库系统中最早出现的数据模型,用于表达现实世界中事物之间很自然的层次关系。基于层次模型的典型代表是 IBM 公司于 1968 年推出的第一个大型的商用数据库管理系统——IMS(Information Management System)。

1. 层次模型的数据结构

现实世界中很多客观对象之间都具有很自然的层次联系,呈现树型结构,如行政机构、家族关系等。因此,人们通常采用树型结构来表示实体之间的这种层次联系,这样的数据模型称为层次模型。在层次模型中,实体用记录表示,记录的每一个数据项(或字段)对应于实体的每一个属性,实体之间的联系就由记录之间的两两联系来表示。

层次模型就像一棵倒立的树,树中的结点只有一个双亲结点。层次模型中任何一个给定的记录值只有按其路径查看时,才显示出它的全部意义,即子结点的记录值不能脱离其父结点的记录值而独立存在。

以下是一个层次模型的例子,如图 2-20 所示。该层次模型有 4 个记录类型。记录类型工厂是树的根结点,由工厂编号、工厂名称和地址 3 个字段组成。记录类型车间是工厂的子结点,由车间编号和车间名称 2 个字段组成。记录类型工人是车间的子结点,由职工号和职工名 2 个字段组成。记录类型产品是工厂的子结点,由产品编号、产品名和规格 3 个字段组成。工厂与车间、车间与工人、工厂与产品之间均是一对多的联系,从而使工厂生产产品数据库具有很自然的树形结构,层次模型非常适合于表示这样的联系。

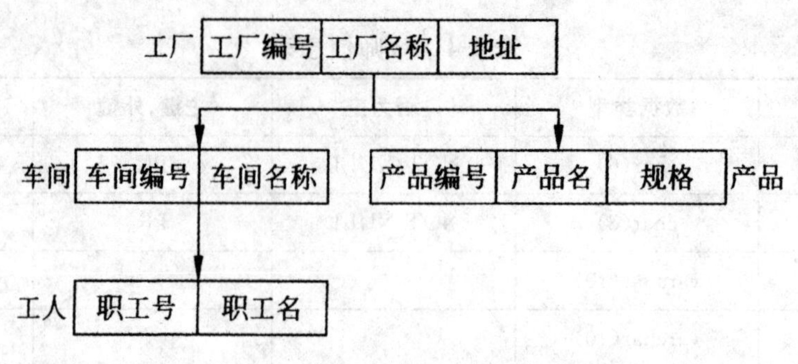

图 2-20　工厂生产产品的层次模型

图 2-21 是该模型的一个具体实例。它由太行空调厂记录值及其所有后代记录值组成一棵树。太行空调厂有 2 个车间 D01 和 D02,生产 2 个产品 P0302 和 P0405。D01 车间有 2 个工人 E101 和 E102。D02 车间有 2 个工人 E201 和 E202。

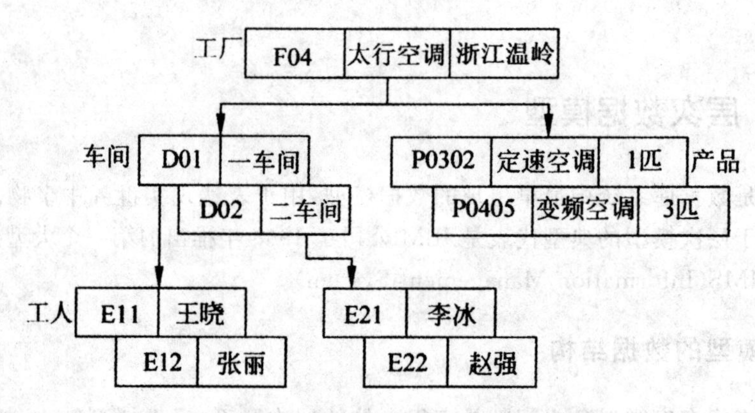

图 2-21　工厂生产产品层次模型的具体值

从树形结构的特点可以看出,层次模型只能直接表示一对多(包括一对一)联系,而无法直接表示实体间的多对多联系。由树形结构的特点所限,层次模型无法直接表示这样的联系。为了能表示多对多联系,进而真实地模拟现实世界,需要将其分解成两个一对多联系。分解方法主要有冗余结点法和虚拟结点法两种,图 2-22 是冗余结点法的一个例子。通过增设两个冗余结点,它将读者与图书之间的多对多联系[如图 2-22(a)所示]分解成两个一对多联系[如图 2-22(b)所示]。

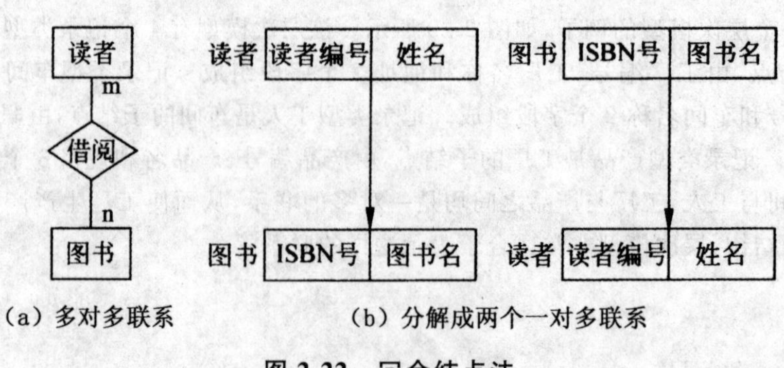

图 2-22　冗余结点法

图 2-23 是虚拟结点法的一个例子。通过增设两个虚拟结点,它将读者与图书之间的多对多联系[图 2-23(a)]分解成两个一对多联系[图 2-23(b)]。这里的虚拟结点就是一个指针,它指向所替代的结点。

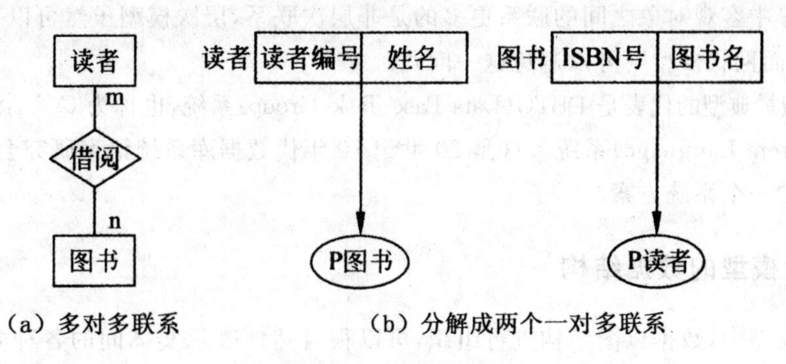

图 2-23　虚拟结点法

2. 层次模型的数据操作完整性约束

层次模型的数据操作主要包括查询与更新两大类。在查询时,从根结点开始,按照给定的查询条件沿着一个层次路径查找所需要的记录。

更新又包括插入、删除和修改操作。进行更新操作时,要满足层次模型的完整性约束条件。在插入时,如果没有相应的双亲结点值就不允许插入它的子结点。例如,在如图 2-11 所示的工厂生产产品层次数据库中,如果新来一名工人,他在培训期还未分配所工作的车间,这时就不允许将其插入到数据库中;在删除时,如果删除父结点值,则相应的子结点值也一并被删除。例如,在如图 2-21 所示的工厂生产产品层次数据库中,如果删除二车间,则二车间的所有工人也一并被删除。

3. 层次模型的优缺点

层次模型的优点如下。

①层次模型结构简单,层次分明,便于在计算机内实现。

②基于层次模型的数据库查询效率较高。由于从根结点到树中任一结点均存在一条唯一的层次路径,因此查找记录值时,沿着这条路径可以很快找到记录值所在的结点。

③层次模型提供了良好的完整性支持。

层次模型的缺点如下。

①层次模型难以直接表达现实世界中实体之间的非层次联系,如多对多联系必须引入冗余结点或者虚拟结点才能表达。

②数据的插入和删除操作限制太多。

③查询实现复杂。查询子结点必须通过双亲结点,而且必须沿着层次路径逐步进行。

2.5.2 网状数据模型

现实世界中客观对象之间的联系更多的是非层次联系，层次模型虽然可以表示，但表示起来并不直接，而网状模型则可以避免这一问题。

网状模型最典型的代表是DBTG(Data Base Task Group)系统，也称为CODASYL(Conference On Data System Language)系统。这是20世纪70年代数据库系统语言研究会下属的数据库任务组提出的一个系统方案。

1. 网状模型的数据结构

在网状模型中，数据以图结构进行组织，可以很自然地表示实体间的各种联系，其中包括层次模型难以直接表示的多对多联系，因为图结构比树形结构更具普遍性，不但允许每一个结点具有零个或多个双亲结点，而且还允许两个结点之间存在多个联系，如图2-24所示。

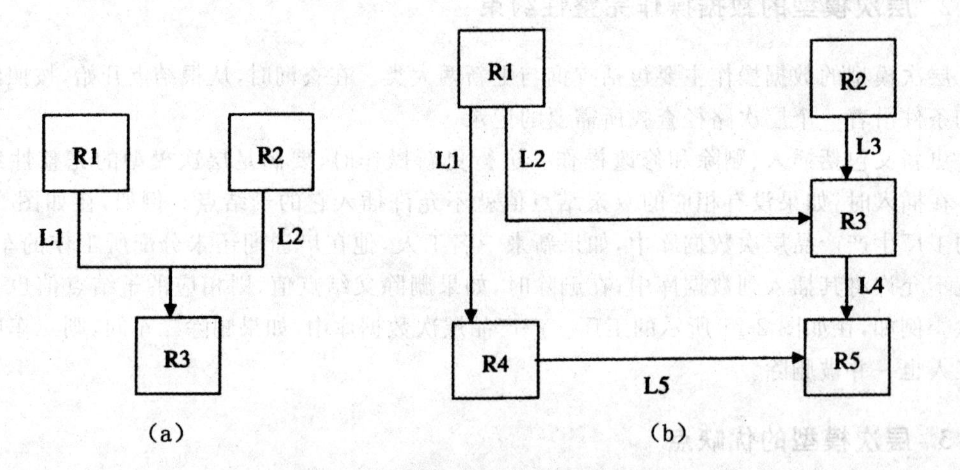

图 2-24 网状模型结构示意图

网状模型表示一对多(包括一对一)联系的方法和层次模型完全相同，但表示多对多联系的方法要比层次模型更简单、更直观。例如，学生和课程之间具有多对多的选修联系[图2-25(a)]，层次模型需要增加冗余结点(产生了不必要的数据冗余)[图2-25(b)]或由指引元代替的虚拟结点(采用指针从而削弱了数据的物理独立性)[图2-25(c)]，而网状模型则只需增加一个学生选课的联接记录即可(类似于选课表，不会产生不必要的数据冗余，也比较简单、直观)，如图2-25(d)所示。

和层次模型一样，网状模型的数据访问也采用"导航式"，即需要详细指明数据访问的存取路径，按路径对数据进行访问。不过，层次模型中的存取路径都从唯一的根结点开始，记录之间的联系也是固定的，因此，在访问数据时无须对存取路径进行选择。然而，网状模型没有根结点，记录之间的联系也是多种多样的，相应地也就存在多条存取路径，因此，在访问数据时需要从中选择一条适当的存取路径，从而削弱了数据的独立性。

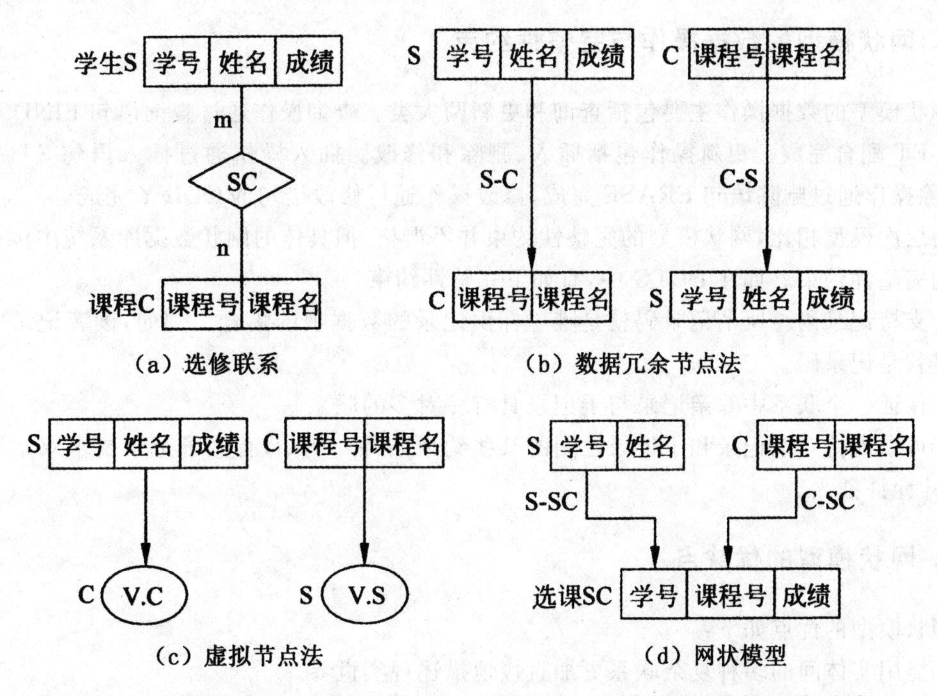

图 2-25　学生和课程之间的选修联系及其在层次模型、网状模型中的表示

由于采用了比树形结构更加灵活的图结构,网状模型对数据操作的限制要更少一些,完整性约束条件也不如层次模型那样严格。

在网状模型中,允许两个结点之间有多种联系,因此要为每个联系命名。图 2-26 表示人员与团队之间的多个联系。

以下是一个网状模型的例子,如图 2-27 所示。该网状模型表示读者与图书之间的多对多联系。由于不能直接表示多对多联系,因此引入了一个借阅联结记录。读者记录由读者编号和姓名 2 个字段组成,图书记录由 ISBN 号和图书名 2 个字段组成,借阅记录由读者编号、ISBN 号和借书日期 3 个字段组成。读者与借阅、图书与借阅之间均是一对多的联系。

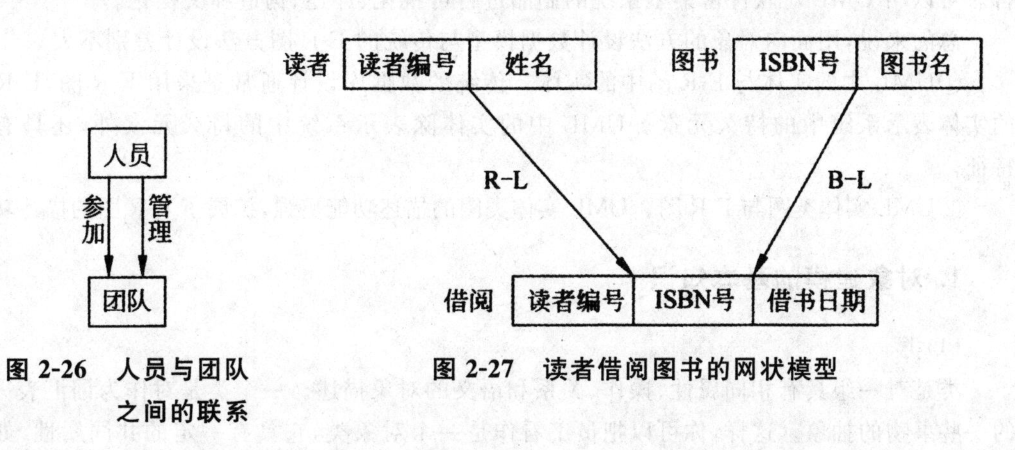

图 2-26　人员与团队之间的联系

图 2-27　读者借阅图书的网状模型

2. 网状模型的数据操作与完整性约束

网状模型的数据操作主要包括查询和更新两大类。查询操作通过查询语句 FIND 和取数语句 GET 配合完成。更新操作包括插入、删除和修改。插入操作通过插入语句 STORE 完成,删除操作通过删除语句 ERASE 完成,修改操作通过修改语句 MODIFY 完成。

与层次模型相比,网状模型的完整性约束并不严格,但具体的网状数据库系统中也提供了一定的完整性约束。如在 DBTG 中,有如下完整性约束。

①支持记录码。所谓记录码就是唯一标识记录的数据项的集合。例如,读者记录中的读者编号就是记录码。

②保证一个联系中双亲记录与子记录具有一对多的联系。

③可以支持双亲记录和子记录之间的某些约束条件。例如,有些子记录要求双亲记录存在时,才允许插入。

3. 网状模型的优缺点

网状模型的优点如下:

①能用实体间的多种复杂联系更加直接地描述现实世界。

②性能和存取效率较好。

网状模型的缺点如下:

①结构和数据语言比较复杂,使用起来不方便。

②依靠存取路径来实现实体间的联系,所以应用程序在访问数据时要按照指定的路径,同时,也给编程人员带来了很大的麻烦。

2.5.3 面向对象模型

面向对象模型一般采用统一建模语言(UML)进行描述,它是一种绘制软件蓝图的标准语言。可以用 UML 对软件密集型系统的制品进行可视化、详述、构造和文档化。

总的来说,用面向对象的方法设计数据模型与传统的 E-R 图方法设计差别不大。

①UML 中的实体与 E-R 图中的实体。传统的数据库设计通常是采用 E-R 图,E-R 图中的实体表示系统中的持久元素。UML 中的实体除表示系统中的持久元素外,还具有行为特征。

②UML 实体类图与 E-R 图。UML 实体类图的描述功能更强,扩展了 E-R 图的描述功能。

1. 对象建模的基本知识

(1)类

类是对一组具有相同属性、操作、关系和语义的对象描述。一个类是对作为词汇表一部分的一些事物的抽象。这样,你可以把员工看作是一个对象类,它具有一定的共同属性,如职工编号、职工姓名、工作部门、职称、性别等。当然,此时一名具体的员工如张宏就是该类的一个实例。

类是类图的主要部件，由类名、属性及操作组成。每个类都必须具有一个有别于其他类的名称。

(2)操作

操作是一个服务的实现，该服务可由类的任何对象请求以影响其行为。换句话说，操作就是该类对象可以提供的服务。一个类可以有零个或任意多个操作。

通过对类的属性和操作的描述，实际上也就是声明了该类的责任，也就是该类所代表的事物的职责。

一般而言，属性、操作和职责是创建抽象所需要的最常见的特征，当然，类还具有很多其他操作特征(如多态性)，这些在 UML 规范中都有详细描述，本书不再作过多介绍。

(3)关系

关系是事物之间的联系。在面向对象建模中，最重要的三种关系：泛化、依赖和关联。

泛化关系。在编程语言中，通过从一般类(称为父类)到特殊类(称为子类)的继承来实现泛化。有时也称泛化为"is a"的关系，例如，轿车是一种汽车。

在 UML 中，泛化关系是用来表示类与类之间的继承关系。关系中的实线空心封闭箭头由子类指向父类，如图 2-28 所示。

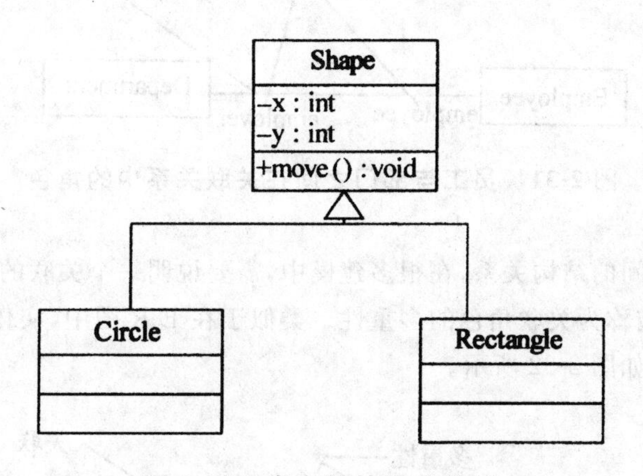

图 2-28　类之间的泛化关系

依赖关系。依赖关系是一种使用关系，它表示一个模型元素借助另一个模型元素来达到某种目的，表现为函数中的参数(use a)，供应方的修改会影响客户方的执行结果。

在 UML 中，依赖关系用一个从使用者指向提供者的虚箭头表示，用一个构造类型区分它的种类，如图 2-29 所示。

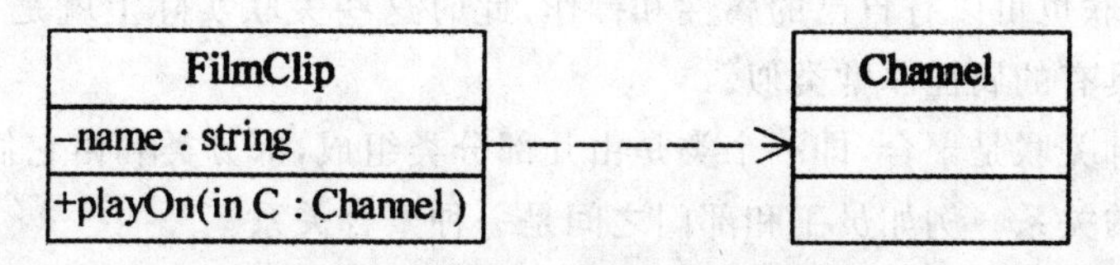

图 2-29　类之间的依赖关系

关联关系。关联关系是一种结构关系，它指明对象之间的联系，表现为变量(has a)。例如员工和部门之间的关联如图 2-30 所示。

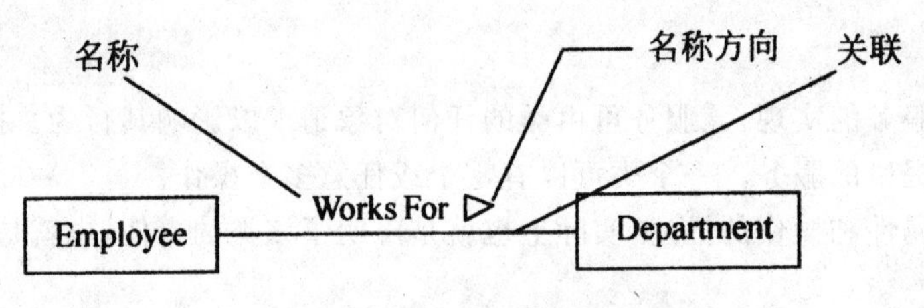

图 2-30　员工和部门之间的关联关系

在 UML 中，依赖关系用一条线连接两个类，并可以用一个名称描述该关系的性质。为了消除名称含有的方向歧义性，可以给关联加上一个指向性的三角形。

当一个类和另一个类发生关联关系时，每个类通常在这一关系中扮演着某种角色，角色是关联中靠近它的一端类对另外一端类呈现的职责，员工和部门之间的角色如图 2-31 所示。

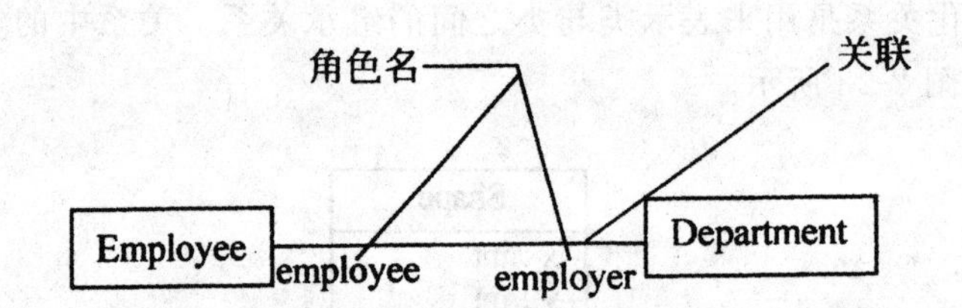

图 2-31　员工与部门之间在关联关系中的角色

关联表示了对象间的结构关系，在很多建模中，需要说明一个关联的实例中有多少个连接的对象，这种“多少”被称为关联角色的多重性。类似于在 E-R 图中，实体之间存在一对多、一对一、多对多的关系，如图 2-32 所示。

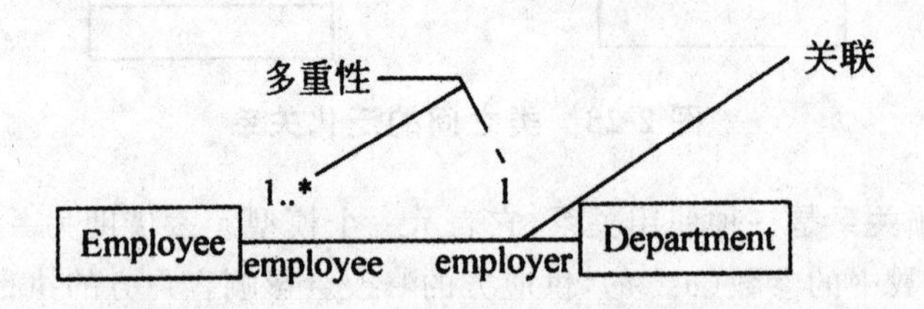

图 2-32　员工与部门之间在关联关系中的角色多重性

与类一样，关联也可以有自己的属性和操作，此时这些关联实际上就是关联类，这与 E-R 图中的某些关系具有的属性非常类似。

类中还有一种关联是聚合，即一个类是由几部分类组成，部分类和由它们组成的类之间是一种整体与局部的关系。例如员工和部门之间是一种聚合关系。

聚合关系构成了一个层次结构，聚合关系可以标注多重数，也可以标明聚合关系的名称，如图 2-33 所示。

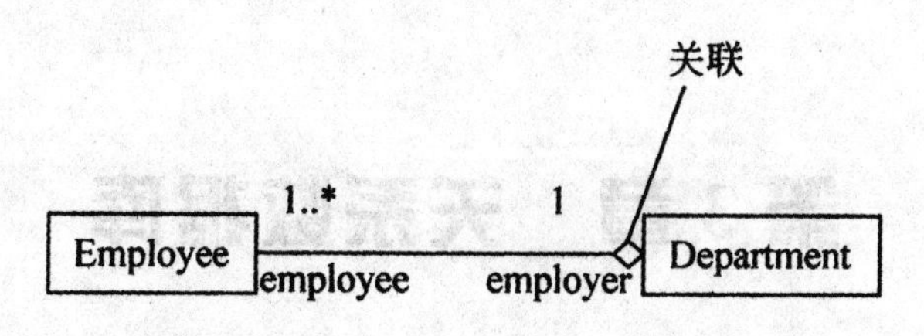

图 2-33　员工与部门之间的聚合关系

2. 类图

类图是面向对象系统的建模中最常见的图，是显示一组类、接口、协作以及它们之间关系的图。以图 2-12 所示的例子为对象，转化用 UML 进行描述的类图，如图 2-34 所示。

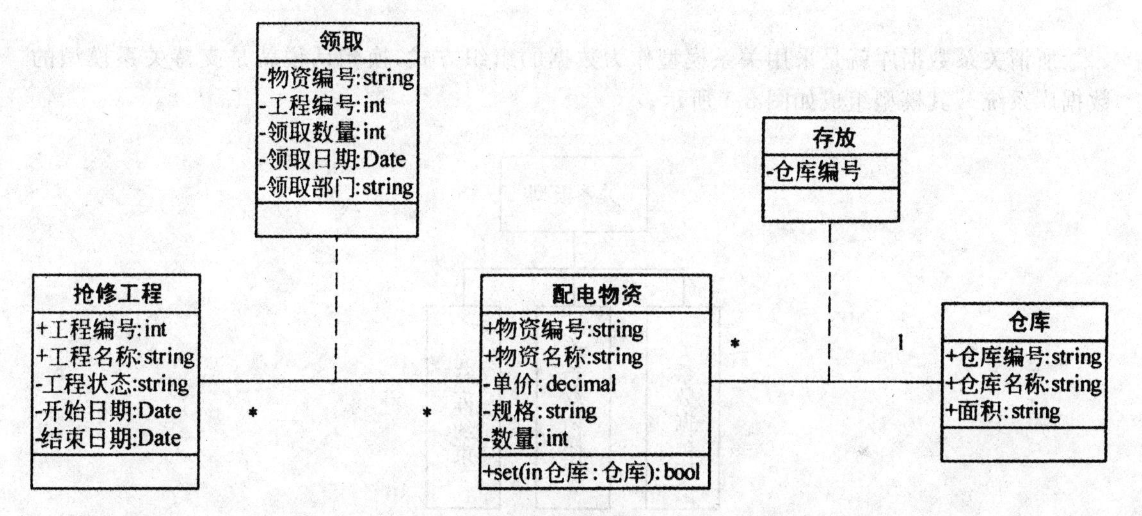

图 2-34　配电物资与仓库的类图

从某种意义上说，UML 中的类图是 E-R 图的超集，E-R 图只针对存储的数据，而类图则在此基础上，增加了行为建模的能力。

第3章 关系数据库

3.1 关系数据库概述

所谓关系数据库就是采用关系模型作为数据的组织方式，换句话说就是支持关系模型的数据库系统。其模型组成如图 3-1 所示。

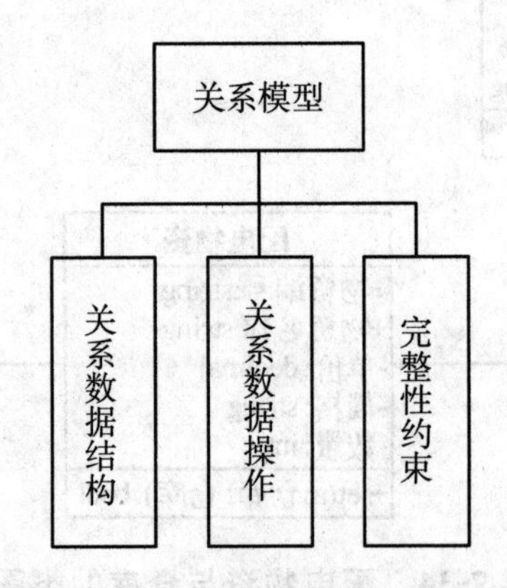

图 3-1 关系数据库模型组成

3.1.1 关系数据结构

关系模型的数据结构非常简单，实际上就是一张二维表，但这种简单的二维表体现的是现实中各实体间的关系。

3.1.2 关系数据操作

关系模型与其他数据模型相比，最具有特色的是关系数据操作语言。关系操作语言灵活方便，表达能力和功能都非常强大。

1. 关系操作的基本内容

关系操作包括数据查询、数据维护和数据控制三大功能，如图 3-2 所示。

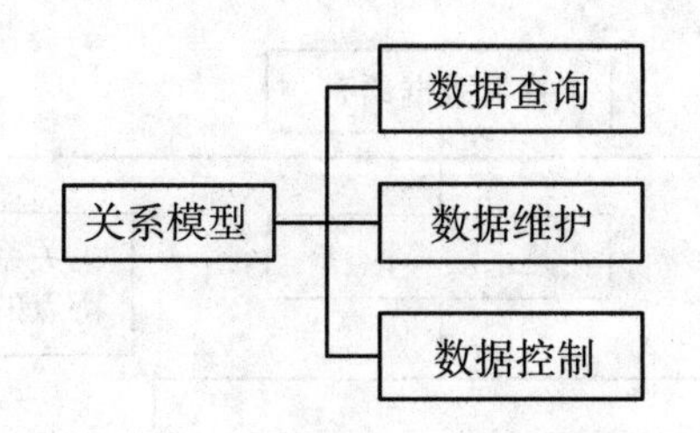

图 3-2 关系操作的基本内容

2. 关系操作的特点

(1)关系操作语言操作一体化

关系语言具有数据定义、查询、更新和控制一体化的特点。关系操作语言既可以作为宿主语言嵌入到主语言中,又可以作为独立语言交互使用。关系操作的这一特点使得关系数据库语言容易学习,使用方便。

(2)关系操作的方式是一次一集合方式

其他系统的操作是一次一记录方式,而关系操作的方式则是一次一集合方式。关系操作虽然能够使其利用集合运算和关系规范化等数学理论进行优化和处理关系操作,但同时又使得关系操作与其他系统配合时产生了方式不一致的问题,即需要解决关系操作的一次一集合与主语言一次一记录处理方式之间的矛盾。

(3)关系操作语言是高度非过程化的语言

关系操作语言具有强大的表达能力。例如,关系查询语言集检索、统计、排序等多项功能为一条语句,它等效于其他语言的一大段程序。用户使用关系语言时,只需要指出做什么,而不需要指出怎么做,数据存取路径的选择、数据操作方法的选择和优化都由 DBMS 自动完成。关系语言的这种高度非过程化的特点使得关系数据库的使用非常简单,关系系统的设计也比较容易,这种优势是关系数据库能够被用户广泛接受和使用的主要原因。

关系操作能够具有高度非过程化特点的原因有两条:

①关系模型采用了最简单的、规范的数据结构。

②它运用了先进的数学工具——集合运算和谓词运算,同时又创造了几种特殊关系运算——投影、选择和连接运算。

关系运算可以对二维表(关系)进行任意的分割和组装,并且可以随机地构造出各式各样用户所需要的表格。当然,用户并不需要知道系统在里面是怎样分割和组装的,他只需要指出他所用到的数据及限制条件。然而,对于一个系统设计者和系统分析员来说,只知道面上的东西还不够,还必须了解系统内部的情况。

3. 关系操作语言的种类

关系数据语言可分为三类,如图 3-3 所示。

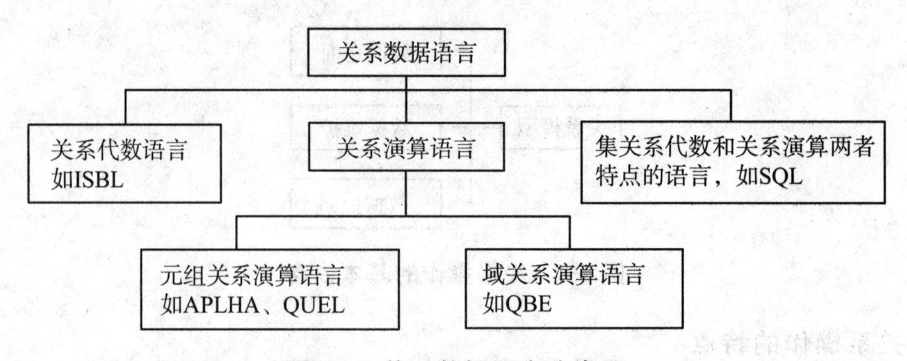

图 3-3　关系数据语言分类图

这些关系数据语言的共同特点是，语言具有完备的表达能力，是非过程化的集合操作语言，功能强，能够嵌入高级语言中使用。

3.1.3　完整性约束

完整性约束条件是关系数据模型的一个重要组成部分，是为了保证数据库中的数据一致性的。

完整性约束分为三类：实体完整性、参照完整性、用户定义的完整性。

3.2　关系数据结构及形式化定义

3.2.1　关系的数学定义

(1)域的定义

域(Domain)是一组具有相同数据类型的值的集合。例如，整数、正数、负数、{0,1}、{男，女}、{计算机专业，物理专业，外语专业}、计算机系所有学生的姓名等，都可以作为域。域中所包含的值得个数叫做域的基数。

例如，给出三个域：

D_1＝姓名＝{王平，李丽，张晓刚}

D_2＝性别＝{男，女}

D_3＝年龄＝{19,20}

第一个域的基数是 3，后两个域的基数是 2。

(2)笛卡儿积的定义

给定一组域 $D_1,D_2,\cdots,D_n$，这些域中可以有相同的部分，则 $D_1,D_2,\cdots,D_n$ 的笛卡儿积(Cartesian Product)为：

$$D_1 \times D_2 \times \cdots \times D_n = \{(d_1, d_2, \cdots, d_n) \mid d_i \in D_i, i=1,2,\cdots,n\}$$

其中：

①每一个元素$(d_1, d_2, \cdots, d_n)$称为一个 n 元组(n-Tuple)，简称元组(Tuple)。

②元素中的每一个值 d_i 称作一个分量(Component)。

③若 $D_i(i=1,2,\cdots,n)$为有限集，其基数(Cardinal number)为 $m_i(i=1,2,\cdots,n)$，则 $D_1 \times D_2 \times \cdots \times D_n$ 的基数为：$M=\prod_{i=1}^{n} m_i$

需要说明的是：

①笛卡儿积实际上是一个二维表。

②表的框架由域构成。

③表中的每行对应一个元组。

④表中的每列对应一个域。

对于上面的三个域 D_1、D_2、D_3，其笛卡尔积为：

$D_1 \times D_2 \times D_3$ = {(王平，男，19)，(王平，男，20)，(王平，女，19)，(王平，女，20)，(李丽，男，19)，(李丽，男，20)，(李丽，女，19)，(李丽，女，20)，(张晓刚，男，19)，(张晓刚，男，20)，(张晓刚，女，19)，(张晓刚，女，20)}

其中，(王平，男，19)、(王平，男，20)等是元组。"王平"、"男"、"19"等是分量。该笛卡儿积的基数为 3×2×2=12，即 $D_1 \times D_2 \times D_3$ 一共有 3×2×2 个元组，这 12 个元组可列成一张二维表，如表 3-1 所示。

表 3-1　D_1、D_2 和 D_3 的笛卡儿积

姓名	性别	年龄	姓名	性别	年龄	姓名	性别	年龄
王平	男	19	李丽	男	19	张晓刚	男	19
王平	男	20	李丽	男	20	张晓刚	男	20
王平	女	19	李丽	女	19	张晓刚	女	19
王平	女	20	李丽	女	20	张晓刚	女	20

(3)关系的定义

$D_1 \times D_2 \times \cdots \times D_n$ 的子集称作在域 $D_1, D_2, \cdots, D_n$ 上的关系(Relation)，表示为：

$$R(D_1, D_2, \cdots, D_n)$$

这里 R 表示关系的名字，n 是关系的目或度。

当 $n=1$ 时，称该关系为单元关系；

当 $n=2$ 时，称该关系为二元关系。

关系是笛卡尔积的子集，所以关系也是一个二维表，表的每行对应一个元组，表的每列对应一个域。

我们可以在表 3-1 的笛卡儿积中取出一个子集构造一个学生关系。由于一个学生只有一个性别和年龄，所以笛卡儿积中的许多元组是无实际意义的。从 $D_1 \times D_2 \times D_3$ 中取出我们认为有用的元组，所构造的学生关系如表 3-2 所示。

表 3-2 学生关系

姓名	性别	年龄
王平	男	20
李丽	女	20
张晓刚	男	19

3.2.2 关系中的基本名词

(1)元组

关系表中的每一横行称作一个元组,组成元组的元素为分量。数据库中的一个实体或实体间的一个联系均使用一个元组表示。例如表 3-2 中有三个元组,它们分别对应三个学生。“王平,男,20”是一个元组,它由三个分量构成。

(2)属性

关系中的每一列称为一个属性(Attribute)。属性具有型和值两层含义:属性的型指属性名和属性取值域;属性值指属性具体的取值。由于关系中的属性名具有标识列的作用,因而同一关系中的属性名(即列名)不能相同。关系中往往有多个属性,属性用于表示实体的特征。例如表 3-2 中有三个属性,它们分别为“姓名”“性别”和“年龄”。

(3)候选码和主码

若关系中的某一属性组的值能唯一地标识一个元组,则称该属性组(或属性)为候选码。为数据管理方便,当一个关系有多个候选码时,应选定其中的一个候选码为主码。当然,如果关系中只有一个候选码,这个唯一的候选码就是主码。例如,假设表 3-2 中没有重名的学生,则学生的“姓名”就是该学生关系的主码;若在学生关系中增加“学号”属性,则关系的候选码为“学号”和“姓名”两个,应当选择“学号”属性为主码。

(4)全码

在最简单的情况下,候选码只包含一个属性。也就是说一个属性就可以唯一地标识一个元组。在最极端的情况下,关系模式的所有属性是这个关系模式的候选码,也就是说所有的属性加起来才可以唯一地标识一个元组,这种关系称为全码关系全码是候选码的特例,它说明该关系中不存在属性之间相互决定情况。也就是说,每个关系必定有码(指主码),当关系中没有属性之间相互决定情况时,它的码就是全码。

例如,设有以下关系:

学生(学号,姓名,性别,年龄)

借书(学号,书号,日期)

学生选课(学号,课程)

其中,学生关系的码为“学号”,它为单属性码;借书关系中“学号”和“书号”合在一起是码,它是多属性码;学生选课表中的学号和课程相互独立,属性间不存在依赖关系,它的码为全码。

(5)主属性和非主属性

关系中,候选码中的属性称为主属性,不包含在任何候选码中的属性称为非主属性(Non-Key Attribute)。

为了更好地说明以上概念,下面再举一个图书管理系统的例子来说明:

假设有三个关系,一个是图书关系 Book,一个是读者关系 Reader,另一个是图书借阅关系 Borrow。三个关系分别见表 3-3、表 3-4 和表 3-5。

表 3-3　图书关系 Book

图书号 BookId	图书名 Bookname	编者 Editor	价格 Price	出版社 Publisher	出版年月 PubDate	库存数 Qty
TP2001-001	数据结构	李国庆	22.00	清华大学出版社	2001-01-08	20
TP2003-002	数据结构	刘娇丽	18.90	中国水利水电出版社	2003-10-15	50
TP2002-001	高等数学	刘自强	12.00	中国水利水电出版社	2002-01-08	60
TP2003-001	数据库系统	汪洋	14.00	人民邮电出版社	2003-05-18	26
TP2004-005	数据库原理与应用	刘淳	24.00	中国水利水电出版社	2004-07-25	100

表 3-4　读者关系 Reader

借书卡号 CardId	读者姓名 Name	性别 Sex	工作单位 Dept	读者类别 Class
T0001	刘勇	男	计算机系	1
S0101	丁钰	女	人事处	2
S0111	张清蜂	男	培训部	3
T0002	张伟	女	计算机系	1

表 3-5　借书关系 Borrow

图书号 BookId	借书卡号 CardId	借书日期 Bdate	还书日期 Sdate
TP2003-002	T0001	2003-11-18	2003-12-09
TP2001-001	S0101	2003-02-28	2003-05-20
TP2003-001	S0111	2004-05-06	
TP2003-002	S0101	2004-02-08	

对于关系 Book 来说,BookId 是能唯一标识元组的属性,所以 BookId 既是唯一候选码,也是主码,也是唯一主属性。

对于关系 Reader 来说,CardId 是能唯一标识元组的属性,所以 CardId 既是唯一候选码,也是主码,也是唯一主属性。

对于关系 Borrow 来说,(BookId,CardId,Bdate)是可以唯一标识元组的属性组(一个读者在同一时间不能借两本相同的图书),而其真子集不行(一个读者在不同的时间可以借阅以前曾借阅过的图书,所以 BookId、CardId 不是候选码),所以(BookId,CardId,Bdate)是 Borrow 表的候选码。读者仔细分析还可以发现,(BookId,CardId,Sdate)也可以唯一标识一个元组,也是候选码,所以 Borrow 中的所有属性都是主属性。

3.2.3 数据库中关系的类型

关系数据库中的关系可以分为基本表、视图表和查询表三种类型。

(1)基本表

基本表是关系数据库中实际存在的表,是实际存储数据的逻辑表示。

(2)视图表

视图表是由基本表或其他视图表导出的表。由于视图表依附于基本表,我们可以利用视图表进行数据查询,或利用视图表对基本表进行数据维护,但视图本身不需要进行数据维护。

(3)查询表

由于关系运算是集合运算,在关系操作过程中会产生一些临时表,称为查询表。尽管这些查询表是实际存在的表,但其数据可以从基本表中再抽取,且一般不再重复使用,所以查询表具有冗余性和一次性,可以认为它们是关系数据库的派生表。

3.2.4 数据库中基本关系的性质

关系数据库中的基本表具有以下六个性质。

(1)同一属性的数据具有同质性

同一属性的数据具有同质性是指同一属性的数据应当是同质的数据,即同一列中的分量是同一类型的数据,它们来自同一个域。

例如,学生选课表的结构为:选课(学号,课号,成绩),其成绩的属性值不能有百分制、5分制或"及格""不及格"等多种取值法,同一关系中的成绩必须统一语义(比如都用百分制),否则会出现存储和数据操作错误。

(2)同一关系的属性名具有不能重复性

同一关系的属性名具有不能重复性是指同一关系中不同属性的数据可出自同一个域,但不同的属性要给予不同的属性名。这是由于关系中的属性名是标识列的,如果在关系中有属性名重复的情况,则会产生列标识混乱问题。在关系数据库中由于关系名也具有标识作用,所以允许不同关系中有相同属性名的情况。

例如,要设计一个能存储两科成绩的学生成绩表,其表结构不能为"学生成绩(学号,成绩,成绩)",表结构可以设计为"学生成绩(学号,成绩 1,成绩 2)"。

(3)关系中的列位置具有顺序无关性

关系中的列位置具有顺序无关性说明关系中的列的次序可以任意交换、重新组织,属性顺序不影响使用。对于两个关系,如果属性个数和性质一样,只有属性排列顺序不同,则这两个关系的结构应该是等效的,关系的内容应该是相同的。由于关系的列顺序对于使用来说无关紧要,所以在许多实际的关系数据库产品提供的新的增加属性中，只提供了插至最后一列的功能。

(4)关系具有元组无冗余性

关系具有元组无冗余性是指关系中的任意两个元组不能完全相同。由于关系中的一个元组表示现实世界中的一个实体或一个具体联系，元组重复则说明一个实体重复存储。实体重复不仅会增加数据量，还会造成数据查询和统计的错误，产生数据不一致的问题，所以数据库中应当绝对避免元组重复现象，确保实体的唯一性和完整性。

(5)关系中的元组位置具有顺序无关性

关系中的元组位置具有顺序无关性是指关系元组的顺序可以任意交换。我们在使用中可以按各种排序要求对元组的次序重新排列。

例如，对学生表的数据可以按学号升序、按年龄降序、按所在系或按姓名笔画多少重新调整，由一个关系可以派生出多种排序表形式。由于关系数据库技术可以使这些排序表在关系操作时完全等效，而且数据排序操作比较容易实现，所以我们不必担心关系中元组排列的顺序会影响数据操作或影响数据输出形式。基本表的元组顺序无关性保证了数据库中的关系无冗余性，减少了不必要的重复关系。

(6)关系中每一个分量都必须是不可分的数据项

关系模型要求关系必须是规范化的，即要求关系模式必须满足一定的规范条件。关系规范条件中最基本的一条就是关系的每一个分量必须是不可分的数据项，即分量是原子量。

例如，表 3-6 中的成绩分为 C 语言和 Pascal 语言两门课的成绩，这种组合数据项不符合关系规范化的要求，这样的关系在数据库中是不允许存在的。该表正确的设计格式如表 3-7 所示。

表 3-6 非规范化的关系结构

姓名	所在系	成绩	
		C	Pascal
李明	计算机	63	80
刘兵	信息管理	72	65

表 3-7 修改后的关系结构

姓名	所在系	C 成绩	Pascal 成绩
李明	计算机	63	80
刘兵	信息管理	72	65

3.2.5 关系模式的定义

关系模式可以形式化地表示为：

$$R(U, D, Dom, F)$$

其中,R 为关系名;U 为组成该关系的属性集合;D 为属性组 U 中属性所来自的域;Dom 为属性向域的映像的集合;F 为属性间数据的依赖关系集合。

关系模式可简单记为:

$$R(U) \text{或} R(A_1, A_2, \cdots, A_n)$$

其中,R 为关系名,$A_1, A_2, \cdots, A_n$ 为属性名,域名及属性向域的映像常常直接说明为属性的类型、长度。

关系模式是关系的框架或结构。一般讲,关系模式是静态的,关系数据库一旦定义后其结构不能随意改动;而关系的数据是动态的,关系内容的更新属于正常的数据操作,随时间的变化,关系数据库中的数据需要不断增加、修改或删除。

3.3 关系的完整性

在数据库中,数据的完整性是指保证数据正确的特征。数据完整性是一种语义概念,它包括以下两个方面:

①与现实世界中应用需求的数据的相容性和正确性。

②数据库内数据之间的相容性和正确性。

3.3.1 关系模型的实体完整性

实体完整性(Entity Integrity)规则,若属性 A 是基本关系 R 的主属性,则属性 A 不能取空值。

例如,在关系“教师(教师代码,姓名,职称)”中,“教师代码”属性为主键,则该属性不能取空值。在关系“教师课题(教师代码,课题号)”中,“教师代码”和“课题号”是主键,这两个属性的值都不能为空。空值(NULL)不是 0,不是空字符串,不是空格,空值表示没有值或“不知道”、“无意义”的值,是不确定的值。关系模型中每一个元组都对应客观存在的一个实体,如一个教师代码唯一确定了一位教师,如果表中存在没有代码的教师数据,则该教师一定不属于正常管理范围的教师,甚至是一个不存在的人。

3.3.2 关系模型的参照完整性

(1)外码和参照关系

设 F 是基本关系 R 的一个或一组属性,但不是关系 R 的主码(或候选码)。如果 F 与基本关系 S 的主码 K_s 相对应,则称 F 是基本关系 R 的外码,并称基本关系 R 为外码表或参照关系,基本关系 S 为主码表或被参照关系。

例如,“基层单位数据库”中有“职工”和“部门”两个关系,其关系模式如下:

职工(职工号,姓名,工资,性别,部门号)

部门(部门号,名称,领导人号)

其中:主码用下划线标出,外码用曲线标出。

在职工表中,部门号不是主码,但部门表中部门号为主码,则职工表中的部门号为外码,职工表为外码表。对于职工表来说,部门表为主码表。同理,在部门表中领导人号(实际为领导人的职工号)不是主码,它是非主属性,而在职工表中职工号为主码,则这时部门表中的领导人号为外码,部门表为外码表,职工表为部门表的主码表。

再如,在学生课程库中,有学生,课程和选修三个关系,其关系模式表示为:

学生(学号,姓名,性别,专业号,年龄)

课程(课程号,课程名,学分)

选修(学号,课程号,成绩)

其中:主码用下划线标出。

在选修关系中,学号和课程号合在一起为主码。单独的学号或课程号仅为关系的主属性,而不是关系的主码。由于在学生表中学号是主码,在课程表中课程号也是主码,因此,学号和课程号为选修关系中的外码,而学生表和课程表为选修表的参照表,它们之间要满足参照完整性规则。

(2)参照完整性规则

关系的参照完整性规则是:若属性 F 是基本关系 R 的外码,它与基本关系 S 的主码 K_s 相对应,则对于 R 中每个元组在 F 上的值必须取空值或者等于 S 中某个元组的主码值。

3.4　关系代数

3.4.1　关系查询语言和关系运算

1. 关系查询语言的分类

关系查询语言根据其理论基础的不同分为两大类:

①关系代数语言:查询操作是以集合操作为基础的运算。

②关系演算语言:查询操作是以谓词演算为基础的运算。

关系查询语言属于非过程化语言,编程时只需指出需要什么信息即可。

关系代数语言的非过程性较弱,在查询表达式中必须指出操作的先后顺序;关系演算语言的非过程性较强,操作顺序仅限于量词的顺序。

2. 关系代数运算的分类

关系代数中的运算符可以分为 4 类,如表 3-8 所示。

表 3-8 关系运算符

	运算符	含义
集合运算符	∪ ∩ − +	并 交 差 广义笛卡儿积
专门的关系运算符	σ Π ⋈ ÷	选择 投影 连接 除
比较运算符	> < = ≠ ⩽ ⩾	大于 小于 等于 不等于 小于等于 大于等于
逻辑运算符	¬ ∧ ∨	非 与 或

关系代数的运算可分为两大类：

(1)传统的集合运算

传统的集合运算包括集合的广义笛卡儿积运算、并运算、交运算和差运算。

(2)专门的关系运算

这类运算除了把关系看成是元组的集合外，还通过运算表达了查询的要求。专门的关系运算包括选择运算、投影运算、连接运算和除运算。

(3)比较运算符

这类运算亦称为关系运算符，用于比较两个表达式的大小或是否相同，其比较的结果是布尔值，即 TRUE(表示表达式的结果为真)、FALSE(表示表达式的结果为假)以及 UNKNOWN。除了 Text、Ntext 或 Image 数据类型的表达式外，比较运算符可以用于所有的表达式。

(4)逻辑运算符

逻辑运算符可以把多个逻辑表达式连接起来，逻辑运算符包括 AND、OR 和 NOT 等运算符。

①AND、OR、NOT 运算符。AND、OR、NOT 运算符用于与、或、非的运算。

②ANY、SOME、ALL、IN 运算符。可以将 ALL 或 ANY 关键字与比较运算符组合进行子查询。SOME 的用法与 ANY 相同。

为了叙述上的方便，下面先引入几个记号。

• 设关系模式为 $R(A_1,A_2,\cdots,A_n)$。它的一个关系设为 R。$t\in R$ 表示 t 是 R 的一个元组。$t[A_i]$则表示元组 t 中相应于属性 A_i 的一个分量。

• 若 $A=\{A_{i1},A_{i2},\cdots,A_{ik}\}$，其中 $A_{i1},A_{i2},\cdots,A_{ik}$ 是 $A_1,A_2,\cdots,A_n$ 中的一部分，则 A 称为属性列或域列。$\overline{A}$ 则表示 $\{A_1,A_2,\cdots,A_n\}$ 中去掉 $\{A_{i1},A_{i2},\cdots,A_{ik}\}$ 后剩余的属性组。$t[A]=(t[A_{i1}],t[A_{i2}],\cdots,t[A_{ik}])$ 表示元组 t 在属性列 A 上诸分量的集合。

• R 为 n 目关系，S 为 m 目关系。$t_r\in R,t_s\in S$。$\widehat{t_rt_s}$ 称为元组的连接(Concatenation)。它是一个 $(n+m)$ 列的元组，前 n 个分量为 R 中的一个 n 元组，后 m 个分量为 S 中的一个 m 元组。

• 给定一个关系 $R(X,Z)$，X 和 Z 为属性组。我们定义，当 $t[X]=x$ 时，x 在 R 中的象集为：

$$Z_x=\{t[Z]\mid t\in R,t[X]=x\}$$

它表示 R 中属性组 X 上值为 x 的诸元组在 Z 上分量的集合。

3.4.2 传统的集合运算

传统的集合运算包括四种运算：并(∪)、交(∩)、差(−)、广义笛卡尔积(+)。

1. 并(Union)

设关系 R 和关系 S 具有相同的目 n，且相应的属性取自同一个域。则关系 R 和关系 S 的并记为 $R\cup S$，其结果仍为 n 目关系，由属于 R 或属于 S 的元组组成，记作：

$$R\cup S=\{t\mid t\in R\vee t\in S\}$$

如 R 和 S 的元组分别用两个圆表示，则 $R\cup S$ 的集合如图 3-4 中虚影部分所示。

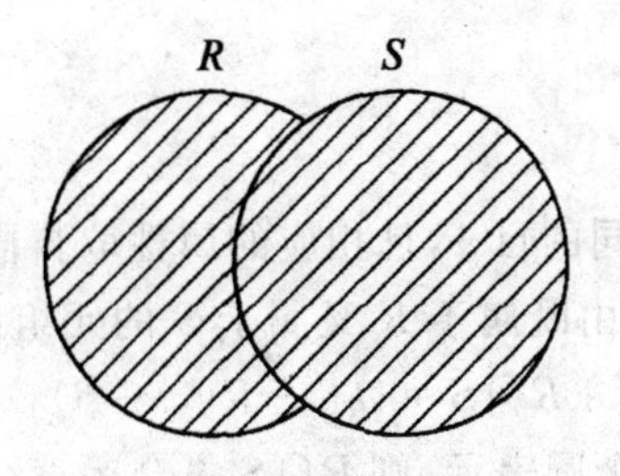

图 3-4　集合 $R\cup S$ 集合

例 3.1　设某公司有两个子公司，其营业库如表 3-9 所示。

表 3-9　某公司两个子公司营业库内容

营业库 1

商品代码	子公司代码	品名	数量	单价
1	Comp1	钢笔	50	10.00
2	Comp1	圆珠笔	200	6.00
3	Comp1	练习本	1000	3.00
4	Comp1	笔记本	1000	8.00

营业库 2

商品代码	子公司代码	品名	数量	单价
1	Comp2	钢笔	50	10.00
5	Comp2	练习本	200	3.00
6	Comp2	信笺	1000	3.00

现如要对全公司营业情况进行统计，操作时首先把两表内容合并为一个表，再在一个表中进行统计。即求营业库＝营业库 1∪营业库 2，结果如表 3-10 所示。

表 3-10　营业库 1∪营业库 2 运算结果

商品代码	子公司代码	品名	数量	单价
1	Comp1	钢笔	50	10.00
2	Comp1	圆珠笔	200	6.00
3	Comp1	练习本	1000	3.00
4	Comp1	笔记本	1000	8.00
1	Comp2	钢笔	50	10.00
5	Comp2	练习本	200	3.00
6	Comp2	信笺	1000	3.00

2. 交(Intersection)

设关系 R 和关系 S 具有相同的目 n，且相应的属性取自同一个域。关系 R 和关系 S 的交记为 $R\cap S$，结果仍为 n 目关系，由既属于 R 又属于 S 的元组组成，记作：

$$R\cap S=\{t\mid t\in R\wedge t\in S\}$$

如 R 和 S 的元组分别用两个圆表示，则 $R\cap S$ 集合运算结果如图 3-5 所示，则两圆相交部分元组表示 R 与 S 的交。

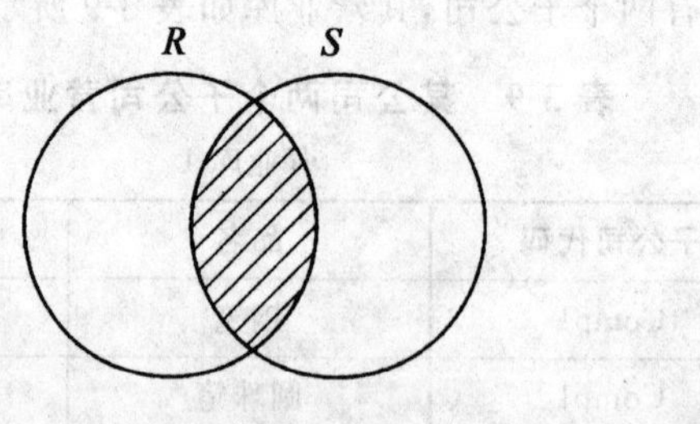

图 3-5　集合 $R\cap S$

例 3.2　在输入学生成绩时，有时会让两个人分别独立输入成绩，这样可以提高数据的正确率，如表 3-11 所示为两人独立输入成绩后形成的成绩文件。当两人正在输入的成绩为同一个同学的成绩时,可以认为两人输入的错误数据完全一样的概率几乎为 0,所以两人输入的一样的数据是准确的,即求取成绩 1 ∩ 成绩 2,其结果被认为是正确的,其计算结果如表 3-12 所示。

表 3-11 两人独立输入成绩同一成绩数据,生成两个成绩文件

成绩 1		
学号	**课名**	**分数**
1	数学	80
1	英语	85
1	政治	90
2	数学	85
2	英语	80
2	政治	90

成绩 2		
学号	**课名**	**分数**
1	数学	80
1	英语	85
1	政治	92
2	数学	85
2	英语	80
2	政治	90

表 3-12 成绩 1 ∩ 成绩 2 运算结果

学号	课名	分数
1	数学	80
1	英语	85
2	数学	85
2	英语	80
2	政治	90

3. 差(Difference)

设关系 R 和关系 S 具有相同的目 n,且相应的属性取自同一个域。定义关系 R 和关系 S 的差记为 $R\text{-}S$,其结果仍为 n 目关系,由属于 R 而不属于 S 的元组组成,记作:

$$R\text{-}S=\{t \mid t\in R\wedge \neg t\in S\}$$

如 R 和 S 的元组分别用两个圆表示，则 R-S 的集合如图 3-6 所示。比较图 3-5 和图 3-6，显然 $R=(R\cap S)\cup(R\text{-}S)$ 或 $R\text{-}S=R\text{-}(R\cap S)$。

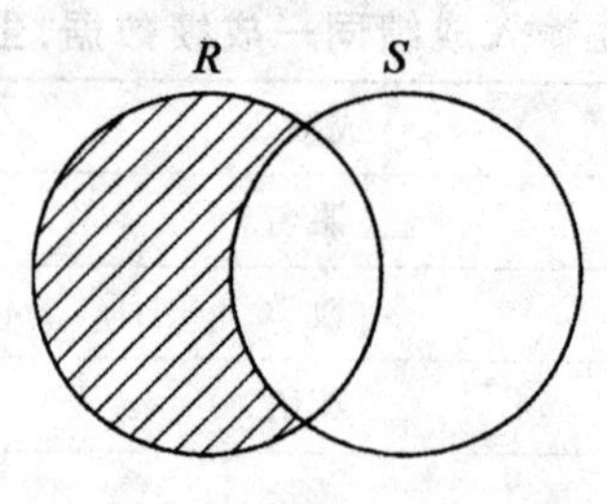

图 3-6　集合 *R-S*

例 3.3　在例 3.2 中，两人输入完全一致的数据是正确的，两人输入不同的部分数据则应找出错误原因，以防丢失正确数据。因而应分别找到(成绩 1－成绩 2)及(成绩 2－成绩 1)，并对两个结果进行分析，与实际成绩复核，检查其中哪一个输入是正确的，或找到正确数据再补充录入。

(成绩 1－成绩 2)和(成绩 2－成绩 1)的结果如表 3-13 所示。

表 3-13　(成绩 1－成绩 2)与(成绩 2－成绩 1)的运算结果

成绩 1－成绩 2

学号	课名	分数
1	政治	90

成绩 2－成绩 1

学号	课名	分数
1	政治	92

4. 广义笛卡儿积

广义笛卡儿积不要求参加运算的两个关系具有相同的目。两个分别为 n 目和 m 目的关系 R 和关系 S 的广义笛卡儿积是一个 $(m+n)$ 列的元组的集合。元组的前 n 列是关系 R 的一个元组，后 m 列是关系 S 的一个元组。若 R 有 k_1 个元组，S 有 k_2 个元组，则关系 R 和关系 S 的广义笛卡儿积有 $k_1\times k_2$ 个元组。记为：

$$R\times S=\{\widehat{t_r t_s} \mid t_r\in R\wedge t_s\in S\}$$

表示由两个元组 t_r 和 t_s 有序连接而成的一个元组。

任取元组 t_r 和 t_s，当且仅当 t_r 属于 R 且 t_s 属于 S，t_r 和 t_s 的有序连接为 $R\times S$ 的一个元组。

实际操作时，可从 R 的第一个元组开始，依次与 S 的每一个元组组合，然后对 R 的下一个元组进行同样的操作，直至 R 的最后一个元组也进行同样的操作为止，这样即可得到 $R\times S$ 的全部元组，如图 3-7 所示。

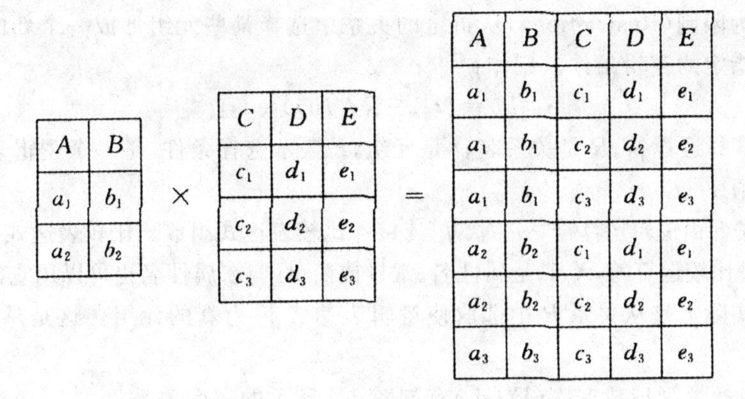

图 3-7 广义笛卡儿积示意

3.4.3 专门的关系运算

专门的关系运算包括选择、投影、连接和除操作，如图 3-8 所示，其中前两个为一目运算，后两个为二目运算。

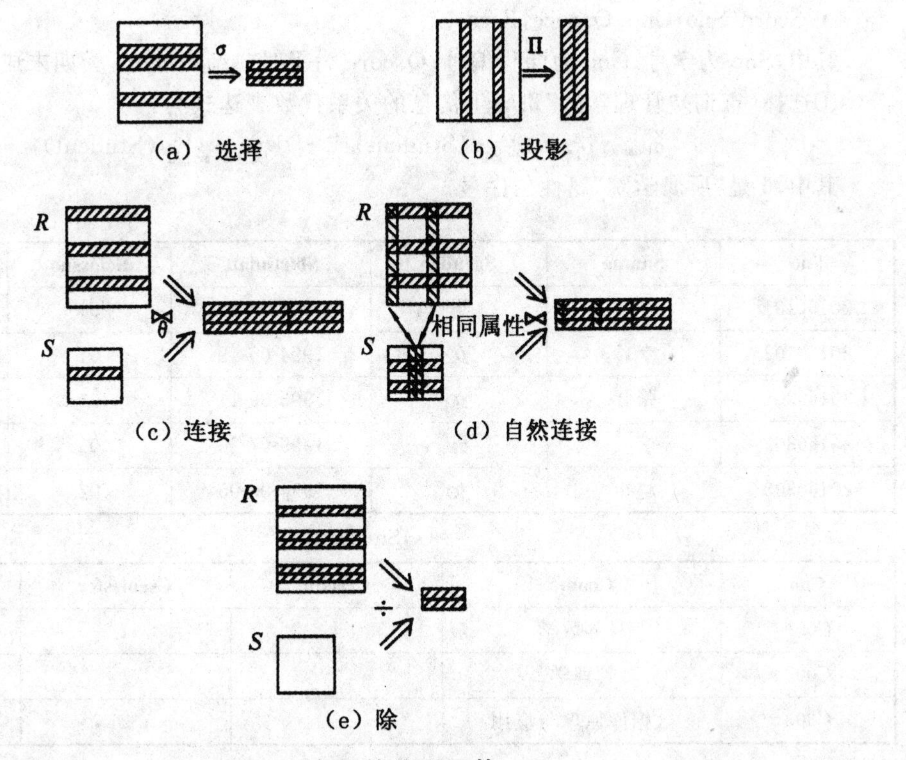

图 3-8 专门的关系运算

1. 选择(Selection)

选择又称为限制(Restriction),从指定的关系中选择某些元组形成一个新的关系,被选择的元组要满足指定的逻辑条件。记作:

$$\sigma_F(R)=\{t\mid t\in R\wedge F(t)='真'\}$$

其中 σ 是选择运算符;R 是关系名;t 是元组;F 表示选择条件,是一个逻辑表达式,取逻辑"真"值或"假"值。

逻辑表达式 F 由逻辑运算符"¬、∧、∨"连接各比较表达式组成。比较表达式的基本形式是:$X\theta Y$。其中,θ 是比较运算符,X、Y 是属性名、常量或简单函数;属性名也可以用它的序号来代替。

选择运算实际上是从关系 R 中选取使逻辑表达式 F 为真的元组。这是从行的角度进行的运算。

例 3.4 设教学管理数据库(JXGL)有如图 3-9 所示的三个关系:

- Student(Sno,Sname,Sgender,Sbirthdate,Sclassno,Dname)。

其中,Sno 为学号;Sname 为姓名;Sgender 为性别;Sbirthdate 为出生日期;Sclassno 为所属班级;Dname 为所属学院。

- Course(Cno,Cname,Ccredit,Csemester,Ctype)。

其中,Cno 为课程编号;Cname 为课程名;Ccredit 为学分;Csemester 为开课学期;Ctype 为课程性质。

- Score(Sno,Cno,Qscore,Fscore)。

其中,Sno 为学号;Cno 为课程编号;Qscore 为平时成绩;Fscore 为期末成绩。

①选择(查询)"管理学院"班学生信息的关系代数表达式为:

$$\sigma_{Dname='管理学院'}(Student) 或 \sigma_{6='管理学院'}(Student)$$

其中,6 是"所属学院"属性的序号。

Sno	Sname	Sgender	Sbirthdate	Sclassno	Dname
20150101	李聪	男	1993-03-11	01	管理学院
20150102	李玲	女	1994-05-12	01	管理学院
20160301	张蓉	女	1993-09-11	01	信息学院
20160302	李汉	男	1995-07-25	01	信息学院
20160303	赵昕	女	1994-03-05	02	信息学院

(a)Student 关系

Cno	Cname	Ccredit	Csemester	Ctype
C001	高等数学	4	1	必修
C002	管理学	3	1	必修
C003	数据库原理与应用	3	2	必修

(b)Course 关系

图 3-9 学生、课程以及选课三个关系

Sno	Cno	Qscore	Fscore
20150101	C001	86	88
20150101	C002	67	56
20150102	C001	87	78
20150102	C003	97	89
20160101	C001	86	82
20160101	C002	67	64
20160102	C001	87	85
20160102	C002	97	93
20160102	C003	76	86

(c)Score 关系

图 3-9　学生、课程以及选课三个关系(续)

②查询“女”学生的信息

$$\sigma_{Sgender='女'}(Student) \text{或} \sigma_{3='女'}(Student)$$

查询结果如图 3-10 所示。

Sno	Sname	Sgender	Sbirthdate	Sclassno	Dname
20150101	李聪	男	1993-03-11	01	管理学院
20150102	李玲	女	1994-05-12	01	管理学院

(a)选择“管理学院”学生的结果

Sno	Sname	Sgender	Sbirthdate	Sclassno	Dno
20150102	李玲	女	1994-05-12	01	管理学院
20160101	张蓉	女	1993-09-11	01	信息学院
20160103	赵昕	女	1994-03-05	02	信息学院

(b)查询女学生的结果

图 3-10　选择结果

2. 投影(Projection)

设有关系 R,在关系 R 中求指定的若干个属性列组成新的关系的运算称作投影,记作 $\prod_A(R)$。

其中 A 为欲选取的属性列列名的列表。这是以列作为处理单位进行的运算,示意图如图 3-11 所示的阴影部分,$a \in \{A\}$,$c \in \{A\}$,$d \in \{A\}$。

A	B	C	D
$a\in\{A\}$		$c\in\{A\}$	$d\in\{A\}$

图 3-11 关系 *R* 在 *A*、*C*、*D* 上的投影

例 3.5 设有表 3-9 所示的“营业库”关系，求所有商品数量情况，要求取出品名和数量两列，求关系运算式及结果。

关系运算式为：

$$\prod_{\text{品名},\text{数量}}(\text{营业库})$$

也可将列名用顺序号表示，上式可写为$\prod_{[3][4]}$(营业库)，结果如表 3-14 所示。

表 3-14 $\prod_{\text{品名},\text{数量}}$(营业库)运算结果

品名	数量	品名	数量
钢笔	50	笔记本	1000
圆珠笔	200	练习本	200
练习本	1000	信笺	1000

在投影后如出现重复元组，应只保留一个。

例 3.6 求“营业库”所示的所有公司销售商的品名清单。

关系运算式：

$$\prod_{\text{品名}}(\text{营业库})$$

运算结果如表 3-15 所示。

表 3-15 $\prod_{\text{品名}}$(营业库)运算结果

品名	品名
钢笔	笔记本
圆珠笔	信笺
练习本	

实际查询问题一般既要通过选择操作又要通过投影操作求解。

3. 连接(Join)

连接运算用来连接相互之间有联系的两个关系，从而产生一个新的关系。这个连接过程由连接属性来实现。一般情况下，这个连接属性是出现在不同关系中的语义相同的属性。被连接的两个关系通常是具有一对多联系的父子关系。

连接也称为θ连接，记作：

$$R \underset{A\theta B}{\bowtie} S=\{\widehat{t_r t_s} \mid t_r \in R \wedge t_s \in S \wedge t_r[A]\theta t_s[B]\}$$

其中，A和B分别是关系R和关系S上可比的属性组，θ是比较运算符(>,≥,<,≤,=,<>或≠)。

连接运算中最重要也是最常见的连接有两个：一是等值连接(Equijoin)；二是自然连接(Natural Join)。

①θ为“=”的连接运算称为等值连接，是从关系R与S的广义笛卡儿积中选取A、B属性值相等的那些元组，即：

$$R \underset{A\theta B}{\bowtie} S=\{\widehat{t_r t_s} \mid t_r \in R \wedge t_s \in S \wedge t_r[A]=t_s[B]\}$$

②自然连接是一种特殊的连接，要求两个关系中进行比较的分量必须是相同的属性组，并且在结果中去掉重复的属性列。即若关系R和S具有相同的属性组B，则自然连接可记为：

$$R \bowtie S=\{\widehat{t_r t_s} \mid t_r \in R \wedge t_s \in S \wedge t_r[B]=t_s[B]\}$$

一般的连接操作是从行的角度进行运算，自然连接还需要取消重复列，所以是同时从行和列的角度进行运算。

例3.7 对图3-9所示的Student和Score关系，分别进行等值连接和自然连接运算。

等值连接运算如下：

$$\text{Student} \underset{\text{Student.sno=Score.sno}}{\bowtie} \text{Score}$$

自然连接运算如下：

$$\text{Student} \bowtie \text{Score}$$

等值连接的结果如图3-12(a)所示，自然连接结果如图3-12(b)所示。

Student. Sno	Sname	Sgender	Sbirthdate	Sclassno	Dname	Sc. Sno	Cno	Qscore	Fscore
20150101	李聪	男	1993-03-11	01	管理学院	20150101	C001	86	88
20150101	李聪	男	1993-03-11	01	管理学院	20150101	C002	67	56
20150102	李玲	女	1994-05-12	01	管理学院	20150102	C001	87	78
20150102	李玲	女	1994-05-12	01	管理学院	20150102	C003	97	89
20160101	张蓉	女	1993-09-11	01	信息学院	20160101	C001	86	82
20160101	张蓉	女	1993-09-11	01	信息学院	20160101	C002	67	64
20160102	李汉	男	1995-07-25	01	信息学院	20160102	C001	87	85
20160102	李汉	男	1995-07-25	01	信息学院	20160102	C002	97	93
20160102	赵昕	女	1994-03-05	02	信息学院	20160103	C003	76	86

(a)等值连接结果

图3-12 连接运算

Student. Sno	Sname	Sgender	Sbirthdate	Sclassno	Dname	Cno	Qscore	Fscore
20150101	李聪	男	1993-03-11	01	管理学院	C001	86	88
20150101	李聪	男	1993-03-11	01	管理学院	C002	67	56
20150102	李玲	女	1994-05-12	01	管理学院	C001	87	78
20150102	李玲	女	1994-05-12	01	管理学院	C003	97	89
20160101	张蓉	女	1993-09-11	01	信息学院	C001	86	82
20160101	张蓉	女	1993-09-11	01	信息学院	C002	67	64
20160102	李汉	男	1995-07-25	01	信息学院	C001	87	85
20160102	李汉	男	1995-07-25	01	信息学院	C002	97	93
20160102	赵昕	女	1994-03-05	02	信息学院	C003	76	86

(b)自然连接结果

图 3-12 连接运算(续)

4. 除(Division)

(1)象集(Image Set)

给定一个关系 $R(X、Z)$,X 和 Z 为属性组。当 $t[X]=x$ 时,x 在 R 中的象集(Image Set)为:

$$Z_x=\{t[Z]\,|\,t\in R,t[X]=x\}$$

其中 $t[Z]$和 $t[X]$分别表示关系 R 中的元组 t 在属性组 Z 和 X 上的分量的集合。

例 3.8 假设有一个学生关系(专业,班级,学号,姓名,性别),其中有一个元组值为:(信息管理,2012,2012001,刘宏,男)

现有属性组 X={专业,班级},属性组 Y={学号,姓名,性别},则上式中的 $t[X]$的一个值为:

$$X=(\text{信息管理},2012)$$

此时,Y_x 为 $t[X]=x$=(信息管理,2012)时所有 $t[Y]$的值,即“信息管理”专业 2012 班全体学生的“学号、姓名、性别”信息表。

例 3.9 对于图 3-9 所示的 Score 关系,如果设 X={Sno},Y={Cno,Qscore,Fscore},则当 X 取 20150101 时,其象集为:

$$Y_x=\{(C001,86,88),(C002,67,56)\}$$

当 X 取 20150102 时,其象集为:

$$Y_x=\{(C001,87,78),(C003,97,89)\}$$

(2)除法的一般形式

给定关系 $R(X、Y)$和 $S(Y、Z)$,其中 $X、Y、Z$ 为属性组。R 中的 Y 与 S 中的 Y 可以有不同的属性名,但必须出自相同的域集。R 与 S 的除运算得到一个新的关系 $P(X)$,P 是R 中满足

下列条件的元组在 X 属性列上的投影；元组在 X 上分量值 x 的象集 Y_x 包含 S 在 Y 上投影的集合。

$$R \div S = \left\{ t_r[X] \,\middle|\, t_r \in R \land \prod\nolimits_Y(S) \subseteq Y_x \right\}$$

其中 Y_x 是 x 在 R 中的象集，$x=t_r[X]$。

除操作是同时从行和列角度进行运算。

例 3.10　图 3-13 中给出了一个除运算的示例。

R

A	B	C
a_1	b_1	c_2
a_2	b_3	c_7
a_3	b_4	c_6
a_1	b_2	c_3
a_4	b_6	c_6
a_2	b_2	c_3
a_1	b_2	c_1

S

B	C	D
b_1	c_2	d_1
b_2	c_1	d_1
b_2	c_3	d_2

R÷S

A
a_1

图 3-13　除运算的结果

分析：

①找出 $R \div S$ 的结果属性，即只属于 R 而不属于 S 的属性。属性 A 是属于关系 R 而不属于关系 S。

②找出元组在属性 A 上的所有不同分量值。A 可以取 4 个值 $\{a_1, a_2, a_3, a_4\}$。

③找出属性 A 的各分量值的象集：

- a_1 的象集为 $\{(b_1, c_2)(b_2, c_3)(b_2, c_1)\}$
- a_2 的象集为 $\{(b_3, c_7)(b_2, c_3)\}$
- a_3 的象集为 $\{(b_4, c_6)\}$
- a_4 的象集为 $\{(b_6, c_6)\}$

④找出关系 S 在属性 $\{B、C\}$ 上的投影：

$$\{(b_1, c_2)(b_2, c_1)(b_2, c_3)\}$$

⑤比较，看关系 R 中哪个分量值的象集包含 S 在 $(B、C)$ 上的投影集合，只有 a_1 的象集包含了 S 在 $(B、C)$ 属性组上的投影，所以：

$$R \div S = \{a_1\}$$

例 3.11　图 3-14(a)中表示学生学习成绩 SC 关系，图 3-14(b)表示课程条件 CG 关系，SG÷CG 的结果表示满足课程成绩条件(高等数学和数据结构成绩同时为优)的学生情况关系，其结果见图 3-14(c)。

Sname	Ssex	Cname	Sdept	Grade
张兰	女	高等数学	信管系	良
张兰	女	数据结构	信管系	优
王小惠	女	高等数学	工商系	优
王小惠	女	管理信息系统	工商系	优
李力	男	高等数据	信管系	中
王小惠	女	数据结构	工商系	优
李力	男	计算机网络	信管系	良

(a)学生学习成绩 SC 关系

Cname	Grade
高等数学	优
数据结构	优

(b)课程条件 CG 关系

Sname	Ssex	Sdept
王小惠	女	工商系

(c)SC÷CG 关系

图 3-14　除运算结果

分析：

①找出在 SC÷CG 运算过程中只属于 SC 而不属于 CG 的属性：Sname，Ssex，Sdept。

②找出元组在属性{Sname，Ssex，Sdept}上的所有不同分量值：

{(张兰，女，信管系)，(王小惠，女，工商系)，(李力，男，信管系)}；

③找出各分量值的象集：

- (张兰，女，信管系)的象集为{(高等数学，良)，(数据结构，优)}
- (王小惠，女，工商系)的象集为{(高等数学，优)，(管理信息系统，优)，(数据结构，优)}
- (李力，男，信管系)的象集为{(高等数学，中)，(计算机网络，良)}

④找出关系 CG 在属性 Cname，Grade 上的投影：

{(高等数学，优)，(数据结构，优)}

⑤只有(王小惠，女，工商系)的象集包含了 CG 在属性{Cname，Grade}上的投影，所以：

SC÷CG＝{王小惠，女，工商系}

3.5　关系演算

关系演算是以数理逻辑中的谓词演算为基础的。以谓词演算为基础的查询语言称为关系演算语言。用谓词演算作为数据库查询语言的思想最早见于 Kuhns 的论文。把谓词演算用于关系数据库语言是由 E. F. Codd 提出来的。关系演算按谓词变元的不同分为元组关系演算和域关系演算。

可以证明,关系代数、元组关系演算和域关系演算对关系运算的表达能力是等价的,它们可以相互转换。

3.5.1　元组关系演算

元组关系演算公式由原子公式和运算符组成。元组关系演算通过元组表达式 $\{t|Q(t)\}$ 表示,其中 t 是元组变量,$Q(t)$ 为元组关系演算公式,表示使 $Q(t)$ 为真的元组集合。

1. 原子公式

(1)三类原子公式

①$R(t)$:R 是关系名;t 是元组变量;$R(t)$ 表示 t 是 R 中的元组。

②$t[i]\theta u[j]$:t 和 u 是元组变量;θ 是比较运算符;$t[i]\theta u[j]$ 表示元组 t 的第 i 个分量与元组 u 的第 j 个分量满足比较符 θ 条件。

③$t[i]\theta c$ 或 $c\theta t[i]$:元组 t 的第 i 个分量与常量 c 满足比较符 θ 条件。

(2)约束元组变量和自由元组变量

若在元组关系演算公式中:元组变量前有全称量词 $\forall$ 或存在量词 $\exists$,该变量为约束元组变量;否则为自由元组变量。

(3)元组关系演算公式的递归定义

①每个原子公式都是公式。

②如果 Q_1 和 Q_2 是公式,则 $Q_1 \land Q_2$,$Q_1 \lor Q_2$,$\neg Q_1$ 也是公式。

③若 Q 是公式,则 $\forall t(Q)$ 和 $\exists t(Q)$ 也是公式。$\forall t(Q)$ 表示如果所有 t 都使 Q 为真,则 $\forall t(Q)$ 为真,否则 $\forall t(Q)$ 为假;$\exists t(Q)$ 表示如果一个 t 都使 Q 为真,则 $\exists t(Q)$ 为真,否则 $\exists t(Q)$ 为假。

④在元组关系演算公式中,运算符的优先次序为:括号→算术→比较→存在量词、全称量词→逻辑非、与、或。

⑤元组关系演算公式是有限次应用上述规则的公式,其他公式不是元组关系演算公式。

2. 关系代数用元组关系演算公式表示

①并运算:

$$R \cup S = \{t|R(t) \lor S(t)\}$$

②差运算：

$$R-S=\{t \mid R(t) \land \neg S(t)\}$$

③笛卡儿积：

$$R \times S = = \{t^{(m+n)} \mid (\exists u^{(n)})(\exists v^{(m)}) R(u) \land S(v) \land t[1]$$
$$= u[1] \land \cdots \land t[n] = u[n] \land t[n+1] = v[1] \cdots \land t[n+m] = v[m]$$
$$\prod_{i1,i2,\cdots,ik}(R) = \{t^{(k)} \mid (\exists u) R(u) \land t[1] = [i1] \land \cdots t[k] = u[ik]\}\}$$

④投影运算：

$$\prod_{i1,i2,\cdots,ik}(R) = \{t^{(k)} \mid (\exists u) R(u) \land t[1] = [i1] \land \cdots t[k] = u[ik]\}$$

⑤选择运算：

$$\sigma_F(R)=\{t \mid R(t) \land F\}$$

例 3.12　设关系 R 和 S 如图 3-15 所示，试分别写出下列各元组演算表达式表达的关系。

A	B	C
1	5	h
3	6	f
4	2	d
4	6	c

(a)关系 R

A	B	C
1	3	h
2	3	e
4	2	d
4	6	f

(b)关系 S

图 3-15　关系 R 和 S

①$R_1=\{t \mid R(t) \land S(t)\}$

②$R_2=\{t \mid R(t) \land \neg S(t)\}$

③$R_3=\{t \mid R(t) \land t[3]=c\}$

④$R_4=\{t \mid R(t) \land t[1]>2\}$

解：以上四个元组演算的结果如图 3-16 所示。

A	B	C
4	2	d

(a)表达式 R_1 的结果

图 3-16　元组演算表达式的结果

A	B	C
1	5	h
3	6	f
4	6	c

(b)表达式 R_2 的结果

A	B	C
4	6	c

(c)表达式 R_3 的结果

A	B	C
3	6	f
4	2	d
4	6	c

(d)表达式 R_4 的结果

图 3-16 元组演算表达式的结果(续)

3.5.2 域关系演算

域关系演算以元组变量的分量(即域变量)作为谓词变元的基本对象。在关系数据库中,关系的属性名可以视为域变量。域演算表达式的一般形式为:$\{t_1t_2\cdots t_k \mid Q(t_1,t_2,\cdots,t_k)\}$,其中 $t_1,t_2,\cdots,t_k$ 分别为域变量,Q 为域演算公式。域演算公式由原子公式和运算符组成。

1. 原子公式

(1)三类原子公式

①$R(t_1,t_2,\cdots,t_k)$:R 是 k 元关系,t_i 是域变量或常量,$R(t_1,t_2,\cdots,t_k)$表示由分量 $t_1,t_2,\cdots,t_k$ 组成的元组属于关系 R。

②$t_i\theta uj$:t_i,uj 为域变量,θ 为算术比较符,$t_i\theta uj$ 表示 t_i,uj 满足比较条件 θ。

③$t_i\theta c$ 或 $c\theta t_i$:t_i 是域变量,c 为常量,公式表示 t_i 和 c 满足比较条件 θ。

(2)约束域变量和自由域变量

若在域关系演算公式中:域变量前有全称量词 $\forall$ 或存在量词 $\exists$,该变量为约束域变量;否则为自由域变量。

2. 域关系演算公式的递归定义

①每个原子公式都是公式。

②如果 Q_1 和 Q_2 是公式,则 $Q_1 \wedge Q_2$,$Q_1 \vee Q_2$,$\neg Q_1$ 也是公式。

③若 Q 是公式，则 $\forall t_i(Q)$ 和 $\exists t_i(Q)(i=1,2,3\cdots,k)$ 也是公式。

④域关系演算公式的运算符的优先次序为：括号→算术→比较→存在量词、全称量词→逻辑非、与、或。

⑤域关系演算公式是有限次应用上述规则的公式，其他公式不是域关系演算公式。

例 3.13 设关系 R 和 S 如图 3-17 所示，试分别写出下列各域演算表达式表达的关系。

A	B	C
1	5	h
3	6	f
4	2	d
4	6	c

(a)关系 R

A	B	C
1	5	h
3	6	f
4	2	d
4	6	c

(b)关系 S

图 3-17 关系 R 和 S

①$R_1=\{x,y,z\,|\,R(x,y,z)\wedge x>1\wedge y=6\}$

②$R_2=\{x,y,z\,|\,R(x,y,z)\vee(S(x,y,z)\wedge z=d)\}$

解：域演算表达式 R_1 和 R_2 的结果如图 3-18 所示。

A	B	C
3	6	f
4	6	c

(a)表达式 R_1 的结果

A	B	C
1	5	h
3	6	f
4	2	d
4	6	c
4	2	d

(b)表达式 R_2 的结果

图 3-18 域演算表达式的结果

第 4 章　关系数据库标准语言 SQL

4.1　SQL 语言概述

4.1.1　SQL 语言基本概念

SQL 中，表分为基表(Base Table)和视图(View)。

(1)基表

基表是独立存在的表，不由其他表导出。一个关系对应一个基表，一个或多个基表对应一个存储文件，一个表可带若干个索引，索引也存放于存储文件中。表 4-1 为一个基表，表中 Rq 表示日期，其他字段名的含义与前面相同。

表 4-1　每月物资库存表 Months_Wzkcb

Rq	Wzbm	Wzckbm	Price	Wzkcl
2015/12/01	020102	0101	80	150
2015/12/31	010401	0201	1200	46

(2)视图

视图是数据库的一个重要概念。视图是从基本表或其他视图中导出的表，它本身不独立存储在数据库中，即数据库中只存放视图的结构定义而不存放视图对应的数据，因此视图是一个虚表。表与视图的联系如图 4-1 所示。

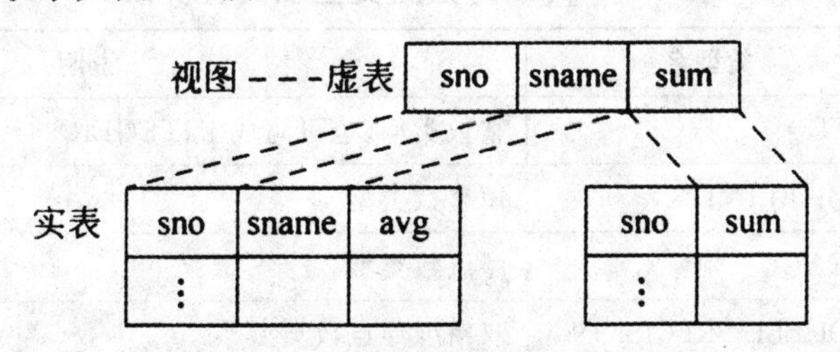

图 4-1　表与视图的联系

视图同基表一样，也是由一组命名字段和记录行组成的，但其中的数据在视图被引用时才动态生成。视图定义的查询语句可以引用一个或多个表，也可以引用当前数据库或其他数据库中的视图。表 4-2 为表 4-1 的一个视图。

表 4-2　每月物资库存视图 Months_Wzkcb_view

Rq	Wzbm	Wzkcl
2015/12/01	020102	150
2015/12/31	010401	46

4.1.2　SQL 的支持特性

SQL 语言支持关系数据库三级模式结构，如图 4-2 所示。其中外模式对应于视图和部分基表，模式对应于基本表，内模式对应于存储文件。

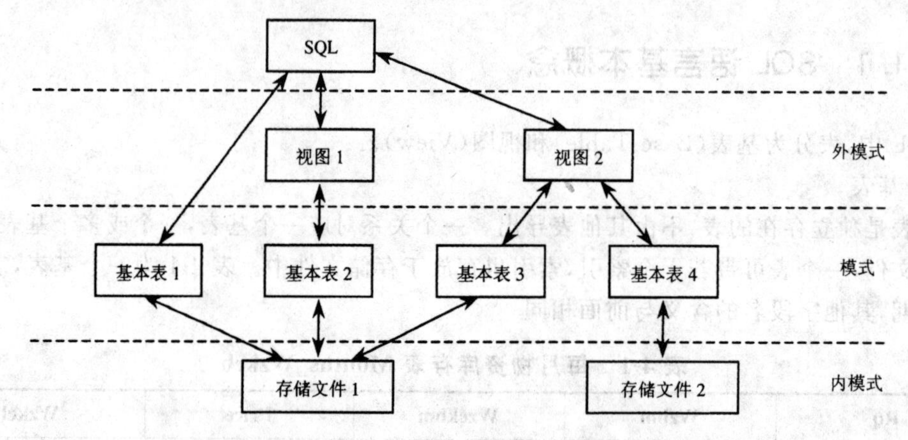

图 4-2　SQL 对关系数据库三级模式的支持

4.1.3　SQL 的数据类型

在 SQL 中规定了 3 类数据类型：①预定义数据类型；②构造数据类型；③用户定义数据类型。SQL 的数据类型说明及其分类如表 4-3 所示。

表 4-3　SQL 的数据类型及其分类表

分类	类型	类型名	说明
预定义数据类型	数值型	INT	整数类型（也可写成 INTEGER）
		SMALLINT	短整数类型
		REAL	浮点数类型
		DOUBLE PRECISION	双精度浮点数类型
		FLOAT(n)	浮点数类型，精度至少为 n 位数字
		NUMERIC(p,d)	定点数类型，共有 p 位数字（不包括符号、小数点），小数点后面有 d 位数字

续表

<table>
<tr><th>分类</th><th>类型</th><th>类型名</th><th>说明</th></tr>
<tr><td rowspan="10">预定义数据类型</td><td rowspan="2">字符串型</td><td>CHAR(n)</td><td>长度为 n 的定长字符串类型</td></tr>
<tr><td>VARCHAR(n)</td><td>具有最大长度为 n 的变长字符串类型</td></tr>
<tr><td rowspan="2">位串型</td><td>BIT(n)</td><td>长度为 n 的二进制位串类型</td></tr>
<tr><td>BIT VARYING(n)</td><td>最大长度为 n 的变长二进制位串类型</td></tr>
<tr><td rowspan="3">时间型</td><td>DATE</td><td>日期类型:年-月-日(形如 YYYY-MM-DD)</td></tr>
<tr><td>TIME</td><td>时间类型:时:分:秒(形如 HH:MM:SS)</td></tr>
<tr><td>TIMESTAMP</td><td>时间戳类型(DATE 加 TIME)</td></tr>
<tr><td>布尔型</td><td>BOOLEAN</td><td>值为 TRUE(真)、FALSE(假)、UNKNOWN(未知)</td></tr>
<tr><td>大对象</td><td>CLOB 与 BLOB</td><td>字符型大对象和二进制大对象数据类型值为大型文件、视频、音频等多媒体数据</td></tr>
<tr></tr>
<tr><td>构造数据类型</td><td colspan="3">由特定的保留字和预定义数据类型构造而成,如用“ARRAY”定义的聚合类型,用“ROW”定义的行类型,用“REF99”定义的引用类型等</td></tr>
<tr><td>自定义数据类型</td><td colspan="3">是一个对象类型,是由用户按照一定的规则用预定义数据类型组合定义的自己专用的数据类型</td></tr>
</table>

说明:许多数据库产品还扩充了其他一些数据类型,如 TEXT(文本)、MONEY(货币)、GRAPHIC(图形)、IMAGE(图像)、GENERAL(通用)、MEMO(备注)等。

4.2　数据定义

SQL 的数据定义包括定义基本表、索引、视图和数据库,其基本语句在表 4-4 中列出。

表 4-4　SQL 的数据定义语句

操作对象	创建语句	删除语句	修改语句
基本表	CREATE TABLE	DROP TABLE	ALTER TABLE
索引	CREATE INDEX	DROP NDEX	
视图	CREATE VIEW	DROP VIEW	
数据库	CREATE DATABASE	DROP DATABASE	ALTER DATABASE

在 SQL 语句格式中,有下列约定符号和语法规定需要说明。

①一般语法规定:SQL 中的数据项分隔符为“,”,其字符串常数的定界符用单引号“'”表示。

②语句格式约定符号:语句格式中,括号"<>"中为实际语义;括号"[]"中的内容为任选项;用括号和分隔符"{…|…}"组成的选项组为必选项,即必选其中一项;[,…n]表示前面的项可重复多次。

③SQL 特殊语法规定:为使语言易读、易改,SQL 语句一般应采用格式化的书写方式;SQL 关键词一般使用大写字母表示,不用小写或混合写法;语句结束要有结束符号,结束符为分号";"。

4.2.1 基本表的定义和维护

SQL 的基本表定义和维护功能使用基本表的定义、修改和删除三种语句实现。

1. 表的建立

SQL 语言使用 CREATE TABLE 语句定义基本表,定义基本表语句的一般格式为:

CREATE TABLE[<库名>]<表名>(<列名><数据类型>[<列级完整性约束条件>]
[,<列名><数据类型>[<列级完整性约束条件>]][,…n]
[,<表级完整性约束条件>][,…n])

(1)SQL 支持的数据类型

不同的数据库系统支持的数据类型不完全相同。IBM DB2 SQL 支持的数据类型由表 4-5 中列出。尽管表 4-5 中列出了许多数据类型,但实际上使用最多的是字符型数据和数值型数据。因此,必须熟练掌握 CHAR、INTEGER、SMALLINT 和 DECIMAL 数据类型。

表 4-5 IBM DB2 SQL 支持的主要数据类型

类型表示		类型说明
数值型数据	SMALLINT	半字长二进制整数,15bit 数据
	INTEGER 或 INT	全字长(4 字长)整数,31bit 数据
	DECIMAL(p[,q])	十进制数,共 p 位,小数点后 q 位。$0 \leqslant q \leqslant p, q=0$ 时可省略
	FLOAT	双字长浮点数
字符型数据	CHARTER(n)或 CHAR(n)	长度为 n 的定长字符串
	VARCHAR(n)	最大长度为 n 的变 K 字符串
特殊数据类型	GRAPHIC(n)	长度为 n 的定长图形字符串
	VARGRAPHIC(n)	最大长度为 n 的变长图形字符串
日期时间型	DATE	日期型,格式为 YYYY-MM-DD
	TIME	时间型,格式为 HH. MM. SS
	TIMESTAMP	日期加时间

(2)列级完整性的约束条件

列级完整性约束是针对列值设置的限制条件。SQL 的列级完整性条件有以下几种。

①NOT NULL 或 NULL 约束。NOT NULL 约束不允许列值为空，而 NULL 约束允许列值为空。列值为空的含义是该分量“不详”“含糊”“无意义”或“无”。对于关系的主属性，必须限定是“NOT NULL”，以满足实体完整性；而对于一些不重要的列，如学生的爱好、特长等，则可以不输入列值，即允许为 NULL 值。

②UNIQUE 约束(唯一性约束)，即不允许该关系的该列中，出现有重复的列值。

③DEFAULT 约束(默认值约束)。将列中的使用频率最高的值定义为 DEFAULT 约束中的默认值，可以减少数据输入的工作量。DEFAULT 约束的格式为：

DEFAULT＜约束名＞＜默认值＞FOR＜列名＞

④CHECK 约束(检查约束)，通过约束条件表达式设置列值应满足的条件。列级约束的约束条件表达式中只涉及一个列的数据。如果约束条件表达式涉及多列，则它就成为表级的约束条件，应当作为表级完整性条件表示。CHECK 约束的格式为：

CONSTRAINT＜约束名＞CHECK(＜约束条件表达式＞)

2. 表的删除

删除表的一般格式如下：

DROP TABLE＜表名＞[CASCADE|RESTRICT]

当选用了 CASCADE 选项删除表时，该表中的数据、表本身以及在该表上所建立的索引和视图将全部随之消失；当选用了 RESTRICT 时，只有在清除表中全部记录行数据，以及在该表上所建的索引和视图后，才能删除一个空表，否则拒绝删除表。

3. 表的扩充和修改

随着应用环境和应用需求的变化，有时需要修改已建立好的表，包括增加新列、修改原有的列定义或增加新的、删除已有的完整性约束条件等。

(1)表中加新列

SQL 修改基本表的一般格式为：

ALTER TABLE＜表名＞

ADD(＜列名＞＜数据类型＞,…)

(2)删除列

删除已存在的某个列的语句格式为：

ALTER TABLE＜表名＞

DROP＜列名＞[CASCADE |RESTRICT]

其中，CASCADE 表示在基表中删除某列时，所有引用该列的视图和约束也自动删除；RESTRICT 在没有视图或约束引用该属性时，才能被删除。

(3)修改列类型

修改已有列类型的语句格式为：

ALTER TABLE＜表名＞

MODIFY＜列名＞＜类型＞;

需要注意的是：新增加的列一律为空值；修改原有的列定义可能会破坏已有的数据。

例 4.1 用 SQL 表示一组增、删、改操作。

①设有建立的已退学学生表 st-quit，删除该表。

DROP TABLE st-quit CASCADE；

该表一旦被删除，表中的数据、此表上建立的索引和视图都将自动被删除。

②在学生表 student 中增加“专业”“地址”列。

ALTER TABLe. student

ADD(subject VARCHAR(20)，addr VARCHAR(20))；

③将学生表 student 中所增加的“专业”列长度修改为 8。

ALTER TABLE student

MODIFY subject VARCHAR(8)；

④把 student 表中的 subject、addr 列删除。

ALTER TABLW. student DROP addr；

ALTER TABLE student DROP subject；

4.2.2 索引的定义和维护

在基本表上建立一个或多个索引，可以提供多种存取路径，加快查找速度。SQL 新标准不主张使用索引，而是以在创建表时直接定义主键，一般系统会自动在主键上建立索引。有特殊需要时，建立与删除索引由数据库管理员 DBA(或表的属主)负责完成。

在基本表上可建立一个或多个索引，目的是提供多种存取路径，加快查找速度。建立索引的一般格式为：

CREATE[UNIQUE][CLUSTER]INDEX<索引名>

ON<表名>(<列名 1>[ASC|DESC]，<列名 2>[ASC|DESC]，…)

ASC 表示升序(默认设置)，DESC 表示降序。

4.3 数据查询

由 SELECT 构成的数据查询语句是 SQL 的核心语句，由其实现的数据检索功能也是 SQL 语言和数据库操作中极为重要的一部分。SELECT 语句具有灵活的使用方式和丰富的功能，它包括单表查询、多表连接查询、嵌套查询和集合查询等。SELECT 命令通过对一个表或多个表及视图进行操作，操作后的结果以表的形式显示。

4.3.1 SELECT 语句基本格式

SELECT 语句的基本格式为：

SELECT[ALL|DISTINCT[ON<目标表达式>[别名][，<目标表达式>[别名]]…]

[INTO[TEMPORARY|TEMP][TABLE]新表名]
FROM＜表名或视图名＞[别名][,＜表名或视图名＞[别名]…]
[WHERE＜条件表达式＞]
[GROUP BY＜字段名 1＞[,…]][HAVING＜条件表达式＞[,…]]
|{UNION |INTERSECT|EXCEPT |ALL[}select]
[ORDER BY＜字段名 2＞[ASC|DESC|USING operator][,…]]
[FOR UPDATE[OF 类名[,…]]]
[LIMIT{coum|ALL}[{OFFSET|,}start]];

SELECT 语句以其强大的功能不仅可以完成单表查询，而且可以完成复杂的连接查询和嵌套查询。下面以四个基表为例具体说明 SELECT 语句的各种复杂语法。

设有 4 个基表如表 4-6～表 4-9 所示，后面将对其进行操作。

表 4-6　单位编码表 Dwbmb

Dwbm	Dwmc
0121	一分厂生产科
0101	一分厂一车间
0102	一分厂二车间
0221	二分厂生产科
0201	二分厂一车间
0202	二分厂二车间
0203	二分厂三车间
0204	二分厂四车间

表 4-7　物资编码表 Wzbmb

Wzbm	Wzmc	Xhgg	Jldw	Pruce
010101	铍铜合金	铍铜合金	kg	800
010201	铅钙合金	铅钙合金	kg	750
010301	铅锑合金	铅锑合金	kg	1000
010401	锆镁合金	锆镁合金	kg	1200
020101	25 铜管材	25×1000	根	90
020102	20 铜管材	20×1000	根	80
020103	15 铜管材	15×1000	根	70
020201	25 铝管材	25×1000	根	70

表 4-8　物资入库表 Wzrkb

Rq	Rkh	Wzbm	Gms	Srs	Price	Rkr
2015/12/01	0001	020101	35	30	90	林平
2015/12/01	0002	010201	150	150	750	林平
2015/12/01	0003	010301	80	80	1000	林平
2015/12/01	0004	010101	100	100	800	林平
2015/12/02	0005	020101	250	250	90	林平
2015/12/02	0006	020102	120	100	80	林平
2015/12/02	0007	020103	45	45	70	林平
2015/12/02	0008	010101	20	20	800	林平

表 4-9　物资出库表 Wzlkb

Rq	Lkh	Dwbm	Wzbm	Qls	Sfs	Llr	Flr
2015/12/01	0001	0101	020101	5	5	刘林	林平
2015/12/01	0002	0203	010401	10	8	周杰	林平
2015/12/02	0003	0102	010101	20	20	李虹	林平
2015/12/02	0004	0102	020102	5	5	李虹	林平
2015/12/02	0005	0102	020101	10	10	李虹	林平
2015/12/02	0006	0204	010301	8	8	卫东	林平
2015/12/02	0007	0204	020101	3	3	卫东	林平
2015/12/02	0008	0204	020201	20	15	卫东	林平

4.3.2　单表查询

1. 单表的查询

SQL 的 SELECT 语句用于查询与检索数据，其基本结构是以下的查询块：

SELECT＜列名表 A＞

FROM＜表或视图名集合 R＞

WHERE＜元组满足的条件 F＞；

上述查询语句块的基本功能等价于关系代数式 $\Pi_A(\sigma_F(R))$，但 SQL 查询语句的表示能力大大超过该关系代数式。查询语句的一般格式为：

SELECT[ALL | DISTINCT]＜目标列表达式＞[，＜目标列表达式＞]…

FROM＜表名或视图名＞[,＜表名或视图名＞]…
[WHERE＜条件表达式＞]
[GROUP BY＜列名 1＞[HAVING＜条件表达式＞]]
[ORDER BY＜列名 2＞[ASC|DESC]];

例 4.2 查询所有物资的物资编码、名称和价格。

使用的查询语句如下：

```
SELECT Wzbm,Price,Wzmc FROM Wzbmb;
```

得到的结果如下所示：

Wzbm	Price	Wzmc
010101	800	铍铜合金
010201	750	铅钙合金
010301	1000	铅锑合金
010401	1200	锆镁合金
020101	90	25 铜管材
020102	80	20 铜管材
020103	70	15 铜管材
020201	70	25 铝管材

将表中的所有字段都选出来，可以有两种方法：一种是在 SELECT 后面列出所有字段名：另一种是当字段的显示顺序与其在基表中的顺序相同时，可简单地用 * 表示。

例 4.3 查询每批入库物资的购买总金额。

使用的查询语句如下：

```
SELECT Rq,Rkh,Wzbm,Gms,Price,Gms * Price AS TGmCost FROM Wzrkb;
```

得到的结果如下所示：

Rq	Rkh	Wzbm	Gms	Price	TGmCost	Rkr
2015/12/01	0001	020101	35	90	3150	林平
2015/12/01	0002	010201	150	750	112500	林平
2015/12/01	0003	010301	80	1000	80000	林平
2015/12/01	0003	010301	80	1000	80000	林平
2015/12/02	0005	020101	250	90	22500	林平
2015/12/02	0006	020102	120	80	9600	林平
2015/12/02	0007	020103	45	70	3150	林平
2015/12/02	0008	010101	20	800	16000	林平

用户可通过AS指定别名来改变查询结果的字段标题，这对于含算术表达式、常量、函数名的目标表达式尤为有用。此例中就定义了别名TGmCost表示购买总金额，它的值由Gms和Price两个字段的乘积构成。

例 4.4 查询价格在800元以下的物资编码、名称和型号规格。

使用的查询语句如下：

SELECT Wzbm,Wzmc,Xhgg,Price FORM Wzbmb WHERE Price<800;

得到的结果如下：

Wzbm	Wzmc	Xhgg	Price
010201	铅钙合金	铅钙合金	750
020101	25 铜管材	25×1000	90
020102	20 铜管材	20×1000	80
020103	15 铜管材	15×1000	70
020201	25 铝管材	25×1000	70

通过此查询得到了物资编码表中价格低于800元的那些物资信息。

例 4.5 查询实际入库量不在50～200之间的物资入库情况。

使用的查询语句如下：

SELECT * FORM Wzrkb WHERE Srs NOT BETWEEN 50 AND 200;

得到的结果如下：

Rq	Rkh	Wzbm	Gms	Srs	Price	Rkr
2015/12/01	0001	020101	35	30	90	林平
2015/12/02	0005	020101	250	250	90	林平
2015/12/02	0007	020103	45	45	70	林平
2015/12/02	0008	O10101	20	20	800	林平

例 4.6 查询领料人李虹和卫东领取物资的情况。

使用的查询语句如下：

SELECT Rq,Lkh,Dwbm,Wzbm,Qls,Sfs,Llr FROM Wzlkb WHERE Llr IN('李虹','卫东');

得到的结果如下：

Rq	Lkh	Dwbm	Wzbm	Qls	Sfs	Llr
2015/12/02	0003	0102	010101	20	20	李虹
2015/12/02	0004	0102	020102	5	5	李虹
2015/12/02	0005	0102	020101	10	10	李虹
2015/12/02	0006	0204	010301	8	8	卫东
2015/12/02	0007	0204	020101	3	3	卫东
2015/12/02	0008	0204	020201	20	15	卫东

例 4.7　查询一分厂的所有单位。

使用的查询语句如下：

SELECT * FROM Dwbmb WHERE Dwmc LIKE' %一分厂%';

得到的结果如下：

Dwbm	Dwmc
0121	一分厂生产科
0101	一分厂一车间
0102	一分厂二车间

在执行该命令时，匹配串' %一分厂%'中应用通配符%，表示查找字段 Dwmc 中含有“一分厂”的记录，将其显示出来。

例 4.8　若物资型号规格“25×1000”，改为“25_1000”，请查询型号规格为“25_1000”物资。

此例查询时由于字符串本身含有%或_，就要使用 ESCAPE' ＜换码字符＞'短语对通配符进行转义，如下用“\”来转义“_”。

使用的查询语句如下：

SELECT * FROM Wzbmb WHERE Xhgg LIKE' 25\1000'ESCAPE' \';

得到的结果如下：

Wzbm	Wzmc	Xhgg	Jldw	Price
020101	25 铜管材	25_1000	根	90
020201	25 铝管材	25_1000	根	70

例 4.9 查询缺少领料人的物资出库记录。

假设原 Wzlkb 表数据改为：

Rq	Lkh	Dwbm	Wzbm	Qls	Sfs	Llr	Fir
2015/12/01	0001	0101	020101	5	5		林平
2015/12/01	0002	0203	010401	10	8		林平
2015/12/02	0003	0102	010101	20	20	李虹	林平
2015/12/02	0004	0102	020102	5	5	李虹	林平
2015/12/02	0005	0102	020101	10	10	李虹	林平
2015/12/02	0006	0204	010301	8	8	卫东	林平
2015/12/02	0007	0204	020101	3	3	卫东	林平
2015/12/02	0008	0204	020201	20	1	卫东	卫东

使用的查询语句如下：

SELECT Rq,Lkh,Dwbm,Wzbm,Qls,Llr FROM Wzlkb WHERE Llr IS NULL;

得到的结果如下：

Rq	Lkh	Dwbm	Wzbm	Qls	Llr
2015/12/01	0001	0101	020101	5	
2015/12/01	0002	0203	010401	10	

由此，在表中查出了 Llr 字段为空的记录。注意这里 IS 不能用“＝”来代替。

ORDER BY 子句用于实现对查询结果按一个或多个字段进行升序(ASC)或降序(DESC)排列，默认为升序。对于排序字段值为空的记录，若按升序则显示在最后，若按降序则显示在最前。

例 4.10 查询入库人为林平的物资入库情况，显示结果按物资编码升序排列，同一物资按购买量降序排列。

使用的查询语句如下：

SELECT * FROM Wzrkb WHERE Rkr＝' 林平'ORDER BY Wzbm,Gms DESC

得到的结果如下：

Rq	Rkh	Wzbm	Gms	Srs	Price	Rkr
2015/12/01	0004	010101	100	100	800	林平
2015/12/02	0008	010101	20	20	800	林平
2015/12/01	0002	010201	150	150	750	林平

Rq	Rkh	Wzbm	Gms	Srs	Price	Rkr
2015/12/01	0003	010301	80	80	1000	林平
2015/12/02	0005	020101	250	250	90	林平
2015/12/01	0001	020101	35	30	90	林平
2015/12/02	0006	020102	120	100	80	林平
2015/12/02	0007	020103	45	45	70	林平

此命令将查询结果先按 Wzbm 从小到大排序，使得两个 010101 以及两个 020101 分别排在一起，再对同一编号的物资按购买量从大到小排列，因而 Rkh 为 0004 的记录排在 0008 之前，0005 排在 0001 之前。

2. 函数与表达式

(1)聚集函数(Build-In Function)

为方便用户，增强查询功能，SQL 提供了许多聚集函数，主要有：

COUNT([DISTINCT|ALL] *)　　/*统计元组个数*/

COUNT([DISTINCT|ALL]＜列名,)　　/*统计一列中值的个数*/

SUM([DISTINCT|ALL]＜列名＞)　　/*计算一数值型列值的总和*/

AVG([DISTINCT|ALL]＜列名＞)　　/*计算一数值型列值的平均值*/

MAX([DISTINCT|ALL]＜列名＞)　　/*求一列值中的最大值*/

MIN([DISTINCT|ALL]＜列名＞)　　/*求一列值中的最小值*/

SQL 对查询的结果不会自动去除重复值，如果指定 DISTINCT 短语，则表示在计算时要取消输出列中的重复值。ALL 为默认设置，表示不取消重复值。聚集函数统计或计算时一般均忽略空值，即不统计空值。

(2)算术表达式

查询目标列中允许使用算术表达式。算术表达式由算术运算符＋、－、*、/与列名或数值常量及函数所组成。常见函数有算术函数 INTEGER(取整)、SQRT(求平方根)、三角函数(SIN、COS)、字符串函数 SUBSRING(取子串)、UPPER(大写字符)以及日期型函数 MONTHS-BETWEEN(月份差)等。

例 4.11　函数与表达式的使用示例。

①用聚集函数查询选修了课程的学生人数。

```
SELECT  COUNT  (DISTINCT  sno)
FROM  s_c;
```

学生每选修一门课，在 s_c 中都有一条相应的记录。一个学生可选修多门课程，为避免重复计算学生人数，必须在 COUNT 函数中用 DISTINCT 短语。

②用聚集函数查选 001 号课并及格学生的总人数及最高分、最低分。

```
SELECT COUNT( * ),MAX(Grade),MIN(Grade)
FROM s_c
WHERE cno='001'and grade>=60;
```

③设一个表 tab(a,b),表的列值均为整数,使用算术表达式的查询语句如下:

```
SW. T,RCT a,b,a * b,SQRT(b)
FROM tab;
```

输出的结果是:tab 表的 a 列、b 列、a 与 b 的乘积及 b 的平方根。

④按学号求每个学生所选课程的平均成绩。

```
SELECT sno,AVG(grade)avg_grade      /* 为 AVG(grade)指定别名 avg_grade */
FROM s_c
GROUP BY sno;
```

SQL 提供了为属性指定一个别名的方式,这对表达式的显示非常有用。用户可通过指定别名来改变查询结果的列标题。

分组情况及查询结果示意图如图 4-3 所示。若将平均成绩超过 90 分的输出,则只需在 GROUP BY sno 子句后加 HAVING avg_grade>90 短语即可。

	sno	cno	grade
1组	000101	c1	90
	000101	c2	85
	000101	c3	80
2组	010101	c1	85
	010101	c2	75
3组	020101	c3	70
⋮	⋮		

查询结果:

sno	avg_grade
000101	85
010101	80
......	

图 4-3 分组情况及查询结果示意图

4.3.3 多表查询

1. 嵌套查询

在 SQL 语言中,WHERE 子句可以包含另一个称为子查询的查询,即在 SELECT 语句中先用子查询查出某个(些)表的值,主查询根据这些值再去查另一个(些)表的内容。子查询总是括在圆括号中,作为表达式的可选部分出现在条件比较运算符的右边,并且可有选择地跟在 IN、SOME(ANY)、ALL 和 EXIST 等谓词后面。采用子查询的查询称为嵌套查询。

2. 条件连接查询

通过连接使查询的数据从多个表中取得。查询中用来连接两个表的条件称为连接条件，其一般格式如下：

[＜表名 1＞.]＜列名 1＞＜比较运算符＞[＜表名 2＞.]＜列名 2＞

连接条件中的列名也称为连接字段。连接条件中的各连接列的类型必须是可比的，但不必是相同的。当连接条件中比较的两个列名相同时，必须在其列名前加上所属表的名字和一个圆点“.”以示区别。表的连接除＝外，还可用比较运算符＜＞、＞、＞＝、＜、＜＝以及 BETWEEN、LIKE、IN 等谓词。当连接运算符为＝时，称为等值连接。

4.3.4　连接查询

数据库中的基表或者视图总是可以通过其相同名称和数据类型的字段名相互连接起来，当查询涉及两个或两个以上基表或视图时就称之为连接查询。本节给出的样表间可建立如图 4-4 所示的连接关系。

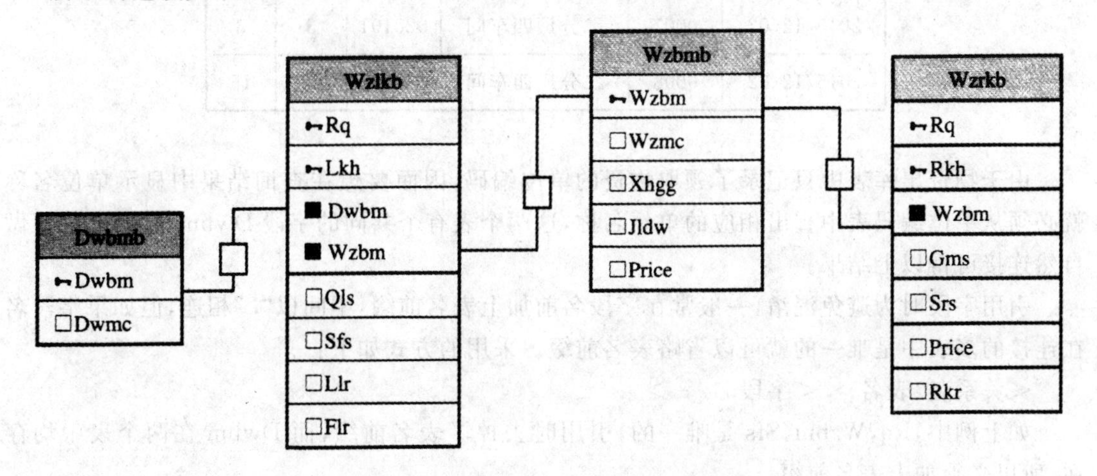

图 4-4　四个样表间的连接关系图

1. 等值连接、自然连接与非等值连接

[＜表名 1＞.]＜字段名 1＞＜比较运算符＞[＜表名 2＞.]＜字段名 2＞

或[＜表名 1＞.]＜字段名 1＞BETWEEN[＜表名 2＞.]＜字段名 2＞AND[＜表名 2＞.]＜字段名 3＞

等值连接指连接运算符为＝的连接，使用其他运算符的则称为非等值连接。

连接运算中的两个特例：

①自然连接——去掉目标字段中重复字段的等值连接。

②广义笛卡儿积——不带连接条件(连接谓词)的连接，查询结果表的行数等于每个表的行数的乘积。

例 4.12 查询物资出库表中每个单位领取物资的情况。

使用的查询语句如下：

SELECT Rq,Lkh,Dwbmb. Dwmc,Wzbm,Qls,Sfs FROM Dwbmb,Wzlkb
WHERE Dwbmb. Dwbm＝Wzlkb. Dwbm；

得到的结果如下：

Rq	Lkh	Dwbmb. Dwnlc	Wzbm	Qls	Sfs
2015/12/01	0001	一分厂一车间	020101	5	5
2015/12/01	0002	二分厂三车间	010401	10	8
2015/12/02	0003	一分厂二车间	010101	20	20
2015/12/02	00104	一分厂二车间	020102	5	5
2015/12/02	0005	一分厂二车间	020101	10	10
2015/12/02	0006	二分厂四车间	010301	8	8
2015/12/02	0007	二分厂四车间	020101	3	3
2015/12/02	0008	二分厂四车间	020201	20	15

由于物资出库表中只记录了领取物资的单位编码，因而要想在查询结果中显示单位名称就必须从单位编码表中查出相应的单位名称，这两个表有个共同的字段 Dwbm，就以此字段做自然连接可得以上结果。

引用字段时为避免混淆，一般常在字段名前加上表名前缀，中间以“.”相连，但如果字段名在连接的多表中是唯一的就可以省略表名前缀。采用的方式如下：

＜关系名/表名＞.＜字段名/*＞

如上例中，Rq，Wzbm，Sfs 是唯一的，引用时去掉了表名前缀，而 Dwbm 在两个表中均存在，所以必须加上表名前缀。

2. 自身连接

一个表与自身进行连接称为自身连接，一般较少使用。

例 4.13 将物资编码表按物资价格进行自身连接。

使用的语句如下：

SELECT First. * ,Second. * FROM Wzbmb AS First,Wzbmb AS Second
WHERE First. Price＝Second. Price；

得到的结果如下：

First. Wzbm	First. Wznlc	First. Xhgg	First. Jldw	First. Price	Second. Wzbm	Second. Wzmc	Second. Xhgg	Second. Jldw	Second. Price
010101	铍铜合金	铍铜合金	kg	800	010101	铍铜合金	铍铜合金	kg	800
010201	铅钙合金	铅钙合金	kg	750	010201	铅钙合金	铅钙合金	kg	750
010301	铅锑合金	铅锑合金	kg	1000	010301	铅锑合金	铅锑合金	kg	1000
010401	锆镁合金	锆镁合金	kg	1200	010401	锆镁合金	锆镁合金	kg	1200
020101	25 铜管材	25×10000	根	90	020101	25 铜管材	25×1000	根	90
020102	20 铜管材	20×1000	根	80	020102	20 铜管材	20×1000	根	80
020103	15 铜管材	15×1000	根	70	020103	15 铜管材	15×1000	根	70
020201	25 铝管材	25×1000	根	70	020103	15 铜管材	15×1000	根	70
020103	15 铜管材	15×1000	根	70	020201	25 铝管材	25×1000	根	70
020201	25 铝管材	25×1000	根	70	020201	25 铝管材	25×1000	根	70

此命令按 Price 字段进行了 Wzbmb 表的自身连接，因而得到了价格为 70 元的 4 条物资记录。

3. 外连接

外连接(Outer Join)是连接(Join)的扩展。外连接允许在结果表中保留非匹配记录，其作用是避免连接操作时丢失信息。

外连接表示方法是在连接谓词的某一边加符号 *（有的 DBMS 中用＋），它分为三类：如果外连接符出现在连接条件的右边称为右外连接；如果连接符出现在连接条件的左边称为左外连接；如果两边均出现则称为全外连接，其结果保留左右两关系的所有记录。

例 4.14　查询各类物资的入库情况(右外连接)。

使用的查询语句如下：

```
SELECT Rq,Rkh,Wzbmb.Wzbm,Gms,Srs,Price FROM Wzbmb,Wzrkb
WHERE Wzbmb.Wzbm=Wzrkb.Wzbm(*)AND Gms>125;
```

得到的结果如下：

Rq	Rkh	Wzbm	Gnls	Srs	Price
2015/12/01	0002	010201 010401	150	150	750
2015/12/02	0005	020101 020201	250	250	90

此命令将 Wzbmb 表和 Wzrkb 表按 Wzbm 字段进行右外连接，Wzbm 值在 Wzbm 表中有，而在 Wzrkb 表中没有的记录就用空值列出，如以上结果中的第二行和第四行。

4. 复合条件连接

在连接查询中，WHERE 子句带有多个连接条件的称为复合条件连接。

例 4.15 查询物资价格在 500 元以上的物资入库信息。

使用的语句如下：

```
SELECT Rq,RKh Wzbmb. Wzbm,Wzmc,Srs,Price FROM Wzbmb,Wzrkb
WHERE Wzbmb. Wzbm＝Wzrkb. Wzbm AND          //限定条件 1//
Wzbmb. Price＞500;                    //限定条件 2//
```

得到的结果如下：

Rq	Rkh	Wzbm	Wzmc	Srs	Price
2015/01/01	0002	010201	铅钙合金	150	750
2015/12/01	0003	010301	铅锑合金	80	1000
2015/12/01	0004	010101	铍铜合金	100	800
2015/12/02	0008	010101	铍铜合金	20	800

此命令中“AND”将两个条件以“与”的关系连接。此外还有“OR”表示“或”的关系。

4.3.5 集合查询

集合查询属于 SQL 关系代数运算中的一个重要部分，是实现查询操作的一条新途径。由于 SELECT 语句执行结果是记录的集合，所以多个 SELECT 的结果可以进行集合操作，主要包括 UNION(并)、INTERSECT(交)、EXCEPT(差)。

```
SELECT<语句 1>
        UNION[INTERSECT|EXCEPT][ALL]
SELECT<语句 2>
或  SELECT *
FROM TABLE<表名 1>UNION[INTERSECT|EXCEPT][ALL]TABLE<表名 2>;
```

用此命令可实现多个查询结果集合的并、交、差运算。

1. UNION

UNION 用于实现两个基表的并运算。UNION 操作的结果表中，不存在两个重复的行，若在 UNION 后加 ALL 则可以使两个表中相同的行在合并后的结果表中重复出现。

例 4.16　查询一分厂一车间和一分厂二车间的所有物资出库信息。

使用的查询语句如下：

SELECT Rq,Lkh,Wzlkb. Dwbm,Wzbm,Qls,Sfs,Llr,Flr FROM Wzlkb,Dwbmb

WIlE:RE Dwmc='一分厂一车间'AND Wzlkb. Dwbm=Dwbmb. Dwbm

UNION

SELECT Rq,Lkh,Wzlkb. Dwbm,Wzbm,Qls,Sfs,Lr Flr FROM Wzlkb,Dwbmb

WHERE Dwmc='一分厂二车间'AND Wzlkb. Dwbm=Dwbmb. Dwbm:

等价于：

SELECT * FROM Wzlkb WHERE DwbmIN(SELECT Dwbm FROM Dwbmb

WHERE Dwmc='一分厂一车间'OR Dwmc='一分厂二车间')；

得到的结果如下：

Rq	Lkh	Dwbm	Wzbm	Qls	Sfs	Llr	Flr
2015/12/01	0001	0101	020101	5	5	刘林	林平
2015/12/02	0003	0102	010101	20	20	李虹	林平
2015/12/02	0004	0102	020102	5	5	李虹	林平
2015/12/02	0005	0102	020101	10	10	李虹	林平

其实查询的就是 Dwbm 为 0101 或 0102 的单位领取物资情况。

2. INTERSECT

INTERSECT 用于实现两个基表的交运算。

例 4.17　查询计量单位为 kg 并且价格大于 850 元的物资。

使用的查询语句如下：

SELECT * FROM Wzbmb WHERE Jldw='kg'

INTERSECT

SELECT * FROM Wzbmb WHERE Price>850;

得到的结果如下：

Wzbm	Wzmc	Xhgg	Jldw	Price
010301	铅锑合金	铅锑合金	kg	1000
010401	锆镁合金	锆镁合金	kg	1200

等价于:SELECT * FROM Wzbmb WHERE Jldw='Ikg'AND Price>850;

例 4.18　查询既领取了编码为 010101 的物资又领取了编码为 020101 的物资的单位的编码。

使用的查询语句如下：

SELECT DISTINCT Dwbm FROM Wzlkb WHERE Wzbm='010101'

INTERSECT

SELECT DISTINCT Dwbm FROM Wzlkb WHERE Wzbm='020101';

得到的结果如下：

Dwbm
0102

第一个 SELECT 命令可得到结果如表 4-10 所示，第二个 SELECT 命令得到结果如表 4-11 所示，两个表通过 INTERSECT 命令进行交运算就得到以上结果。

表 4-10 中间结果表 1

Dwbm
0102

表 4-11 中间结果表 2

Dwbm
0101
0102
0204

3. EXCEPT/MINUS

EXCEPT/MINUS 用于实现两个基表的差运算。

例 4.19 查询物资出库表中没有领取价格大于 760 元的物资的单位。使用的查询语句如下：

SELECT Wzbm FROM Wzbmb WHERE Price>760

EXCEPT

SELECT Dwbm，Wzbm FROM Wzlkb

CORRESPONDING BY Wzbm；

得到的结果如下：

Dwbm	Wzbm
0101	020101
0102	020102
0102	020101
0204	020101
0204	020201

第一个 SELECT 命令可得到结果如表 4-12 所示，第二个 SELECT 命令得到结果如表 4-13 所示，两个表通过 EXCEPT 命令进行差运算就得到以上结果。

表 4-12　中间结果表 1

Dwbm	Wzbm
0101	020101
0203	010401
0102	010101
0102	020102
0102	020101
0204	010301
0204	020101
0204	020201

表 4-13　中间结果表 2

Wzbm
010101
010301
010401

可见，集合运算作用于两个表，这两个表必须是相容可并的，即字段数相同，对应字段的数据库类型必须兼容（相同或可以互相转换），但这也不是要求所有字段都对应相同，只要用 CORRESPONDING BY 指明做操作的对象字段（共同字段）的字段名即可运算。

4.4　数据更新

数据更新是指数据的增加、删除、修改操作，SQL 的数据更新语句包括 INSERT（插入）、UPDATE（修改）和 DELETE（删除）三种。

4.4.1　数据插入语句

SQL 的数据插入语句最常使用的是在表中插入子查询的结果集。

只有使用插入子查询结果集的 INSERT 语句才能查询插入的数据。SQL 允许将查询语句嵌到数据插入语句中，以便将查询得到的结果集作为批量数据输入到表中。

含有子查询的 INSERT 语句的格式为：

INSERT

INTO＜表名＞[(＜列名 1＞[,＜列名 2＞]…)]

＜子查询＞;

4.4.2 数据修改语句

SQL 修改数据操作语句是 UPDATE 语句,一般格式为:

UPDATE＜表名＞

SET＜列名＞=＜表达式＞[,＜列名＞=＜表达式＞][,…,*n*]

[WHERE＜条件＞];

SQL 的修改数据语句一次只能对一个表中的数据进行修改,其功能是将＜表名＞中那些符合 WHERE 子句条件的元组的某些列,用 SET 子句中给出的表达式的值替代。如果 UPDATE 语句中无 WHERE 子句,则表示要修改指定表中的全部元组。在 UPDATE 的 WHERE 子句中,也可以嵌入查询语句。

例 4.20 学生张春明在数据库课考试中作弊,该课成绩应作零分计。

```
UPDATE ENROLLS
SET GRADE=0
WHERE CNO='C1'AND
'张春明'=
(SELECT SNAME
FROM STUDENTS
WHERE STUDENTS.SNO=ENROLLS.SNO)
```

在 SET 子句中可以使用表达式,而表达式中可以包含子查询。这样就可以用子查询从其他表中取出数据,作为 SET 子句中的新值,修改表的内容,使 UPDATE 的能力更为灵活。这样的 UPDATE 语句形式为

UPDATE＜表名＞

SET(＜列名 1＞,＜列名 2＞,…=)(＜子查询＞)

[WHERE＜条件表达式＞];

注意,如果 SET 子句含有一个子查询,则只能返回一行(行子查询),而且在子查询的 SELECT 语句返回的值将赋给括号中列表所指定的列;如果括号内列表只含一列,则不需要括号。

4.4.3 数据删除语句

数据删除语句的一般格式为:

DELETE

FROM＜表名＞

[WHERE＜条件＞]

DELETE 语句的功能是从指定表中删除满足 WHERE 子句条件的所有元组。如果在数据删除语句中省略 WHERE 子句，表示删除表中全部元组。DELETE 语句删除的是表中的数据，而不是表的定义，即使表中的数据全部被删除，表的定义仍在数据库中。

与 UPDATE 语句一样，DELETE 语句中可以嵌入 SELECT 的查询语句。一个 DELECT 语句只能删除一个表中的元组，它的 FROM 子句中只能有一个表名，而不允许有多个表名。如果需要删除多个表的数据，就需要用多个 DELETE 语句。

例 4.21 删除物资编码表中“铅锑合金”的记录。

使用的删除语句如下：

DELETE FROM Wzbmb WHERE Wzmc='铅锑合金';

例 4.22 删除物资“铅锑合金”的全部入库记录。

使用的删除语句如下：

DELETE FROM Wzrkb WHERE'铅锑合金'=

(SELECT Wzmc FROM Wzbmb WHERE Wzbmb. Wzbm=Wzrkb. Wzbm)；

4.5 数据控制

数据控制是系统通过对数据库用户的使用权限加以限制而保证数据安全的重要措施。SQL 的数据控制语句包括授权(Grant)、收权(Revoke)，其权限的设置对象可以是数据库用户或角色。

SQL 标准支持三种授权标识符：

①用户标识符(或用户)。它是一个单独的安全账户，可以表示人、应用程序或系统服务。SQL 标准没有规定 SQL 实现创建用户标识符的方法，一般在 RDBMS 环境中显式地创建用户。

②角色标识符(或角色)。它是经过定义的权限集合，可以分配给用户或其他角色，如果准许一个角色访问某个模式对象，那么已经分配给该角色的所有用户和角色都可以对这个对象进行同样的访问。通常把角色作为一种机制，用来把相同权限集合授予应当具有相同权限的授权标识符，如在同一个部门工作的人员。

③SQL 还支持一种叫做 PUBLIC 的特殊的内置标识符，PUBLIC 包括所有使用数据库的用户。

4.5.1 完整性控制

完整性控制就是关于数据库模式指定的条件，它限定能够存储到数据库中的数据。这就意味着完整性控制包含两个方面：定义模式时说明完整性限制；在数据被存入数据库时施加完整性限制，即进行完整性检验。后者是 DBMS 的职责，不属于这里讨论的范围；前者则要求 DDL 的相应说明能力，SQL 提供了较强的这方面支持。下面以 SQL-92 为例，说明对各种关系数据库完整性限制的表示。

1. 关键字限制

关键字限制表示实体完整性。SQL 以 UNIQUE 来说明(候选)关键字,以 PRIMARY KEY 说明主关键字。例如:

```
CREATE TABLE Student
(S# CHAR(20)
name CHAR(10)
age INTEGER
haddr CHAR(20)
UNIQUE(name,haddr)
CONSTRAINT Student-Key PRIMARY KEY(S#))
```

该定义指明关系 Student 的关键字有两个:S# 和属性集(name,haddr),其中 S# 是主关键字。在主关键字定义的前面还可以子句[CONSTRAINT＜限制名＞]来命名这个限制,这是因为:当该限制被违反时就返回该限制名,从而可以用来标识这种错误。这是任选项,当然也可不选。

2. 外来关键字限制

外来关键字限制表示引用完整性。SQL 以 FOREIGN KEY 来说明,例如:

```
CREATE TABLE Enroll
(C# CHAR(10)
S# CHAR(20)
Grade INTEGER
PRIMARY KEY(C,S#)
FOREIGN KEY(S#)REFERENCES Student)
```

例中说明 S#是来自引用关系 Student 的外来关键字。

3. 属性值限制

关于一个属性所能取的值的限制是一种最基本的完整性限制。SQL 提供了三种形式的属性值限制。

(1)NOT-NULL

这是一种关于属性的简单限制,它指明不允许元组中该属性值为 NULL,关于 NULL 值在前面已专门讨论过了,这里无须重复。

(2)基于属性的 CHECK 限制

在属性说明中加上 CHECK 子句,则指明对该属性所取的值要进行检查,例如:

```
CREATE TABLE Enroll
(C# CHAR(10)
```

S# CHAR(20)

Grade INTEGER

CHECK(Grade>=0 AND Grade<=100))指明属性 Grade 的值是 0～100 间的整数。

(3)值域限制

SQL-92 允许用户以 CREATE DOMAIN 语句建立一个新的值域,然后说明一个属性的数据类型就是这个值域。例如:

CREATE DOMAIN AveGrade NUMERIC(5,2)

CHECK(VALUE>0 AND VALUE<100)

然后,可以定义:

CREATE TABLE Student

(S# CHAR(20)

Name CHAR(10)

⋮

Ave-grade AveGrade)

4. 整关系性限制

整关系性限制是指涉及关系的多个属性或多个关系之间的联系的完整性限制,SQL 支持两类整关系性限制。

(1)基于元组的 CHECK 限制

类似于基于属性的 CHECK 限制,基于元组的 CHECK 限制表明施加于单个关系的各元组上的一种限制。它由关键字 CHECK 再跟一个括号括着的条件,该条件是可以出现在 WHERE 子句中的任何一种。例如,要记录除计算机科学系以外的学生的选课情况,则可使用:

```
CREATE TABLE NonCS-Enroll
(S# CHAR(20)
C# CHAR(10)
Day DATE
FOREIGN KEY(S#)REFERENCES Student
FOREIGN KEY(C#)REFERENCES Course
CHECK('CS'<>(SELECT Sdept
             FROM Student
             WHERE Student. S#=NonCS-Enroll. S#)))
```

每当新的元组被插入或已有元组被修改时,则要检测 CHECK 子句中的条件表达式,若不成立,则命令将被拒绝。注意,如例中所示,这里的 CHECK 限制是针对单个关系 NonCS-Enroll 的,但条件可以在其子查询中涉及别的关系(Student)。

(2)断言——包含多个关系的限制

一个断言就是表示想要满足的一个条件的谓词。在这里,条件涉及作为整体的一个或多个关系。SQL-92 的断言说明格式为:

```
CREATE ASSERTION＜断言名＞CHECK(＜条件＞)
```

例 4.23 想要求每个学生的每一门选修的课程都及格,则可用断言说明:

```
CREATE ASSERTION Qualifiedst CHECK
(NOT EXISTS
    (SELECT *
    FROM Student,Enroll
    WHERE Student.S#=Enroll.S# AND Enroll.Grade＜60))
```

该断言的条件包含了两个关系 Student 和 Enroll,它难以用上述基于元组的 CHECK 限制来完全替代。例如,加 CHECK 到关系 Student 的说明为:

```
CREATE TABLE Student
(S#  CHAR(20)
Name CHAR(10)
⋮
CHECK(S#  NOT IN(SELECT Enroll.S#
                 FROM Enroll
                 WHERE Grade＜60)))
```

然而,仅当关系 Student 变更(插入、修改)时这个限制被检验,这并不保证某个学生的某门课的成绩不及格而不出现在 Enroll 关系中,否则必须对 Enroll 又加相应的限制。这样不但很麻烦,而且也未必能保证两者的效果是完全一样的。这也说明了断言与基于元组的 CHECK 限制的不同,尽管基于元组的 CHECK 限制其实就是一种较简单的断言。

4.5.2 事务执行控制

SQL 提供了说明一个事务的开始、完成与夭折行为的结构。

1. 事务的开始

在 SQL 中,当任何一个查询或修改数据库或数据库模式的语句,如 SELECT、UPDATE、CREATE TABLE 等命令开始执行时,一个事务也就自动开始了。所以在 SQL 中,事务的开始是隐含的,无须显式地发出任何"事务开始"的命令。

2. 事务的成功完成

SQL 语句 COMMIT 的执行使事务成功地结束,亦称"提交",即自该事务开始以来由 SQL 语句所引起的对数据库的所有变更都永久地置于数据中。此前事务的变更是"暂时"(Tentative)的,其变更的结果数据称为"脏数据"(Dirty Data)。

3. 事务的夭折

SQL 语句 ROLLBACK 的执行引起事务的夭折(Abort),即失败地结束。此时,该事务对数据库所作的任何改变都要“抹掉”(Undo)，或者原样“回滚”(Rollback)。

4.5.3　事务并发控制

SQL 提供了两种事务并发控制的形式：

①显式控制。直接用 LOCK TABLE 语句封锁数据。

②隐式控制。通过指定事务的隔离级别来隐含地封锁数据。

1. 加锁

SQL 加锁语句的一般格式为：

LOCK TABLE＜关系名表＞IN＜锁的方式＞MODE 其中＜关系名表＞是多个关系名的列表，中间以逗号“,”分隔，当然也可以只有一个关系名。＜锁的方式＞依各个系统的不同可能不一样，但最通用的是 S(共享)、X(排他)、U(更新)等。

2. 隔离级别

与并发控制相关的事务特征有两个方面：存取方式、隔离级别。存取方式有两种，一种是 READ ON LY(只读)，它告知系统，当前事务不对数据库作任何变更。系统则可利用这一点获得更高的事务执行并发性。另一种存取方式是 READ WRITE，它告知系统即将开始的事务要改变数据库。这种方式一般是缺省的，即无须说明。因此，SQL 的存取方式语句格式为：

SET　TRANSACTION | READ　ONLY
[READ　WRITE] |

隔离级别指明一个给定事务的行为将对其他正在并发执行的事务暴露到什么程度，SQL-92 给出了四种隔离级别：READ UNCOMMITTED、READ COMMITTED、REPEATABLE READ、SERIALIZABLE，这四种隔离对四种可能的不一致性问题的防范效果如图 4-5 所示。

效果 隔离级别	更新丢失	脏读	不可重读	虚幻现象
READ UNCOMMITTED	No	Maybe	Maybe	Maybe
READ COMMITTED	No	No	Maybe	Maybe
REPEATABLE READ	No	No	No	Maybe
SERIALIZABLE	No	No	No	No

图 4-5　SQL-92 中事务隔离的级别及其效果

图中列举了更新丢失、脏读、不可重读、虚幻现象四种不一致性问题。SQL 确保每一事务在写数据以前都获得排他锁并保持这种锁直至事务结束，因此在 SQL 的各级隔离下，都不会发生更新丢失问题。更新丢失是比较严重的数据库不一致性问题，一般的应用都不愿意接受这种情况。

“虚幻现象”就是两个事务在数据库的动态变化过程中发生了“错过了的”(未遇到但存在

的)操作冲突的现象。

READ UNCOMMITTED 级隔离是 SQL 中最低级的事务隔离,它允许一个事务 T_1 读另一个事务 T_2 所变更的未提交数据(即脏读)。当然,这种数据还可能进一步在 T_1 执行期间被别的事务改变(故不可重读),也会发生虚幻现象。

READ COMMITTED 级隔离的事务只读已提交事务所写的数据(无脏读),由它所写的数据不会被任何别的事务改变,除非它已结束(无更新丢失,因为它在写前获得排他锁直至结束)。它在读前获共享锁,但读后立即释放(它只保证最后写那个数据的事务已完成),故被读的数据在它还处于执行过程中时完全可能被别的事务修改(不可重读)。当然,也可能会遇见虚幻现象。

REPEATABLE READ 级隔离确保事务只读已提交的数据(无脏读)。由它读或写的数据在操作前都获得相应的锁直到结束,故它们不会被改变(无更新丢失、无不可重读)。但这些锁是加在单个数据对象上的,即仍可能发生虚幻现象。

SERIALIZABLE 级隔离按严格的 2PL(两段锁)协议处理,还包括可能会造成对虚幻现象的数据集加锁。这样,所有四种可能的不一致性问题都可避免。所以这一级是 SQL 中最高的隔离级别。

SQL 隔离级别的说明格式为:

SET TRANSACTION ISOLATION LEVEL＜隔离级＞

这里要说明的是,前面说到,事务的默认存取方式是 READ WRITE。而这对 READ UNCOMMITTED 的事务例外,因为 SQL-92 的事务默认为 READ ONLY。所以,要让 READ UNCOMMITTED 级的事务为 READ WRITE,则须显式说明:

SET TRANSACTION ISOLATION LEVEL READ UNCOMMTTED READ WRITE

4.6 视图管理

视图是从一个或几个基本表(或视图)中选定某些记录或列而导出的特殊类型的表。数据库设计时,使用视图的主要优点有:第一,使用视图增加了数据安全性,因为可以限制用户直接存取基本表的某些列或记录;第二,使用视图可以屏蔽数据的复杂性,因为通过视图可得到多个基本表经过计算后的数据。

4.6.1 视图的创建与删除

1. 创建视图

SQL 语言中使用 CREATE VIEW 命令来创建视图,其一般语法格式为:

CREATE VIEW＜视图名＞[(＜列名＞[,＜列名＞]…)]

AS ＜SQL 子查询语句＞

```
[WITH CHECK OPTION]
```

其中,视图名的命名规则与基本表的命名规则相同。<SQL 子查询语句>可以是任意复杂的 SELECT 语句,但通常不允许含有 ORDER BY 子句和 DISTINCT 短语。

WITH CHECK OPTION 表示对视图进行 UPDATE、INSERT 和 DELETE 操作时要保证更新、插入或删除的行满足<SQL 子查询语句>中的条件表达式的条件。

例 4.24　建立计算机系选修了数据库系统原理(编号为"0101002")课程且成绩在 90 以上的学生视图。

```
CREATE VIEW V_Student_CS2
AS
  SELECT Sno,Sname,Grade
  FROM   V_Student_CS1
  WHERE Grade>=90;
```

解答说明:本例中建立的视图是在已存在的视图 V_Student_CS1 上建立的。

2. 删除视图

删除视图的语法格式为:

```
DROP VIEW<视图名>[CASCADE];
```

删除视图仅仅是从系统中的数据字典中删除了视图的定义,并没有删除数据,不会影响基本表中的数据。只有视图的拥有者或有 DBA 权限的用户才能删除。若该视图被其他视图引用,删除后引用视图将不能正常使用。此时可以带上 CASCADE 来级联删除本视图和导出引用的所有视图。

例 4.25　删除视图 V_Student_CS1。

```
DROP VIEW V_Student_CS1;
```

解答说明:由于 V_Student_CS1 视图上还导出了 V_Student_CS2 视图,所以执行此删除视图语句会被拒绝。如果确定要删除,则使用级联删除语句:

```
DROP VIEW V_Student_CS1 CASCADE;  //删除 V_Student_CS1 视图及导出的所有视图//
```

4.6.2　视图的查询

定义视图后,使用视图查询时就可以与基本表一样使用了。

例 4.26　查询选修了"0101002"课程的计算机系学生的学号和姓名。

```
SELECT Sno,Sname
FROM   V_Student_CS1;
```

或者

```
SELECT V_Student_CS.Sno,Sname
FROM   V_Student_CS,SC
WHERE   V_Student_CS.Sno=SC.Sno
AND   SC.Cno='0101002';
```

解答说明：本例中前面使用了 V_Student_CS1 视图，该视图本来就是满足题目要求的视图。当然如果查询的是选修其他课程的学生信息，则需要使用第二种查询语句。

4.6.3 视图的更新

视图的更新是指通过视图来插入、删除、修改数据。由于视图是不存放数据的虚表，数据是来自其他基本表，因此，对视图的更新最终是转换为对基本表的更新。为了防止用户通过视图对数据进行增加、删除、修改时，无意地对不属于视图范围内的基本表数据进行操作，在定义视图时尽量加上 WITH CHECK OPTION 子句。这样在视图上增删改数据时，RDBMS 会检查视图定义中的条件，若不满足条件，则拒绝执行该操作。

例 4.27 将计算机系的学生视图 V_Student_CS 中学号为“070107011101”的学生姓名改为“黄燕”。

```
UPDATE V_Student_CS
SET Sname='黄燕'
WHERE Sno='070107011101';
```

解答说明：本题使用视图来更新 Student 基本表中的数据，转换后的等价更新语句为：

```
UPDATE Student
SET Sname='黄燕'
WHERE Sno='070107011101'  AND  Sdept='CS';
```

例 4.28 向计算机系的学生视图 V_Student_CS 中插入一个新生的学生记录信息，该学生学号为“100107011120”，姓名改为“赵鑫”，出生日期为“1990—10—10”。

```
INSERT  INTO  V_Student_CS
VALUES('100107011120','赵鑫','1990—10—10');
```

解答说明：本题使用视图来给 Student 表中增加新数据，转换后的等价插入语句为：

```
INSERT  INTO  Student
VALUES('100107011120','赵鑫','1990—10—10','CS');
```

系统自动将系别名'CS'放入 VALUES 字句中。

另外，尽管视图数据只来源于一个基本表，但如果 SELECT 语句含有 GROUP BY、DISTINCT 或聚集函数等，除可以执行删除操作外，不能进行插入或修改操作。

4.6.4 视图的删除

视图的删除通过 DROP VIEW 命令实现。DROP VIEW 语句的基本格式如下：

```
DROP VIEW<视图名>;
```

例 4.29 删除视图 v_book

```
DROP VIEW v_book;
```

例 4.30 删除视图 Tj_Product。

```
DROP VIEW Tj_Product;
```

4.7　嵌入式 SQL

SQL 既可以采用联机交互方式使用，也可以嵌入到程序设计语言如 C、C++、Java 等中使用。在一个完整的数据库应用系统开发过程中，除了数据处理之外，常常需要对用户界面、图形等进行编程，这些单纯依靠 SQL 是无法实现的，通常需将 SQL 和程序设计语言结合起来使用。这种嵌入到程序设计语言中使用的 SQL 称为嵌入式 SQL(Embedded SQL,ESQL)，而接受嵌入的程序语言称为宿主语言(Host Language)，大多数 SQL 语句都可以嵌入到宿主语言中，如数据定义、查询、更新等。

4.7.1　嵌入式 SQL 的实现方式

嵌入式 SQL 的处理方法有两种：扩充宿主语言使之能够处理 SQL 的方法；采用预处理方法。预处理方法用得较多，它是由 RDBMS 的预处理程序对含有 ESQL 命令的源程序进行预编译，扫描出其中的 ESQL 语句，将它们转换成宿主语言的函数调用语句，形成中间代码，以便宿主语言的编译程序能够识别处理；然后由宿主语言的编译程序对该中间代码进行编译形成目标代码。处理过程如图 4-6 所示。

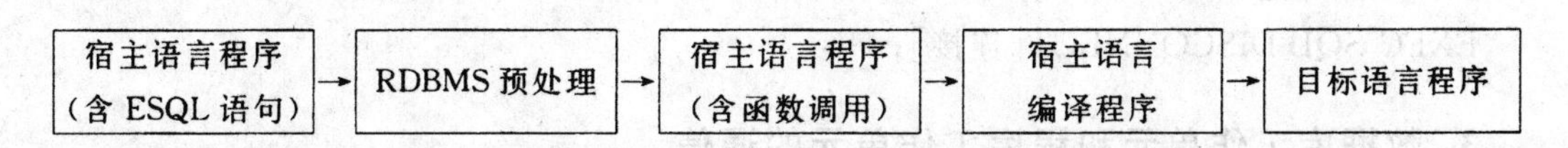

图 4-6　嵌入式 SQL 预处理过程

无论是交互式 SQL 还是嵌入式 SQL，使用时语法基本相同。由于 SQL 嵌入到宿主语言中使用时，两种语言之间存在一系列的差异，所以嵌入式 SQL 的使用有其特有的技术机制，以保证有效地完成数据库操作的各项功能。

4.7.2　嵌入式 SQL 的使用规定

1. SQL 语句和宿主语言语句的区分

在嵌入式 SQL 编程过程中，为了区别 ESQL 语句和宿主语言语句，每条 SL 语句的前面加 EXEC SQL，并且以分号(;)结束。一般格式如下：

EXEC SQL<SQL 语句>;

嵌入式 SQL 语句分为说明语句和可执行语句。

大部分嵌入式 SQL 语句都要求使用限定前缀标识和结束标志，表 4-14 列出各种语言情况。

表 4-14　各种语言的前缀标识和结束标志

语言	前缀标识	结束标志	语言	前缀标识	结束标志
Ada	EXEC SQL	;	MUMPS	&SQL(	)
C	EXEC SQL	;	PASCAL	EXEC SQL	;
COBOL	EXEC SQL	END-EXEC	PL/I	EXEC SQL	;
Fortran	EXEC SQL	(无结束标志)			

2. 建立数据库的联系

(1)建立数据库连接。

嵌入式 SQL 程序访问数据库时首先要连接数据库,只有通过 RDBMS 对连接请求的合法性检查后,才能建立一个合法、可用的连接。

建立数据库连接的 ESQL 语句:

EXEC SQL CONNECT-ID＜数据库名称＞[AS＜连接名称＞]USER＜用户名称＞;

(2)关闭数据库连接。

在完成对连接的数据库的操作后,要关闭对数据库的连接,以释放系统的资源,提高系统效率和保证数据库的安全性。

关闭数据库连接的 ESQL 语句:

EXEC SQL DISCONNECT[连接];

3. 数据库工作单元和程序工作单元的通信

SQL 执行状态信息是通过 SQL 通信区(SQLCA)返回给宿主语言的,宿主语言根据状态信息决定程序的执行流程。在 SQLCA 数据结构中的 SQLSTATE 变量用于返回 SQL 语句执行的状态信息,在执行一条 SQL 成功后,SQLSTATE 返回全零,否则返回相应的错误代码(非零值)。

在 ESQL 语句中可使用宿主语言的变量(称为宿主变量或主变量)来实现 SQL 和宿主语言程序之间的数据交换。宿主变量是在宿主语言程序中的 SQL 说明节定义的;SQL 说明节以 EXEC SQL BEGIN DECALRE SECTION 开始,以 EXEC SQL END DECLARE SECTION 结束。如:

```
EXEC SQL BEGIN DECALRE SECTION;
int ibookid;
float fprice:
EXEC SQL END DECLARE SECTION;
```

在 ESQL 语句中使用宿主变量时,变量名前加冒号(:)作为前缀标志,以便于和 SQL 中的表名、列名和数据对象名称区别开来。如:

…

EXEC SQL SELECT price INTO：fprice FROM 图书信息表 WHERE bookid＝：ibookid；

…

4. 结果集处理

宿主语言处理数据方式是以记录的形式，而 SQL 查询的结果是集合的形式。在处理多行数据时仅仅通过宿主变量是不行的，必须通过游标来实现。游标是系统为用户程序开辟的一个缓冲区。游标技术将命名的缓冲区与查询语句绑定起来，查询结果存放在游标中，通过游标指针的移动来实现宿主语言程序对游标中逐条记录的访问，将记录中的各项数据赋值给相应的宿主变量。游标的使用主要分为下列几个步骤。

(1)定义游标。

EXEC SQL DECLARE＜游标名＞CURSOR FOR＜SELECT 语句＞；

定义游标，并通过游标名称与相应的 ESQL 语句建立联系，注意此时并不执行 SQL 语句。

(2)打开游标。

EXEC SQL OPEN＜游标名＞；

打开已定义的游标，执行游标相关联的 ESQL 语句，结果集为游标的活动数据集。游标指针定位于结果集的第一行前的位置。

(3)移动游标，获取游标当前数据。

EXEC SQL FETCH[移动方向]FROM＜游标名称＞INTO＜宿主变量列表＞；

游标指针移至指定位置，获取当前行的属性值赋给指定的宿主变量。

[移动方向]是游标指针移动的方向，主要有以下几种取值：

①NEXT 或 PRIOR：向下或向上移动一行，NEXT 是默认值。

②FIRST 或 LAST：移动到第一行或最后一行。

③RELATIVE *n*：相对于当前位置移动 *n* 行，$n>0$ 时方向向下，$n<0$ 时方向向上。

④ABSOLUTE *n*：移动到某个绝对位置，$n>0$ 时，移动到第 *n* 行；$n<0$ 时，移动到倒数第 *n* 行。

(4)关闭游标。

EXEC SQL CLOSE＜游标名＞；

关闭游标与 ESQL 语句的联系，释放活动数据集及相应的系统资源。

4.7.3　嵌入式 SQL 的使用技术

1. 不使用游标的嵌入式 SQL 语句

在 ESQL 中使用的说明性语句、数据定义语句、数据控制语句、查询结果是单行的查询语句以及非 CURRENT 的数据更新语句，不需要使用游标。

例 4.31 创建订单表。

```
EXEC SQLCREATE TABLE 订单表(
order_form_id BIGINT IDENTITY(1,1)NOT NULL PRIMARY KEY,
user_id BIGINT NULL,
add_time DATETIME NULL DEFAULT(getdate()),
status INT NULL);
```

例 4.32 删除订单表。

```
EXEC SQL DROP TABLF. 订单表;
```

例 4.33 在订单表中增加一行记录。

```
EXEC SQLINSERT INTO. 订单表
(user_id,status)
VALUES(3,0);
```

例 4.34 修改订单表中所有订单状态为 1。

```
EXEC SQL UPDATE 订单表 SET status=1;
```

例 4.35 删除订单表中订单号为 2 的订单。

```
EXEC SQL DELETE FROM 订单表 WHERE order_form_id=2;
```

例 4.36 查询订单表中订单号为 5 的订单状态。

```
EXEC SQL Sk7,FCT status INTO:vstatus FROM 订单表 WHERE order_form_id=5;
```

由于在订单表中 order_form_id 唯一，所以查询结果仅返回一行，通过宿主变量 vstatus 获得返回的 status 列值。

例 4.37 根据主变量 givensno 的值在基本表学生中查询该学生的姓名、性别、年龄。

```
EXEC SQL SELECT 姓名,年龄,性别,系别
INTO:sname,:sage,:ssex,:department
FROM S
WHERE S. 学号=:givensno
```

2. 使用游标的嵌入式 SQL 语句

在返回多行的查询语句或 CURRENT 的数据更新语句时必须使用游标。

例 4.38 查询书籍信息表中开本为 16 开的书籍的名称、出版社和作者。

```
EXEC SQL BEGIN DECLARE SECTION;
char vbookname[81],vpublisher[81],vauthor[21];/*定义宿主变量*/
EXEC SQL END DECLARE SECTION;
…  /*连接数据库,省略*/
EXEC SQL DECLARE CURSOR cur_16k FOR/*定义查询游标*/
SEr,RCT book_name,publisher,author
FROM 书籍信息表
WHERE format='16 开';
EXECSQL OPEN cur_16k;  /*打开游标*/
```

```
printf("书名出版社作者\n");
while(1){
EXEC SQL FETCH FROM cur_16k INTO:vbookname,:vpublisher,:vauthor;
        /*在游标中逐行移动,将列值赋给宿主变量*/
if(sqlca.sqlcode<>0)
break;
printf("%s%s%s\n",vbookname,vpublisher,vauthor);/*显示输出宿主变量*/
}
EXEC SQL CLOSE cur_16k;      /*关闭游标*/
```

例 4.39 根据主变量 Dept 中给出的系名,查询该系全体学生在基本表 S 中的全部信息。

```
EXEC SQL DECLARE student CURSOR FOR
SELECT 学号,姓名,年龄,性别,系别 FROM S
WHERE 系别=:dept
EXEC SQL OPEN student
while<条件表达式>
{EXEC SQL FETCH student
                INTO:sno,:sname,:sage,:ssex,:department…
}
EXEC SQL CLOSE student
```

该例中使用 DECLARE 语句定义了一个名为 student 的游标,并建立了与基本表 S 的联系。用 OPEN 语句打开游标后,在 while 循环中反复执行 FETCH 语句,最后关闭游标 student。

4.7.4 动态 SQL 语句

对于那些需要在程序运行时才能确定的 SQL 语句,不能用上述的静态嵌入式 SQL 语句,需要用动态 SQL 语句。由于 SQL 语句可根据用户需要动态生成,所以动态 SQL 具有更大的灵活性。动态 SQL 分为动态组装 SQL 语句和动态参数两种形式。

1. 动态组装 SQL 语句

SQL 语句的动态组装是在程序运行中将生成的 SQI。语句字符串保存到一个 SQL 语句宿主变量中,通过 EXEC SQL EXECUTE 语句执行宿主变量中 SQL 语句。

例 4.40 根据用户输入的 SQL 语句执行。

```
EXEC SQL BEGIN DECLARE SECTION;
    char vsqlcmdstring[255];      /*定义 SQL 语句宿主变量*/
EXEC SQL END DECLARE SECTION;
…
printf("Input your SQL statement:\n");
```

```
scanf("%s",vsqlcmdstring);      /* 由用户输入 SQL 命令字符串 */
...
EXEC SQL EXECUTE IMMEDIATE:vsqlcmdstring;  /* 执行 SQL 命令 */
...
```

2. 动态参数

可以在存储 SQL 语句的字符串中用问号(?)设定一个参数，根据程序运行动态输入 SQL 语句所需的参数值。

例 4.41 通过键盘输入用户 ID 号和订单状态值，对订单表增加新的记录。

```
EXEC SQL BEGIN DECLARE SECTION;
char * vsqlcmdstring="INSERT INTO 订单表(user_id,status)VALUES(?,?);";
int vorderid,vstatus;     /* 定义宿主变量 */
EXEC SQL END DECLARE SECTION;
...
printf("Input OrderID Order Status:\n");
scanf("%d%d",vorderid,vstatus);      /* 输入用户 ID 号和订单状态值 */
/* 准备动态 SQL 语句，一次准备，以后可多次运行 */
EXEC SQL PREPARE vsqlcmdstring FROM:vsqlcmdstring;
/* 根据设定的参数，执行动态 SQL 语句 */
EXEC SQL EXECUTE vsqlcmdstring USING:vorderid,:vstatus;
...
/* 根据新设定的参数，再次执行该动态 SQL 语句 */
EXEC SQL EXECUTE vsqlcmdstring USING:vorderid,:vstatus;
...
```

第 5 章 关系数据库规范化理论

5.1 关系模式的非形式化设计规则

5.1.1 关系属性的语义

在关系模式中，属性与一定的现实世界含义相联系。这个含义或者说语义（Semantics），涉及对存储在该关系的元组属性值如何解释，即一个元组中的属性值是如何相互关联的。

规则 5.1 设计一个关系模式要能够容易地解释它的语义。不要将多个实体类型和联系类型的属性组合成一个单一的关系。如果一个关系模式对应于一个实体类型或一个联系类型，那么它的语义就很清晰。否则，就会变得语义不清，也就不容易对该关系进行解释。

下面我们来考虑一个实际的问题：

学生关系模式：S(Snum，Sname，Ssex，Dnum，Director，Cnum，Cname，Score)其属性分别表示学号、姓名、性别、所在的系编号、系主任、课程号、课程名、成绩。表 5-1 是这个学生关系模式的一个具体关系。

表 5-1　一个学生关系模式的实例

Snum	Sname	Ssex	Dnum	Director	Cnum	Cnarne	Score
0903330002	李波涛	男	D003	张小龙	C004	自动控制原理	75
0903330001	张山	男	D002	方维伟	C002	C 语言程序设计	53
0903330001	张山	男	D002	方维伟	C004	自动控制原理	89
0903330001	张山	男	D002	方维伟	C005	数据结构	65
……							

以上的关系是个粗劣的设计，因为违反了规则 5.1，混合了一些截然不同于真实世界的实体的属性或联系的属性，把学生、系、课程等实体及选修联系的属性混合在一起。它们可以用作视图，但把它们用作基本表时就会导致一些下面将讨论的问题。

5.1.2 元组中的冗余信息和更新异常

在表 5-1 所示的学生关系模式的实例中，可以清楚地看到学号 Snum 和课程号 Cnum 构成了该关系模式的主键。我们会发现其存在冗余信息和更新异常，更新异常包括插入异常、删除异常和修改异常。

(1)存储冗余

一个学生肯定要学几十门课，那么该学生的姓名、系编号、系主任等信息就要重复存储，其存储冗余问题是相当严重的。

(2)插入异常

对于刚成立的系，如果还没有学生，由于 Snum 是主属性，不能为空值，因此该系主任等信息就无法加入到该关系中，这是极不合理的。即存在插入异常问题。

(3)删除异常

若某学生因病下学期未选课程，则需删除该学生所对应所有元组，结果该学生的学号、姓名、性别等信息也同时删去了，即删去了一些不该删除的信息。这样在该关系中就找不到该学生的姓名、性别等信息。这也是极不合理的。

(4)修改异常

如果更换了某个系的主任，那么该系学生所有对应的元组的系主任等信息都要修改，修改量很大，潜在地存在了严重的数据不一致问题，有可能会出现同一个系有不同主任的情况。这种不一致性是由于数据的存储冗余产生的。

针对上面这些问题，得出一个设计规则。

规则 5.2 设计的关系模式不要出现插入异常、删除异常和修改异常。如果有任何异常出现，要明确注释，确保数据库进行插入、删除和修改时能正确操作。

规则 5.2 和规则 5.1 是一致的，某种程度上是对规则 5.1 的重新陈述。所以我们需要一种更形式化的方法来评估一个设计是否满足这些规则。

5.1.3 元组中的空值

在表 5-1 所示的学生关系模式的实例中，将一些实体的属性或联系的属性混合在一起很乱，如果有些属性不适用于关系中的所有元组，那么在那些元组中会有很多空值。这样在物理存储上会浪费存储空间，在逻辑层次上会导致属性的语义理解问题和连接(join)操作的问题。在进行 COUNT 或 SUM 之类的聚集操作计算时，空值也会带来一些问题。另外，空值可以代表属性不适用于该元组，也可以表示属性值对于该元组是未知的，也可能属性值已知但没有被记录。同样的空值掩盖了这些不同的情况。所以需要有新规则。

规则 5.3 设计一个关系模式要尽可能避免在其中放置经常为空值的属性。如果空值不可避免，则应确保空值在特殊情况下出现而不是在大部分元组中出现。

例如，如果只有 20%的学生在学生组织内担任职务，那么在学生表中包含一个 post 职位属性是不合理的。可以创建一个新关系 SP(Snum,SPost)来存放那些在学生组织有职位的学生元组。

5.1.4 伪元组的生成

现在设计两个新的关系模式，如表 5-2、表 5-3 所示。这两个新关系模式由表 5-1 所示的关系模式分解而来，用来代替表 5-1 所示的关系模式。表 5-2 中的一个元组表示姓名为 Sname 的学生选修了 Cnum 的课程；表 5-3 中的一个元组表示学号为 Snum 的学生的性别、系、系主任及选修的课程号、课程名、成绩等。

表 5-2 分解表 5-1 的关系模式

Sname	Cnum	Sname	Cnum
李波涛	C004	张山	C004
张山	C002	张山	C005

表 5-3 分解表 5-1 的关系模式

Snum	Ssex	Dnum	Director	Cnum	Cname	Score
0903330002	男	D003	张小龙	C004	自动控制原理	75
0903330001	男	D002	方维伟	C002	C 语言程序设计	53
0903330001	男	D002	方维伟	C004	自动控制原理	89
0903330001	男	D002	方维伟	C005	数据结构	65

表 5-4 自然连接后结果

Snum	Sname	Ssex	Dnum	Director	Cnum	Cname	Score
0903330002	李波涛	男	D003	张小龙	C004	自动控制原理	75
0903330001	张山	男	D002	方维伟	C002	C 语言程序设计	53
0903330001	张山	男	D002	方维伟	C004	自动控制原理	89
0903330001	张山	男	D002	方维伟	C005	数据结构	65
0903330001	李波涛	男	D002	方维伟	C004	自动控制原理	89
0903330002	张山	男	D003	张小龙	C004	自动控制原理	75

如果用表 5-2、表 5-3 所示的两个关系模式来代替表 5-1 所示的关系模式，则是一个更糟糕的设计，因为不能从表 5-2、表 5-3 所示的两个关系模式中恢复表 5-1 所示的关系模式的原来信息。如果对表 5-2、表 5-3 所示的两个关系模式作一个自然连接操作，结果如表 5-4 所示，最后两个元组是表 5-1 所没有的元组。这些额外生成的元组就是伪元组(Spurious Tuple)，表示无效的虚假信息或错误信息。

通过上述分解后再自然连接并不能得到正确的初始信息，所以上述分解是不符合要求的。

产生的原因就是连接操作的属性 Cnum 既不是表 5.2 关系模式的主键{Sname,Chum},也不是表 5-3 关系模式的主键{Snum,Cnum}。由此,可以得到最后一个设计规则。

规则 5.4 设计关系模式要使它们在主键或外键的属性上进行等值连接,并且保证不会生成伪元组。如果一定要有不满足上述条件的关系,则不要将它们在这类非主键-外键的属性上进行连接,以避免产生伪元组。

这一设计规则在以后会有形式化的描述,无损连接性可以保证某些连接不产生伪元组。

5.2 函数依赖

定义 5.1 对于满足一组函数依赖 F 的关系模式 $\boldsymbol{R}<U,F>$,它的任何一个关系 r,如果函数依赖 $X \rightarrow Y$ 均成立,也就是说 r 中任意两元组 t,s,如果 $t[X]=s[X]$,从而有 $t[Y]=s[Y]$,则称 F 逻辑蕴含 $\boldsymbol{X \rightarrow Y}$。

例 5.1 设有一个描述学生信息的关系模式 R(Sname,Sex,Birthday,Phone),其属性名分别代表学生的姓名、性别、出生日期和电话号码属性。表 5-5 给出了它的一个具体关系 r。

表 5-5 关系 r

Sname	Sex	Birthday	Phone
张华	女	1976.08.08	88547566
黄河	男	1965.11.17	85344518
刘林	男	1972.02.25	86090541

如果仅从关系模式 $R(U)$的一个具体关系 r 出发,由于 r 没有相同姓名的元组(学生),就会得出以下结论:对于关系模式 R 有 Sname→Sex,Sname→Birthday,Sname→Phone 的结论。但这个结论是不正确的。比如,对关系模式 R 的另外一个具体关系 r_1 如表 5-6 所示,这时,从关系 r 得出的函数依赖也就无法成立。所以,关系模式中的函数依赖是对这个关系模式的所有可能的具体关系都成立的函数依赖。

表 5-6 关系 r_1

Sname	Sex	Birthday	Phone
张华	女	1976.08.08	88547566
黄河	男	1965.11.17	85344518
刘林	男	1972.02.25	86090541
张华	男	1980.07.02	88336629

下面我们给出 Armstrong 公理系统,其目的在于求得给定关系模式的码,从一组函数依赖求得蕴含的函数依赖。

Armstrong 公理系统(Armstrong's axiom)设 U 为属性集总体,F 是 U 上的一组函数依赖,于是有关系模式 $\boldsymbol{R}<U,F>$。$\boldsymbol{R}<U,F>$具有以下推理规则:

①增广律(Augmentation rule):如果 $X \rightarrow Y$ 为 F 所蕴含,并且 $Z \subseteq U$,那么 $XZ \rightarrow YZ$ 为 F 所蕴含。

②自反律(Reflexivity rule):如果 $Y \subseteq X \subseteq U$,那么 $X \rightarrow Y$ 为 F 所蕴含。

③传递律(Transitivity rule):如果 $X \rightarrow Y$ 及 $Y \rightarrow Z$ 为 F 所蕴含,那么 $X \rightarrow Z$ 为 F 所蕴含。

定理 5.1　Armstrong 推理规则是正确的。

证明:①设 $Y \subseteq X \subseteq U$。

对于 $\boldsymbol{R}<U,F>$的任一关系 r 中任意两个元组 t,s:

如果 $t[X]=s[X]$,因为 $Y \subseteq X$,则有 $t[Y]=s[Y]$,所以 $X \rightarrow Y$ 成立,因而自反律得证。

②设 $X \rightarrow Y$ 为 F 所蕴含,并且 $Z \subseteq U$。

设 $\boldsymbol{R}<U,F>$的任一关系 r 中任意的两个元组 t,s:

如果 $t[XZ]=s[XZ]$,从而有 $t[X]=s[X]$和 $t[Z]=s[Z]$;

因为 $X \rightarrow Y$,所以有 $t[Y]=s[Y]$,因此 $t[YZ]=s[YZ]$,从而有 $XZ \rightarrow YZ$ 为 $XZ \rightarrow YZ$ 所蕴含,增广律得证。

③设 $X \rightarrow Y$ 及 $Y \rightarrow Z$ 为 F 所蕴含。

对 $\boldsymbol{R}<U,F>$的任一关系 r 中任意两个元组 t,s:

如果 $t[X]=s[X]$,因为 $X \rightarrow Y$,则有 $t[Y]=s[Y]$;

根据 $Y \rightarrow Z$,则有 $t[Z]=s[Z]$为 F 所蕴含,传递律得证。

根据上述 3 条推理规则可得到下面三条推理规则:

①合并规则:因为 $X \rightarrow Y, X \rightarrow Z$,所以有 $X \rightarrow YZ$。

②伪传递规则:因为 $X \rightarrow Y, WY \rightarrow Z$,所以有 $XW \rightarrow Z$。

③分解规则:由 $X \rightarrow Y$ 及 $Z \subseteq Y$,有 $X \rightarrow Z$。

引理 5.1　$X \rightarrow A_1 A_2 \cdots A_k$ 成立的充分必要条件是 $X \rightarrow A_i$ 成立$(i=1,2,\cdots,k)$。

定义 5.2　在关系模式 $\boldsymbol{R}<U,F>$中为 F 所逻辑蕴含的函数依赖的全体叫作 F 的闭包(Closure),记为 F^+。

自反律、传递律和增广律称为 Armstrong 公理系统。

Armstrong 公理系统的特点是有效的、完备的。

由 F 出发根据 Armstrong 公理推导出来的每一个函数依赖一定在 F^+ 中就是所谓的 Armstrong 公理的有效性。

F^+ 中的每一个函数依赖,必定可以由 F 出发根据 Armstrong 公理推导出来,就是 Armstrong 公理的完备性。

定义 5.3　设 F 为属性集 U 上的一组函数依赖,$X \subseteq U$,$X_F^+=\{A \mid X \rightarrow A$ 能由 F 根据 Armstrong 公理导出$\}$,X_F^+ 称为属性集 X 关于函数依赖集 F 的闭包。

引理 5.2　设 F 为属性集 U 上的一组函数依赖,$X,Y \subseteq U$,$X \rightarrow Y$ 能由 F 根据 Armstrong 公理导出的充分必要条件是 $Y \subseteq X_F^+$。

判定 $X \rightarrow Y$ 是否能由 F 根据 Armstrong 公理导出的问题,从而转化为求出 X_F^+,判定 Y 是否为 X_F^+ 子集的问题。下面给出相关算法。

算法 5.1 求属性集 $X(X\subseteq U)$关于 U 上的函数依赖集 F 的闭包 X_F^+。

输入:X,F

输出:X_F^+

具体步骤:

①设 $X^{(0)}=X,i=0$。

②求 B,此处 $B=\{A\mid(\exists V)(\exists W)(V\rightarrow W\in F\wedge V\subseteq X^{(i)}\wedge A\in W)\}$。

③$X^{(i+1)}=B\cup X^{(i)}$。

④判断 $X^{(i+1)}=x^{(i)}$ 是否相等。

⑤如果相等或 $X^{(i)}=U$ 那么 $X^{(i)}$ 就是 X_F^+,此时算法终止。

⑥如果不相等,则 $i=i+1$,此时需要返回第②步。

定理 5.2 Armstrong 公理系统是有效的、完备的。

证明:由于 Armstrong 公理系统的完备性证明如下。

①如果 $V\rightarrow W$ 成立,并且 $V\subseteq X_F^+$,则 $W\subseteq X_F^+$。

由于 $V\subseteq X_F^+$,因而 $X\rightarrow V$ 成立;所以 $X\rightarrow W$ 成立,所以可知 $W\subseteq X_F^+$ 成立。

②构造一张二维表 r,它由以下两个元组构成,可以证明 r 必为 $\boldsymbol{R}\langle U,F\rangle$的一个关系,也就是说 F 中的全部函数依赖在 r 上成立。

$\overbrace{\qquad\qquad}^{X_F^+}$	$\overbrace{\qquad\qquad}^{U-X_F^+}$
11……1	00……0
11……1	11……1

如果 r 不是 $\boldsymbol{R}\langle U,F\rangle$的关系,那么一定因为 F 中有某一个函数依赖 $V\rightarrow W$ 在 r 上不成立而导致。根据 r 的构成易知,V 一定是 X_F^+ 的子集,然而 W 不是 X_F^+ 的子集,可是由第①步,这与 $W\subseteq X_F^+$ 相互矛盾。因此 r 必是 $\boldsymbol{R}\langle U,F\rangle$的一个关系。

③如果 $X\rightarrow Y$ 不能由 F 从 Armstrong 公理导出,则 Y 不是 X_F^+ 的子集,所以一定有 Y 的子集 Y'满足 $Y'\subseteq U-X_F^+$,那么 $X\rightarrow Y$ 在 r 中不成立,也就是 $X\rightarrow Y$ 一定不为 $\boldsymbol{R}\langle U,F\rangle$蕴含。

从蕴含(或导出)的概念出发,引出了两个函数依赖集等价和最小依赖集的概念。

定义 5.4 若 $F^+=G^+$,即函数依赖集 F 覆盖 G,或 F 与 G 等价。

引理 5.3 $F^+=G^+$ 的充分必要条件是 $F\subseteq G^+$ 和 $G\subseteq F^+$。

证明:由于必要性显然,因此这里只证明充分性。

①如果 $F\subseteq G^+$,则 $X_F^+\subseteq X_G^+$。

②任取 $X\rightarrow Y\in F^+$,则有 $Y\subseteq X_F^+\subseteq X_G^+$。

因此 $X\rightarrow Y\in(G^+)^+=G^+$。即 $F^+\subseteq G^+$。

③同理可证 $G^+\subseteq F^+$,所以 $F^+=G^+$。

定义 5.5 若函数依赖集 F 满足下列条件,则称 F 为一个极小函数依赖集。也称为最小依赖集或最小覆盖(Minimal Cover)。

①F 中任一函数依赖的右部仅含有一个属性。

②F 中不存在这样的函数依赖 $X\rightarrow A$,使得 F 与 $F-\{X\rightarrow A\}$等价。

③F 中不存在这样的函数依赖 $X\rightarrow A$,X 有真子集 Z 使得 $F-\{X\rightarrow A\}\cup\{Z\rightarrow A\}$与 F

等价。

定理 5.3　每一个函数依赖集 F 均等价于一个极小函数依赖集 F_m。该 F_m 称为 F 的最小依赖集。

证明:这是一个构造性的证明,分三步对 F 进行"极小化处理",找出 F 的一个最小依赖集。

①逐个检查 F 中各函数依赖 FD_i:$X\to Y$,如果 $Y=A_1A_2\cdots A_k$,$k>2$,那么用 $A\{X\to A_j|j=1,2,\cdots,k\}$来取代 $X\to Y$。

②逐一检查 F 中各函数依赖 FD_i:$X\to A$,设 $G=F-\{X\to A\}$,如果 $A\in X_G^+$,则从 F 中去掉此函数依赖。

③逐一取出 F 中各函数依赖 FD_i:$X\to A$,设 $X=B_1B_2\cdots B_m$,逐一考查 $B_i(i=1,2,\cdots,m)$,如果 $A\in \mathbf{Z}_F^+$,则以 $X-B_i$ 取代 X。

最后剩下的,就一定是极小依赖集,而且与原来的 F 等价。因为对 F 的每一次"改造"都保证了改造前后的两个函数依赖集等价。这些证明很显然。

例 5.2　已知有关系 $R(A,B,C,D,E,G)$,有函数依赖集:$A\to B$、$A\to C$、$A\to E$、$CE\to G$。求 R 所有属性集合的闭包 F^+。

解:根据自反律,$A\to A$,因此 $F\to A$,可将 A 加入 F^+ 中;

因为 $A\to B$、$A\to C$、$A\to E$,根据传递律,$F\to B$、$F\to C$、$F\to E$,可将 B、C、E 加入到 F^+ 中;

根据合并律,$F\to CE$;

因为 $CE\to G$,根据传递律,$F\to G$,可判定 F^+ 包括 G;

因此,$F^+=ABCEG$。

属性集的闭包可用于帮助确定候选关键字。

如集属性或属性集 F 的闭包为 F^+,且 F^+ 包括数据表中全部属性,则 F 为该数据表的一个候选关键字。

例 5.3　已知有关系 $R(A,B,C,D,E,G)$,有函数依赖集:$A\to B$、$A\to C$、$A\to E$、$CE\to G$。求判断属性集(A,D)为 R 的候选关键字。

由于 $A^+=ABCEG$,由增补律,$(A,D)^+=ABCDEG$,因此,(A,D)为 R 的候选关键字。

5.3　关系模式的规范化

5.3.1　函数依赖

定义 5.6　设属性集 U 上的关系模式为 $\boldsymbol{R}(U)$。X,Y 为 U 的子集。如果对于 $\boldsymbol{R}(U)$的任意一个可能的关系 r,在 r 中不存在两个元组在 X 上的属性值相等,然而在 Y 上的属性值不等,那么此时称 $\boldsymbol{X}$ 函数确定 $\boldsymbol{Y}$ 或 $\boldsymbol{Y}$ 函数依赖于 $\boldsymbol{X}$,记作 $X\to Y$。

函数依赖是语义范畴的概念。仅仅可以根据语义来确定一个函数依赖。

注意，函数依赖是指 $\boldsymbol{R}$ 的一切关系均要满足的约束条件。

定义 5.7 在 $\boldsymbol{R}(U)$ 中，若 $X\rightarrow Y$，并且对于 X 的任何一个真子集 X'，均存在 $X'\nrightarrow Y$，则称 Y 对 X 完全函数依赖，记作

$$X \xrightarrow{F} Y$$

如果 $X\rightarrow Y$，但 Y 不完全函数依赖于 X，则称 Y 对 X 部分函数依赖，记作

$$X \xrightarrow{P} Y$$

定义 5.8 在 $\boldsymbol{R}(U)$ 中，若 $X\rightarrow Y$，$(X\subsetneq Y)$，$Y\nrightarrow X$，$Y\rightarrow Z$，$Z\notin Y$，则称 Z 对 X 传递函数依赖（transitive functional dependency）。记为

$$\mathrm{X} \xrightarrow{\text{传递}} \mathrm{Z}。$$

5.3.2 码

关系模式中一个重要概念就是码。

定义 5.9 设 K 为 $\boldsymbol{R}<U,F>$ 中的属性或属性组合，如果 $K \xrightarrow{F} U$ 则 $\boldsymbol{K}$ 为 $\boldsymbol{R}$ 的候选码（Candidate Key）。如果候选码不止一个，此时需要选定其中的一个为主码（Primary Key）。

例 5.4 关系模式 S(<u>Sno</u>，Sdept，Sage)中单个属性 Sno 是码，用下横线显示出来。SC(<u>Sno，Cno</u>，Grade)中属性组合(Sno，Cno)是码。

定义 5.10 关系模式 $\boldsymbol{R}$ 中属性或属性组 X 并非 $\boldsymbol{R}$ 的码，然而 X 是另一个关系模式的码，则称 X 是 $\boldsymbol{R}$ 的外部码（Foreign key），或者称其为外码。

主码与外部码提供了一个表示关系间联系的手段。

5.3.3 范式

关系数据库中的关系满足不同程度要求的为不同范式。第一范式即满足最低要求的，简称 1NF。为第二范式即在第一范式中满足进一步要求的，其余以此类推。

在范式方面，E. F. Codd 于 1971—1972 年系统地提出了 1NF、2NF、3NF 的概念，讨论了规范化的问题。Codd 和 Boyce 于 1974 年又共同提出了一个新范式，即 BCNF。

Fagin 于 1976 年又提出了 4NF。后来又有人提出了 5NF。

所谓“第几范式”，是表示关系的某一种级别。因此通常称某一关系模式 $\boldsymbol{R}$ 为第几范式。现在把范式这个概念理解成符合某一种级别的关系模式的集合，则 $\boldsymbol{R}$ 为第几范式就可以写成 $\boldsymbol{R}\in x\mathrm{NF}$。

各种范式之间有如下联系：

$$5\mathrm{NF}\subset 4\mathrm{NF}\subset \mathrm{BCNF}\subset 3\mathrm{NF}\subset 2\mathrm{NF}\subset 1\mathrm{NF}$$

成立，如图 5-1 所示。

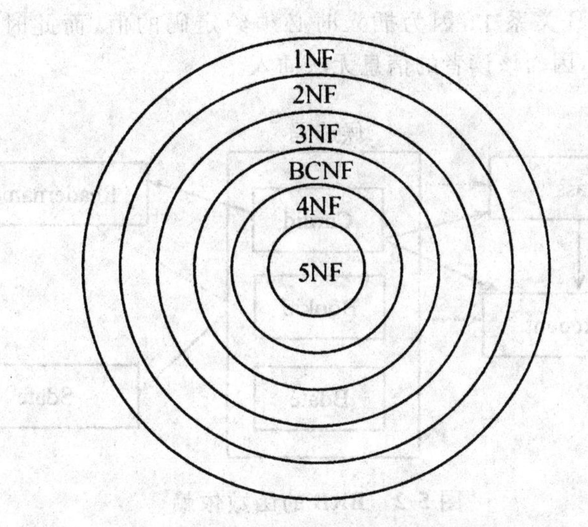

图 5-1　各种范式之间的联系

规范化(Normalization)是指一个低一级范式的关系模式,通过模式分解(Schema Decomposition)可以转换为若干个高一级范式的关系模式的集合的过程。

但是满足第一范式的关系模式并不一定是一个好的关系模式。例如,关系模式:

BRB(Bookid,Cardid,Reademame,Class,Maxcount,Bdate,Sdate)

其中:Class 为读者类别,它决定一个读者可以借书的最大数量。例如,学生最多可以借 5 本,教师最多可以借 10 本。Maxcount 为最多可借书的数量;Reademame 为读者姓名;Cardid 为读者卡号即借书证号;Bookid 为书号即图书的 ISBN 号;Bdate 为借书日期;Sdate 为还书日期。

BRB 的候选码为(Cardid,Bookid,Bdate)。函数依赖包括:

Cardid→Readername

Cardid→Class

Class→Maxcount

Cardid $\xrightarrow{传递}$ Maxcount

(Cardid,Bookid,Bdate) $\xrightarrow{p}$ Class

(Cardid,Bookid,Bdate) $\xrightarrow{p}$ Readername

(Cardid,Bookid,Bdate) $\xrightarrow{f}$ Sdate

显然 BRB 关系模式满足第一范式。但是,如图 5-2 所示,(Cardid,Bookid,Bdate)为候选码。(Cardid,Bookid,Bdate)函数决定 Reademame。但实际上仅 Cardid 就可以函数决定 Reademame。因此非主属性 Readername 部分函数依赖于码(Cardid,Bookid,Bdate)。

注:图中的实线即表示完全函数依赖,虚线表示部分函数依赖。

BRB 关系存在以下 4 个问题。

(1)插入异常

假若要插入一个新读者,但其还未借阅任何图书,即这个读者暂无 Bookid 值,而实际上这样的元组不能插入 BRB 关系中，因为插入时必须给定码的值，而此时码(Cardid，Bookid，Bdate)的值一部分为空，因而该读者的信息无法插入。

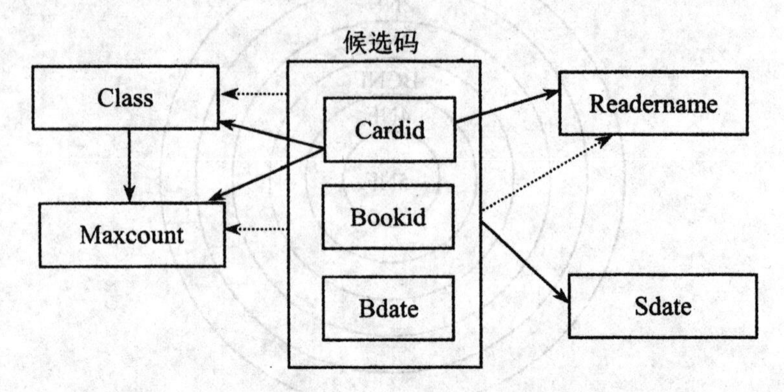

图 5-2 BRB 的函数依赖

(2)删除异常

假定某位读者只借阅了一本书籍，如借书卡号为 T0001 的读者只借阅了图书号为 TP2003-002 的图书。现在他不借了，要删除这条记录。那么借书卡号为 T0001 的读者信息将一并删除。产生了删除异常，即不应删除的信息也被删除了。

(3)数据冗余度大

如果一个读者借阅了多本书籍，那么他的 Class 和 Maxcount 这些相同值就要重复存储多次，造成了数据大量冗余。

(4)修改复杂

如果要修改某读者的类别，本来只需要修改读者的 Class 值。但因为 BRB 关系模式中还含有读者的 Maxcount 属性，因而还必须修改该读者对应的所有元组中的 Maxcount 值。因此，此时的 BRB 关系不是一个好的关系模式。

5.3.4 2NF、3NF 和 BCNF

1. 2NF

定义 5.11 如果 Re 1NF，且每一个非主属性完全函数依赖于码，则 Re 2NF。

一个关系模式 ***R*** 不属于 2NF，就会产生以下几个问题：插入异常；删除异常；修改复杂。

在如图 5-3 所示的图中，k_1，k_2，k_3，k_4 是主属性，其他 p_j 是非主属性。如果 k_3 不是关键字，但出现 $k_3 \to p_3$、$k_3 \to p_4$、$k_3 \to p_6$ 的情况(只要出现了其中之一)，那么该关系即使达到第一范式，也未达到第二范式。要达到第二范式需作分解。方法是知，将 p_3、p_4、p_6 等函数依赖于 k_3 的非主属性抽出来加上 k_3 组合成新的关系，k_3 是其关键字；剩余非主属性、主属性包括 k_3 维持原有各关系不变。

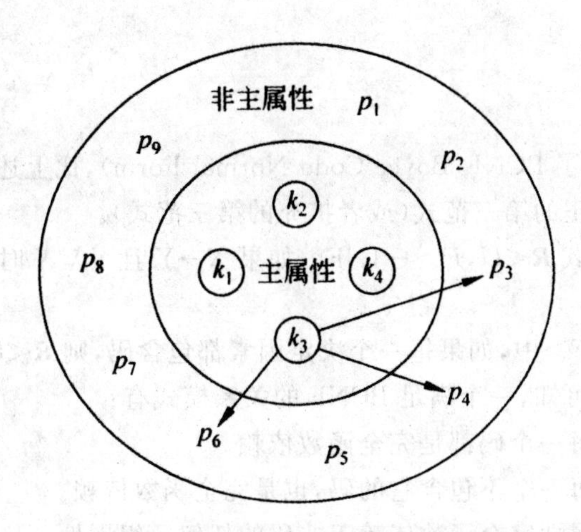

图 5-3 不到第二范式的关系示意

2. 3NF

定义 5.12 关系模式 $\boldsymbol{R}<U,F>$ 中若不存在这样的码 X，属性组 Y 及非主属性 $Z(Z\nsubseteq Y)$ 使得 $X\rightarrow Y, Y\rightarrow Z$ 成立，$Y\nrightarrow X$，则称 $\boldsymbol{R}<U,F>\in$ 3NF。

若 $\boldsymbol{R}\in$ 3NF，则每一个非主属性既不部分依赖于码也不传递依赖于码。

在如图 5-4 所示的图中，是 k_1,k_2,k_3,k_4 是主属性，其他 p_i 是非主属性。如果出现是 $k_3\rightarrow p_4$、$p_4\rightarrow p_2$、$p_4\rightarrow p_3$、$p_4\rightarrow p_5$ 的情况（只要出现其中之一），那么该关系即使达到第二范式，也未达到第三范式。要达到第三范式需作分解。方法是：将 p_2、p_3、p_5 等函数依赖于 p_4 的非主属性抽出来，加上 p_4 组合成新的关系，p_4 是其关键字；剩余主属性、非主属性包括 p_4 维持原有各关系不变。

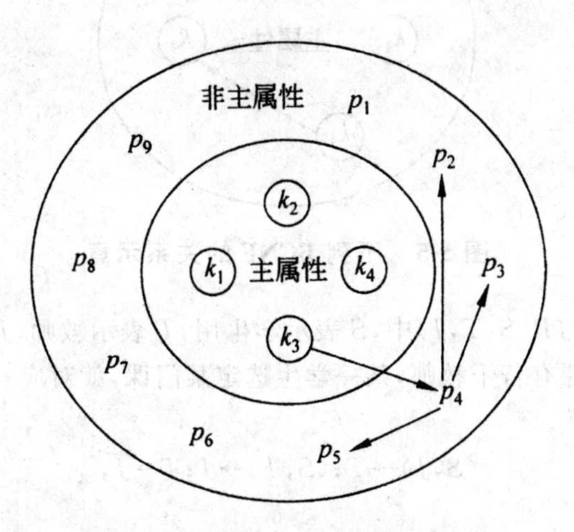

图 5-4 不到第三范式的关系示意

5.3.5 BCNF

Boyce 与 Codd 提出了 BCNF(Boyce Codd Normal Form),比上述的 3NF 进了一步,一般情况下认为 BCNF 是修正的第三范式(或者扩充的第三范式)。

定义 5.13 关系模式 $\boldsymbol{R}<U,F>\in$ 1NF。如果 $X\rightarrow Y$ 且 $Y\not\subseteq X$ 时 X 必含有码,则 $\boldsymbol{R}<U,F>\in$ BCNF。

即关系模式 $\boldsymbol{R}<U,F>$ 中,如果每一个决定因素都包含码,则 $\boldsymbol{R}<U,F>\in$ BCNF。

根据 BCNF 的定义可知,一个满足 BCNF 的关系模式有:

①一切非主属性对每一个码都是完全函数依赖。

②一切的主属性对每一个不包含它的码,也是完全函数依赖。

③不存在任何一个属性完全函数依赖于非码的任何一组属性。

因为 $\boldsymbol{R}\in$ BCNF,根据定义排除了任何属性对码的传递依赖与部分依赖,因此 $\boldsymbol{R}\in$ 3NF。但是若 $\boldsymbol{R}\in$ 3NF,则 $\boldsymbol{R}$ 未必属于 BCNF。

假如出现如图 5-5 所示的情况,该关系中没有非主属性,所有属性都是主属性,按前面的定义不难分析,它达到第二范式,也达到第三范式,但其中 k_3 不是关键字,却有 $k_3\rightarrow k_4$,按 BCNF 的定义,它未达到 BCNF。要达到 BCNF 需作分解。方法是:将 k_4 等函数依赖于 k_3 的主属性抽出来;加上 k_3 组合成新的关系,k_3 是其关键字;剩余主属性包括 k_3 维持原有各关系不变。分解后关系为(k_1,k_2,k_3)和(k_3,k_4)。

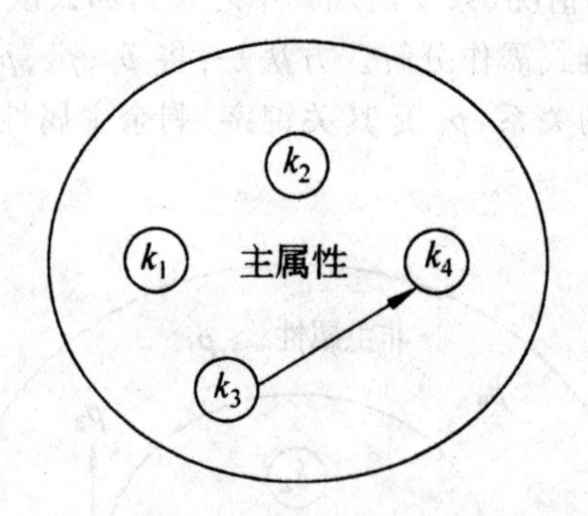

图 5-5 不到 BCNF 的关系示意

例 5.5 关系模式 $SJP(S,T,J)$ 中,S 表示学生用,T 表示教师,J 表示课程。这里每位教师仅教授一门课。每门课有若干教师,某一学生选定某门课,就对应一个固定的教师。根据语义可得到如下的函数依赖。

$$(S,J)\rightarrow T;(S,T)\rightarrow J;T\rightarrow J,$$

如图 5-6 所示。

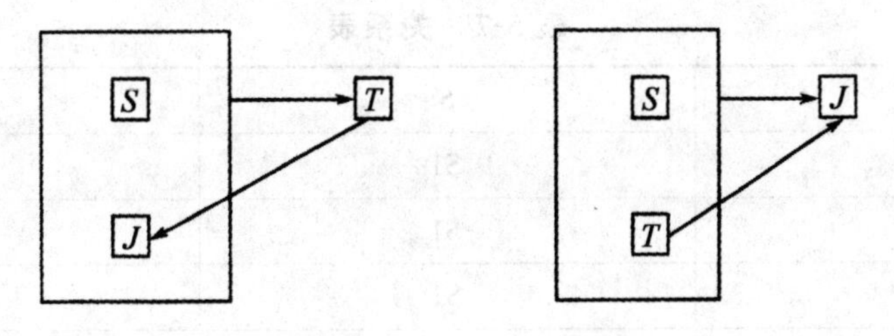

图 5-6　STJ 中的函数依赖

此处(S,J)、(S,T)均为候选码。

STJ 是 3NF,由于不存在任何非主属性对码传递依赖或部分依赖。然而 STJ 不是 BCNF 关系,由于决定因素为 T,然而它并不包含码。

3NF 和 BCNF 是在函数依赖的条件下对模式分解所能达到的分离程度的测度。一个模式中的关系模式若均属于 BCNF,则在函数依赖范畴内,它已实现了彻底的分离,已消除了插入和删除的异常。可能存在主属性对码的部分依赖和传递依赖为 3NF 的"不彻底"性表现所在。

定义 5.14　设 $\boldsymbol{R}(U)$是属性集 U 上的一个关系模式。X,Y,Z 为 U 的子集,并且 $Z=U-X-Y$。关系模式 $\boldsymbol{R}(U)$中多值依赖 $X\rightarrow\rightarrow Y$ 成立,当且仅当对 $\boldsymbol{R}(U)$的任一关系 r,给定的一对(x,z)值,有一组 Y 的值,该组值与 z 值无关,只决定于 x 值。

下面给出多值依赖的另一个等价的形式化的定义:

在 $\boldsymbol{R}(U)$的任一关系 r 中,若存在元组 t,s 使得 $t[X]=s[X]$,则一定存在元组 $\omega,\upsilon\in r$(ω,υ 可以与 s,t 相同),从而使得 $\omega[X]=\upsilon[X]=t[X]$,然而 $\omega[Y]=t[Y]$,$\omega[Z]=s[Z]$,$\upsilon[Y]=s[Y]$,$\upsilon[Z]=t[Z]$那么 Y 多值依赖于 X,记作 $X\rightarrow\rightarrow Y$。注意此处,$X,Y$ 为 U 的子集,$Z=U-X-Y$。

如果 $X\rightarrow\rightarrow Y$,而 $Z=\varnothing$,称 $X\rightarrow\rightarrow Y$ 为平凡的多值依赖。

例 5.6　分析下列给出的关系模式是否属于 BCNF。

学生(学号,姓名,系名)

系(系名,系主任名)

学生成绩(学号,课程号,成绩)

对于学生(学号,姓名,系名),学生∈3NF,"学号"为候选码,为唯一决定因素,根据 BCNF 的定义,学生∈BCNF。

对于系(系名,系主任名),系∈3NF,"系名"或"系主任名"为候选码,这两个码是由单个属性组成并不相交,"系名"和"系主任名"为决定因素,且无其他决定因素,根据 BCNF 的定义,系∈BCNF。

对于学生成绩(学号,课程号,成绩),学生成绩∈3NF,候选码仅有一个(学号,课程号),为决定因素且无其他决定因,根据 BCNF 的定义,学生成绩∈BCNF。

例 5.7　关系模式 $WSC(W,S,C)$中,W 表示仓库,S 表示保管员,C 表示商品。假设每个仓库均有若干个保管员,有若干种商品。每个保管员保管所在的仓库的所有商品,每种商品被所有保管员保管。关系如表 5-7 所示。

表 5-7 关系表

W	S	C
W1	S1	C1
W1	S1	C2
W1	S1	C3
W1	S2	C1
W1	S2	C2
W1	S2	C3
W2	S3	C4
W2	S3	C5
W2	S4	C4
W2	S4	C5

根据语义对于 W 的每一个值 W_i，S 有一个完整的集合与之对应而不问 C 取何值。所以 $W \rightarrow\rightarrow S$。

若用图 5-7 来表示这种对应，那么对应 W 的某一个值 W_i 的全部 S 值可记作 $\{S\}_{W_i}$，表示该仓库工作的全部保管员，全部 C 值记作 $\{C\}_{W_i}$，表示在此仓库中存放的所有商品。应当有 $\{S\}_{W_i}$ 中的每一个值和 $\{C\}_{W_i}$ 中的每一个 C 值对应，从而 $\{S\}_{W_i}$ 与 $\{C\}_{W_i}$ 之间形成一个完全二分图，所以 $W \rightarrow\rightarrow S$。

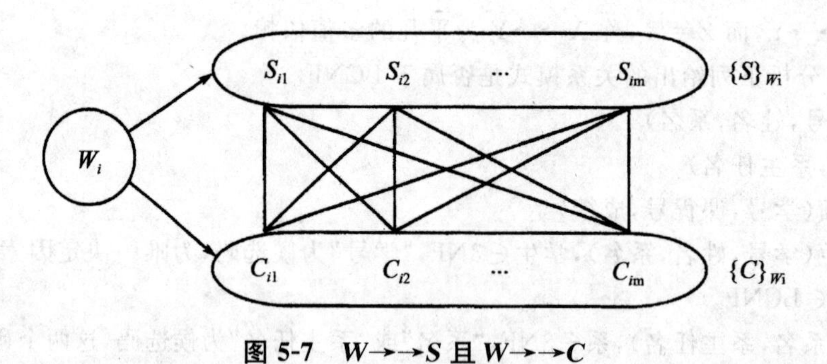

图 5-7 $W \rightarrow\rightarrow S$ 且 $W \rightarrow\rightarrow C$

因为 C 与 S 的完全对称性，从而一定有 $W \rightarrow\rightarrow C$ 成立。

多值依赖的性质如下：

①多值依赖的传递性。

②多值依赖具有对称性。

③函数依赖可看作是多值依赖的特殊情况。

④如果 $X \rightarrow\rightarrow Y$，$X \rightarrow\rightarrow Z$，那么 $X \rightarrow\rightarrow YZ$。

⑤如果 $X \rightarrow\rightarrow Y$，$X \rightarrow\rightarrow Z$，那么 $X \rightarrow\rightarrow Y \cap Z$。

⑥如果 $X\rightarrow\rightarrow Y, X\rightarrow\rightarrow Z$，那么 $X\rightarrow\rightarrow Y, X\rightarrow\rightarrow Z-Y$。

多值依赖与函数依赖的区别如下：

①多值依赖的有效性与属性集的范围有关。

②若函数依赖 $X\rightarrow Y$ 在 $\boldsymbol{R}(U)$上成立，那么对于任何 $Y'\subset Y$ 均有 $X\rightarrow Y'$成立。但是对于多值依赖 $X\rightarrow\rightarrow Y$ 如果在 $\boldsymbol{R}(U)$上成立，此时并不能推断出对于任何 $Y'\subset Y$ 有 $X\rightarrow\rightarrow Y'$成立。

5.3.6　4NF

定义 5.15　关系模式 $\boldsymbol{R}<U,F>\in$ 1NF，若对于 $\boldsymbol{R}$ 的每个非平凡多值依赖 $X\rightarrow\rightarrow Y(Y\not\subseteq X)$，$X$ 均含有码，那么称 $\boldsymbol{R}<U,F>\in$ 4NF。

4NF 就是限制关系模式的属性之间不允许有非平凡且非函数依赖的多值依赖。由于按照定义，对于每一个非平凡的多值依赖 $X\rightarrow\rightarrow Y$，$X$ 都含有候选码，从而有 $X\rightarrow Y$，因此 4NF 所允许的非平凡的多值依赖实际上是函数依赖。

易知，若一个关系模式是 4NF，则必为 BCNF。

如果一个关系模式已达到了 BCNF，但是并不是 4NF，该关系模式依旧具有不好的性质。

函数依赖和多值依赖是两种最重要的数据依赖。若仅仅考虑函数依赖，那么属于 BCNF 的关系模式规范化程度已经是最高的了。若考虑多值依赖，则属于 4NF 的关系模式规范化程度是最高的。

5.3.7　关系模式规范化

在关系数据库中，对关系模式的最基本的规范化要求就是每个分量不可再分，在此基础上逐步消除不合适的数据依赖。

关系模式的规范化的基本步骤如图 5-8 所示。

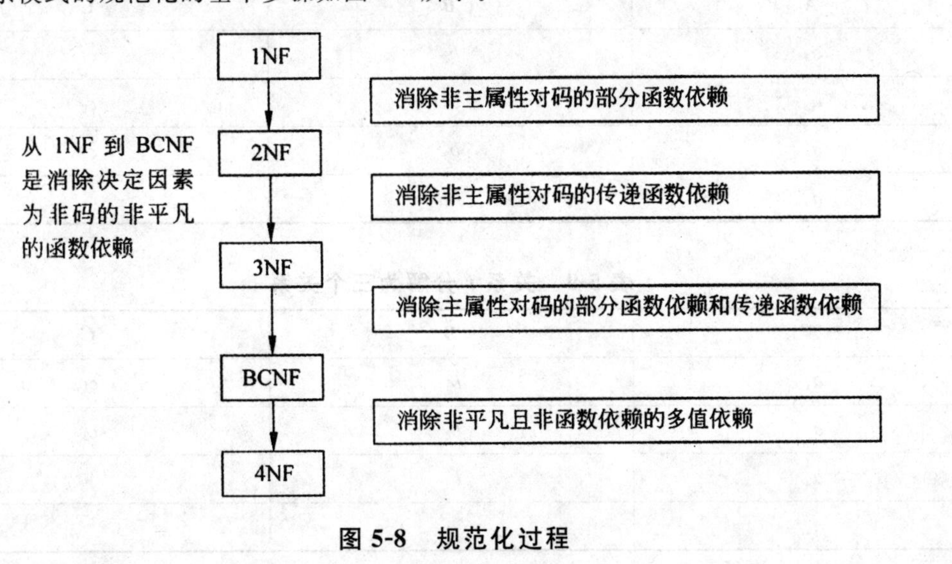

图 5-8　规范化过程

5.4 关系模式的分解特性

5.4.1 关系模式分解中存在的问题

设有关系模式$R(U)$和$R_1(U_1)$,$R_2(U_2)$,…,$R_k(U_k)$,其中$U=\{A_1,A_2,\cdots,A_n\}$,$U_i \subseteq U(i=1,2,\cdots,k)$且$U=U_1 \cup U_2 \cup \cdots \cup U_k$。令$\rho=\{R_1(U_1),R_2(U_2),\cdots,R_k(U_k)\}$,则称$\rho$为$R(U)$的一个分解,也称为数据库模式,有时也称为模式集。$R(U)$由$\rho$来代替的过程称为关系模式的分解。

数据库模式ρ的一个具体取值记为$\sigma=\{r_1,r_2,\cdots,r_k\}$,称为数据库实例$\sigma$。其中关系模式$R_i(U_i)$的一个具体关系就是$r_i$。

实际上,关系模式的分解,不仅仅是属性集合的分解,它是对关系模式上的函数依赖集,以及关系模式对应的具体关系进行分解的具体表现。

例 5.8 设关系模式$R(A,B,C)$,$F=\{A \rightarrow B,B \rightarrow C\}$,$r$是$R(U)$满足$F$的一个具体关系,如表 5-8 所示。下面将$R$作出几个不同的分解,看看会出现什么问题。

①将R分解为$\rho_1=\{R_1(A),R_2(B),R_3(C)\}$,则相应关系$r$被分解为三个关系(表 5-9),虽然从范式的角度看,关系r_1,r_2,r_3都是 4NF,但这样的分解仍然是有问题的。因为它不仅不能保持F,即从分解后的ρ_1无法得出$A \rightarrow B$,或$B \rightarrow C$这种函数依赖。也无法使r得到“恢复”,这里所说的“恢复”意指无法通过对关系r_1,r_2,r_3的连接运算操作得到与r一致的元组,甚至最简单的查询要求也是无法回答的。

表 5-8 关系模式 R 的一个关系 r

A	B	C
a_1	b_1	c_1
a_2	b_2	c_2
a_3	b_3	c_3
a_4	b_4	c_4

表 5-9 关系 r 分解为三个关系

A	B	C
a_1	b_1	c_1
a_2	b_2	c_2
a_3	b_3	
a_4		

②将 R 分解为 $\rho_2=\{R_4(A,B),R_5(A,C)\}$，对应关系 r 分解为 r_4,r_5。由表 5-10 可知，通过 $r_4 \bowtie r_5$ 恢复得到 r，即 $r=r_4 \bowtie r_5$。因此，将这样的分解就是所谓的无损连接分解。但函数依赖 $B\rightarrow C$ 就无法保持。

表 5-10　3-关系 r 的三种分解

A	**B**	**A**	**C**	**B**	**C**
a_1	b_1	a_1	c_1	a_1	c_1
a_2	b_1	a_2	c_1	a_2	c_2
a_3	b_2	a_3	c_2	a_3	c_1
a_4	b_3	a_4	c_1	关系 r_6	
关系 r_4		关系 r_5			

③将 R 分解为 $\rho_3=\{R_5(A,C),R_6(B,C)\}$，对应关系 r 分解为 r_5,r_6；则函数依赖 A,B 不被保持，而 $r\neq r_5 \bowtie r_6$。

④将 R 分解为 $\rho_4=\{R_4(A,B),R_6(B,C)\}$，对应关系 r 分解为 r_4,r_6。该分解最为理想，在保持函数依赖 $F=\{A\rightarrow B,B\rightarrow C\}$（这样的分解称为保持函数依赖的分解）的同时，也能够得到 $r=r_4 \bowtie r_6$。

从上述实例分析中可以看到，一个关系模式的分解可以有几种不同的评判标准：

①分解具有无损连接性{这种分解可能丢失某些函数依赖，即函数依赖 F 无法保持下去，丢失完整性约束}。

②分解既保持函数依赖，又具有无损连接性{最好的分解}。

③分解保持函数依赖{这种分解可能无法通过自然连接得到分解前的关系}。

5.4.2　模式分解的定义

定义 5.16　关系模式 $\boldsymbol{R}<U,F>$ 的一个分解是指

$$\rho=\{\boldsymbol{R}_1<U_1,F_1>,\boldsymbol{R}_2<U_2,F_2>,\cdots,\boldsymbol{R}_n<U_n,F_n>\}$$

其中 $U=\bigcup\limits_{i=1}^{n}U_i$，且无 $U_i\subseteq U_j$，$1\leqslant i,j\leqslant n$，$F_i$ 是 F 在 U_i 上的投影。

F_i 是 F 在 U_i 上的投影的定义如下：

定义 5.17　函数依赖集合 $\{X\rightarrow Y\mid X\rightarrow Y\in F^+\wedge XY\subseteq U_i\}$ 的一个覆盖 F_i 叫作 F 在属性 U_i 上的投影。

一个模式的分解是多种多样的，然而分解后产生的模式必须原模式等价。

下面通过例子说明按定义 5.16，如果只要求 $\boldsymbol{R}<U,F>$ 分解后的各关系模式所含属性的“并”等于 U，该限定是很不够的。

例 5.9 已知关系模式 $\boldsymbol{R}<U,F>$，其中

$$U=\{Sno, Sdept, Mname\},$$

$$F=\{Sno \rightarrow Sdept, Sdept \rightarrow Mname\}。$$

$\boldsymbol{R}<U,F>$的元组语义是名字为 Sno 学生正在 Sdept 系学习，其系主任为 Mname。且每个学生只能在某一个系学习，一个系只能有一名系主任。R 的一个关系见表 5-11 所示。

表 5-11 R 的一个关系示例

Sno	Sdept	Mname
S_1	D_1	王雪
S_2	D_2	王雪
S_3	D_3	牛明
S_4	D_3	张三

因为 $\boldsymbol{R}$ 中存在传递函数依赖 Sno→Mname，因此会发生更新异常。从而进行了如下分解：

$$\rho_1=\{\boldsymbol{R}_1<Sno,\phi>,\boldsymbol{R}_2<Sdept,\phi>,\boldsymbol{R}_3<Mname,\phi>\}。$$

通过分解的关系 $\boldsymbol{R}_i$ 是 r_i 在 U_i 上的投影，即 $r_i=\boldsymbol{R}[U_i]$

$$r_1=\{S_1,S_2,S_3,S_4\},r_2=\{D_1,D_2,D_3\},r_3=\{王雪,牛明,张三\}。$$

5.4.3 分解的无损连接性和保持函数依赖性

首先我们来定义一个记号：设 $\rho=\{\boldsymbol{R}_1<U_1,F_1>,\cdots,\boldsymbol{R}_k<U_k,F_k>\}$为 $\boldsymbol{R}<U,F>$的一个分解，r 是 $\boldsymbol{R}<U,F>$的一个关系。定义$m_\rho(r)=\bowtie_{i=1}^{k}\pi_{R_i}(r)$，即 $m_\rho(r)$是 r 在 ρ 中各关系模式上投影的连接。这里 $\pi_{R_i}=\{t.U_i|t\in r\}$。

引理 5.4 设 $\boldsymbol{R}<U,F>$为一关系模式

$$\rho=\{\boldsymbol{R}_1<U_1,F_1>,\boldsymbol{R}_2<U_2,F_2>,\cdots,\boldsymbol{R}_k<U_k,F_k>\}$$

是 $\boldsymbol{R}$ 的一个分解，r 为 $\boldsymbol{R}$ 的一个关系，$r_i=\pi_{R_i}(r)$，从而

①$r\subseteq m_\rho(r)$。

②如果 $s=m_\rho(r)$，则 $\pi_{R_i}(s)=r_i$。

③$m_\rho(m_\rho(r))=m_\rho(r)$。

证明：

①证明 r 中的任何一个元组属于 $m_\rho(r)$。

任取 r 中的一个元组 t，$t\in r$，设 $t_i=t.U_i(i=1,2,\cdots,k)$。对 k 进行归纳证明 $t_1t_2\cdots t_k \in\bowtie_{i=1}^{k}\pi_{R_i}(r)$，因此 $t\in m_\rho(r)$，即 $r\subseteq m_\rho(r)$。

②根据①可得 $r\subseteq m_\rho(r)$，已设 $ss=m_\rho(r)$，因此，$r\subseteq s$，$\pi_{R_i}(r)\subseteq\pi_{R_i}(s)$现在仅需证明 $\pi_{R_i}(s)\subseteq\pi_{R_i}(r)$，从而就有 $\pi_{R_i}(s)=\pi_{R_i}(r)=r_i$。

任取 $S_i \in \pi_{R_i}(s)$，一定有 S 中的一个元组 υ，使得 $\upsilon.U_i = S_i$。由自然连接的定义可知 $\upsilon = t_1 t_2 \cdots t_k$，对于某中每一个 t_i 必存在 r 中的一个元组 t，使得 $\upsilon.U_i = t_i$。根据前面 $\pi_{R_i}(r)$ 的定义可得 $t_i \in \pi_{R_i}(r)$。又因为 $\upsilon = t_1 t_2 \cdots t_k$，所以 $\upsilon.U_1 = t_i$。又根据上面证得：

$$\upsilon.U_i = S_i, t_i \in \pi_{R_i}(r),$$

所以 $S_i \in \pi_{R_i}(r)$。即 $\pi_{R_i}(s) \subseteq \pi_{R_i}(r)$。所以 $\pi_{R_i}(s) = \pi_{R_i}(r)$。

③$m_\rho(m_\rho(r)) = \bowtie_{i=1}^{k} \pi_{R_i}(m_\rho(r)) = \bowtie_{i=1}^{k} \pi_{R_i}(s) = \bowtie_{i=1}^{k} \pi_{R_i}(r) = m_\rho(r)$。

定义 5.18 $\rho = \{\boldsymbol{R}_1 < U_1, F_1 >, \boldsymbol{R}_2 < U_2, F_2 >, \cdots, \boldsymbol{R}_k < U_k, F_k >\}$ 为 $\boldsymbol{R} < U, F >$ 的一个分解，如果对 $\boldsymbol{R} < U, F >$ 的任何一个关系 r 均有 $r = m_\rho(r)$ 成立，那么称分解 ρ 具有无损连接性。简称 ρ 为无损分解。

例 5.10 已知 $\boldsymbol{R} < U, F >$，$U = \{A, B, C, D, E\}$，$F = \{AB \to C, C \to D, D \to E\}$，$\boldsymbol{R}$ 的一个分解为 $\boldsymbol{R}_1(A, B, C)$，$\boldsymbol{R}_2(C, D)$，$\boldsymbol{R}_3(D, E)$。

①构造初始表，如表 5-12(a)所示。

②对 $AB \to C$，因各元组的第一、二列不存在相同的分量，所以表不改变。由 $C \to D$ 可将 b_{14} 改为 a_4，再由 $D \to E$ 可使 b_{15}，b_{25} 全改为 a_5。最后结果，如表 5-12(b)所示。

表 5-12 分解具有无损连接的一个实例表

A	B	C	D	E
a_1	a_2	a_3	b_{14}	b_{15}
b_{21}	b_{22}	a_3	a_4	b_{25}
b_{31}	b_{32}	b_{33}	a_4	a_5

(a)

A	B	C	D	E
a_1	a_2	a_3	a_4	a_5
b_{21}	b_{22}	a_3	a_4	a_5
b_{31}	b_{32}	b_{33}	a_4	a_5

(b)

表中第一行成为 a_1, a_2, a_3, a_4, a_5，因此该分解具有无损连接性。

当关系模式 $\boldsymbol{R}$ 分解为两个关系模式 $\boldsymbol{R}_1$，$\boldsymbol{R}_2$ 时存在如下两个判定准则。

定理 5.4 对于 $\boldsymbol{R} < U, F >$ 的一个分解 $\rho = \{\boldsymbol{R}_1 < U_1, F_1 >, \boldsymbol{R}_2 < U_2, F_2 >\}$，如果

$$U_1 \cap U_2 \to U_1 - U_2 \in F^+$$

或者

$$U_1 \cap U_2 \to U_2 - U_1 \in F^+,$$

则 ρ 具有无损连接性。

定义 5.19 如果 $F^+=(\bigcup_{i=1}^{k}F_i)^+$，则 $\boldsymbol{R}<U,F>$ 的分解

$$\rho=\{\boldsymbol{R}_1<U_1,F_1>,\boldsymbol{R}_2<U_2,F_2>\}$$

保持函数依赖。

5.4.4 模式分解的算法

证明每个 $\boldsymbol{R}_i<U_i,F_i>$ 一定属于 3NF。

设 $F_i'=\{X\to A_1,X\to A_2,\cdots,X\to A_k\}$，$U_i=\{X,A_1,A_2,\cdots,A_k\}$

①$\boldsymbol{R}_i<U_i,F_i>$ 必定以 X 为码。

②如果 $\boldsymbol{R}_i<U_i,F_i>$ 不属于 3NF，那么一定存在非主属性 $A_m(l\leqslant m\leqslant k)$ 及属性组合 Y，$A_m\notin Y$，使得 $X\to Y$，$Y\to A_m\in F_i^+$，而 $Y\to X\notin F_i^+$。

如果 $Y\subset X$，则与 $X\to A_m$ 属于最小依赖集 F 相矛盾，所以 $Y\not\subseteq X$。令

$$Y\cap X=X_1,Y-X=\{A_1,\cdots,A_\rho\}$$

设 $G=F-\{X-A_m\}$，十分明显 $Y\subseteq X_G^+$，即 $X\to Y\in G^+$。

易知 $Y\to A_m$ 同样属于 G^+。由于 $Y\to A_m\in F_i^+$，因此 $A_m\in Y_F^+$。如果假设 $Y\to A_m$ 不属于 G^+，那么在求 Y_F^+ 的算法中，只有使用 $X\to A_m$ 才能将 A_m 引入。可知，一定有 j，使得 $X\subseteq Y^{(j)}$，于是 $Y\to X$ 成立是矛盾的。

因此 $X\to A_m$ 属于 G^+，同 F 是最小依赖集相矛盾。所以 $\boldsymbol{R}_i<U_i,F_i>$ 一定属于 3NF。

算法 5.1 转换为 3NF 既有无损连接性又保持函数依赖的分解。

①设 X 是 $\boldsymbol{R}<U,F>$ 的码。$\boldsymbol{R}<U,F>$ 已分解为

$$\rho=\{\boldsymbol{R}_1<U_1,F_1>,\boldsymbol{R}_2<U_2,F_2>,\cdots,\boldsymbol{R}_k<U_k,F_k>\},$$

令 $\tau=\rho\cup\{\boldsymbol{R}^*<X,F_x>\}$。

②如果存在某个 U_i，$X\subseteq U_i$，将 $\boldsymbol{R}^*<X,F_x>$ 从 τ 中去掉。

③τ 就是所求的分解。

显然 $\boldsymbol{R}^*<X,F_x>$ 属于 3NF，但 τ 保持函数依赖也很显然，只要判定 τ 的无损连接性即可。

因为 τ 中必有某关系模式 $\boldsymbol{R}(T)$ 的属性组 $T\supseteq X$。因为 X 是 $\boldsymbol{R}<U,F>$ 的码，任取 $U-T$ 中的属性 B，必存在某个 i，使 $B\in T^{(i)}$。对 i 施行归纳法可以证明表中关系模式 $\boldsymbol{R}(T)$ 所在的行一定可成为 $a_1,a_2,\cdots,a_n$。τ 的无损连接性得证。

算法 5.2（分解法） 转换为 BCNF 的无损连接分解。

①令 $\rho=\{\boldsymbol{R}<U,F>\}$

②检查 ρ 中各关系模式是否均属于 BCNF。如果属于 BCNF，那么此时算法终止。

③设 ρ 中 $\boldsymbol{R}_i<U_i,F_i>$ 不属于 BCNF，则一定有 $X\to A\in F_i^+(A\notin X)$，且 X 不是 $\boldsymbol{R}_i$ 的码。所以，XA 为 U_i 的真子集。对 $\boldsymbol{R}_i$ 进行分解：

$$\sigma=\{S_1,S_2\},U_{S1}=XA,U_{S1}=U_i-\{A\}$$

以 σ 代替 $\boldsymbol{R}_i<U_i,F_i>$ 返回②。

因为 U 中的属性有限，所以经过有限次循环后算法必定终止。

这是一个自顶向下的算法。它自然地形成一棵对 $\boldsymbol{R}<U,F>$ 的二叉分解树。这里需要指出，$\boldsymbol{R}<U,F>$ 的分解树不一定是唯一的。这与步骤③中具体选定的 $X\rightarrow A$ 有关。

算法 5.3 最初令 $\rho=\{\boldsymbol{R}<U,F>\}$，显然 ρ 是无损连接分解，而以后的分解则由下述的引理 5.5 确保其无损连接性。

引理 5.5 如果 $\rho=\{\boldsymbol{R}_1<U_1,F_1>,\boldsymbol{R}_2<U_2,F_2>,\cdots,\boldsymbol{R}_k<U_k,F_k>\}$ 是 $\boldsymbol{R}<U,F>$ 的一个无损连接分解，$\sigma=\{S_1,S_2,\cdots,S_m\}$ 为 ρ 中 $\boldsymbol{R}_i<U_i,F_i>$ 的一个无损连接分解，则

$$\rho'=\{\boldsymbol{R}_1,\boldsymbol{R}_2,\cdots,\boldsymbol{R}_{i-1},S_1,S_2,\cdots,S_m,\boldsymbol{R}_{i+1},\cdots,\boldsymbol{R}_k\},$$

$$\rho''=\{\boldsymbol{R}_1,\boldsymbol{R}_2,\cdots,\boldsymbol{R}_k,\boldsymbol{R}_{k+1},\cdots,\boldsymbol{R}_n\}$$

（其中 ρ'' 是 $\boldsymbol{R}<U,F>$ 包含 ρ 的关系模式集合的分解），均是 $\boldsymbol{R}<U,F>$ 的无损连接分解。

引理 5.6 $(\boldsymbol{R}_1\bowtie\boldsymbol{R}_2)\bowtie\boldsymbol{R}_3=\boldsymbol{R}_1\bowtie(\boldsymbol{R}_2\bowtie\boldsymbol{R}_3)$。

证明：设 r_i 为 $\boldsymbol{R}_i<U_i,F_i>$ 的关系，$i=1,2,3$。

设 $U_1\cap U_2\cap U_3=V$；

$U_1\cap U_2-V=X$；

$U_2\cap U_3-V=Y$；

$U_1\cap U_3-V=Z$（图 5-9）。

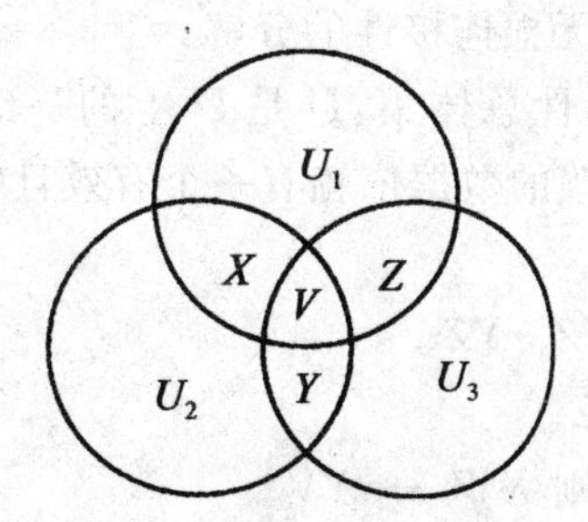

图 5-9 引理 5.6 三个关系属性的示意图

易证得 t 为 $(\boldsymbol{R}_1\bowtie\boldsymbol{R}_2)\bowtie\boldsymbol{R}_3$ 中的一个元组的充要条件为

T_{R_1}、T_{R_2}、T_{R_3} 为 t 的连串，此处 $T_{R_i}\in(i=1,2,3)$，$T_{R_1}[V]=T_{R_2}[V]=T_{R_3}[V]$，$T_{R_1}[X]=T_{R_2}[X]$，$T_{R_1}[Z]=T_{R_3}[Z]$，$T_{R_2}[Y]=T_{R_3}[Y]$。而这也是 t 为 $\boldsymbol{R}_1\bowtie(\boldsymbol{R}_2\bowtie\boldsymbol{R}_3)$ 中的元组的充要条件。从而有

$$(\boldsymbol{R}_1\bowtie\boldsymbol{R}_2)\bowtie\boldsymbol{R}_3=\boldsymbol{R}_1\bowtie(\boldsymbol{R}_2\bowtie\boldsymbol{R}_3)。$$

一个关系模式中如果存在多值依赖，那么数据的冗余度大并且存在插入、修改等问题。为此要消除这种多值依赖，从而使模式分离达到一个新的高度 4NF。下面讨论达到 4*NF* 的具有无损连接性的分解。

定理 5.5 关系模式 $\boldsymbol{R}<U,F>$ 中，D 为 $\boldsymbol{R}$ 中函数依赖 FD 和多值依赖 MVD 的集合。

X→→Y，成立的充要条件是 $\boldsymbol{R}$ 的分解 $\rho=\{\boldsymbol{R}_1<U_1,F_1>,\boldsymbol{R}_2<U_2,F_2>\}$ 具有无损连接性，其中 $Z=U-X-Y$。

证明：首先证明其充分性。

如果 ρ 是 $\boldsymbol{R}$ 的一个无损连接分解，则对 $\boldsymbol{R}<U,F>$ 的任一关系 r 有：

$$r=\pi_{R_1}(r)\bowtie\pi_{R_2}(r)。$$

设 $t,s\in r$，且 $t[X]=s[X]$，从而 $t[XY],s[XY]\in\pi_{R_1}(r)$，$t[XZ],s[XZ]\in\pi_{R_2}(r)$。由于 $t[X]=s[X]$，所以 $t[XY]\cdot s[XZ]$ 与 $t[XZ]\cdot s[XY]$ 均属于 $\pi_{R_1}(r)\bowtie\pi_{R_2}(r)$，也属于 r。

设 $u=t[XY]\cdot s[XZ]$，$\upsilon=t[XZ]\cdot s[XY]$，则有

$$u[X]=\upsilon[X]=t[X],$$
$$u[Y]=t[Y],$$
$$u[Z]=s[Z],$$
$$\upsilon[Y]=s[Y],$$
$$\upsilon[Z]=t[Z],$$

所以 $X\rightarrow\rightarrow Y$ 成立。

接下来证明其必要性。

如果 $X\rightarrow\rightarrow Y$ 成立，对于 $\boldsymbol{R}<U,F>$ 的任一关系 r，任取 $\omega\in\pi_{R_1}(r)\bowtie\pi_{R_2}(r)$，那么一定有 $t,s\in r$，使得 $\omega=t[XY]\cdot s[XZ]$，从而 $X\rightarrow\rightarrow Y$ 对 $\boldsymbol{R}<U,F>$ 成立，ω 应当属于 r，因此 ρ 是无损连接分解。

定理 5.6 给出了对 $\boldsymbol{R}<U,F>$ 的一个无损的分解方法。如果 $\boldsymbol{R}<U,F>$ 中 $X\rightarrow\rightarrow Y$ 成立，那么 $\boldsymbol{R}$ 的分解 $\rho=\{\boldsymbol{R}_1<U_1,F_1>,\boldsymbol{R}_2<U_2,F_2>\}$ 具有无损连接性。

算法 5.4 达到 4NF 的具有无损连接性的分解。

关系模式 $\boldsymbol{R}<U,F>$，U 为属性总体集，D 是 U 上的一组数据依赖（函数依赖和多值依赖），对于包含函数依赖和多值依赖的数据依赖有一个有效且完备的公理系统。

①如果 $Y\subseteq X\subseteq U$，则 $X\rightarrow Y$。

②如果 $X\rightarrow Y$，且 $Z\subseteq U$，则 $XZ\rightarrow YZ$。

③如果 $X\rightarrow Y,Y\rightarrow Z$，则 $X\rightarrow Z$。

④如果 $X\rightarrow\rightarrow Y,V\subseteq W\subseteq U$，则 $XW\rightarrow\rightarrow YV$。

⑤如果 $X\rightarrow\rightarrow Y$，则 $X\rightarrow\rightarrow U-X-Y$。

⑥如果 $X\rightarrow\rightarrow Y,Y\rightarrow\rightarrow Z$，则 $X\rightarrow\rightarrow Z-Y$。

⑦如果 $X\rightarrow Y$，则 $X\rightarrow Y$。

⑧如果 $X\rightarrow\rightarrow Y,W\rightarrow Z,W\cap Y=\Phi,Z\subseteq Y$，则 $X\rightarrow Z$。

从 D 出发根据 8 条公理推导出的函数依赖或多值依赖一定为 D 蕴含的性质称为公理系统的有效性；凡 D 所蕴含的函数依赖或多值依赖均可从 D 根据 8 条公理推导出来的性质称为完备性。即在函数依赖和多值依赖的条件下，“蕴含”与“导出”仍旧是相互等价的。

根据 8 条公理可得如下 4 条有用的推理规则：

①合并规则：$X\rightarrow\rightarrow Y,X\rightarrow\rightarrow Z$，则 $X\rightarrow\rightarrow YZ$。

②伪传递规则：$X\rightarrow\rightarrow Y,WY\rightarrow Z$，则 $WX\rightarrow\rightarrow Z-WY$。

③混合伪传递规则：$X\rightarrow\rightarrow Y,XY\rightarrow Z$，则 $X\rightarrow Z-Y$。

④分解规则：$X\rightarrow\rightarrow Y,X\rightarrow Z$，则 $X\rightarrow\rightarrow Y\cap Z,X\rightarrow\rightarrow Y-Z,X\rightarrow\rightarrow Z-Y$

5.5 关系模式的优化

5.5.1 水平分解

水平分解是把关系元组分为若干子集合，每个子集合定义为一个子关系，以提高系统效率的过程。水平分解的规则如下：

①根据“80%与20%原则”，在一个大型关系中，经常使用的数据只是很有限的一部分，可以把经常使用的数据分解出来，形成一个子关系。

②如果关系 R 上具有 n 个事务，而且多数事务存取的数据不相交，则 R 可分解为不大于 n 个子关系，使每个事务存取的数据形成一个关系。

5.5.2 垂直分解

设 $R_1(A_1,A_2,\cdots,A_k)$ 是关系模式，R 的一个垂直分解是 n 个关系的集合 $\{R_1(B_1,B_2,\cdots,B_v),\cdots,R_n(D_1,D_2,\cdots,D_m)\}$，其中，$(B_1,B_2,\cdots,B_v),\cdots,(D_1,D_2,\cdots,D_m)$ 是 $(A_1,A_2,\cdots,A_k)$ 的子集合。

垂直分解的基本原则是经常在一起使用的属性从 R 中分解出来形成一个独立的关系。垂直分解提高了一些事务的效率，但也可能使某些事务不得不执行连接操作，从而降低了系统效率。于是，是否进行垂直分解取决于垂直分解后 R 上的所有事务的总效率是否得到了提高。垂直分解需要确保无损连接性和函数依赖保持性，即保证分解后的关系具有无损连接性和函数依赖保持性。

设关系 R 上的事务为 $T_1,T_2,\cdots,T_n$，T_i 的执行频率为 $f_i(i=1,2,\cdots,n)$，T_i 在 R 上存取的记录数为 LC_i，R_i 的记录长度为 L 字节数，U 是 R 的属性集合，可以使用如下方法对 R 进行垂直分解。

①考察 $T_1,T_2,\cdots,T_n$，确定 R 中经常在一起使用的属性集合 $S_1,S_2,\cdots,S_k$。

②确定 R 的垂直分解方案，如

$\{R_1(S_1),R_2(U-S_1)\}$，

$\{R_1(S_1),R_2(S_2),R_3(U-S_1-S_2)\}$，

⋮

$\{R_1(S_1),R_2(S_2),\cdots,R_k(S_k),R_{k+1}(U-S_1-S_2-\cdots-S_k)\}$ 等。

③计算垂直分解前 R 上的事务运行的总代价，即计算 Cost (R)：$\sum f_i \times LC_i \times L$。

④对每种方案 P，计算 R 上的事务运行的总代价 Cost(P)。

⑤如果 Cost$(R)\leqslant$min{Cost(P)}，则 R 不做垂直分解，如果 Cost$(R)>$min{Cost(P)}，

则选定方案 P_0，P_0 满足 $Cost(R) \leqslant \min\{Cost(P)\}$。

⑥R 按照分解方案 P_0 进行垂直分解。

⑦检查 R 的垂直分解是否具有无损连接性和函数依赖保持性。

⑧如果 R 的垂直分解具有无损连接性或者函数依赖保持性，则分解结束。

⑨如果 R 的垂直分解不具有无损连接性或者函数依赖保持性，则选择其他方案重新分解并转⑦；如果无其他方案可选，则保持 R 不变。

5.6 关系查询优化

5.6.1 查询中遇到的问题

查询优化对关系型数据库来说，既是一种机遇也是一种必须要面对的挑战。关系表达式的语义的级别非常高，关系数据库可直接从表达式中对其语义进行分析，这为查询优化的提供了理论上的可行性，也为关系数据库接近亦或超过非关系数据库的性能创造了机遇。

从优化的内容角度看，查询优化分为逻辑优化和物理优化。逻辑优化主要依据关系代数的等价变换做一些逻辑变换，物理优化主要根据数据读取、表连接方式、表连接顺序、排序等技术对查询进行优化。"查询重写规则"属于逻辑优化方式，运用了关系代数和启发式规则；"查询算法优化"属于物理优化方式，运用了基于代价估算的多表连接算法求解最小花费的技术。

数据查询作为数据库系统中最常用和最基本的一项数据操作，其操作的复杂程度直接影响着系统的速度。也就是说，对数据进行查询，需要系统付出开销代价。对数据进行查询时，势必会对系统的磁盘进行访问，访问磁盘的速度要比访问内存的速度慢很多。假若数据查询时，访问磁盘的次数过多，系统付出的开销代价就越大。在数据库系统中，用户的查询通常直接交给数据库管理系统进行执行，同样的查询要求，所使用的查询语句不同，执行时所付出的代价也不相同，它们之间的开销代价相差较大，有时甚至可以有几个数量级的差异。在实际操作中，查询操作是必不可少的一类数据操作，无法避免，怎样从多个查询的实现策略中选择合适策略的过程就是查询处理过程的优化，简称查询优化。

查询是数据库的最主要的功能；数据查询必然会有查询优化的问题；从对数据库的性能要求和使用技术的角度来看，在任何一种数据库中相应的处理方法和途径都是存在的。用户手动处理和机器自动处理组成了查询优化的基本途径。

5.6.2 查询优化的可行性

在数据库系统中，对数据进行查询操作时，一般都是在集合的基础上进行运算，称之为关系代数。关系代数具有 5 种基本运算，一定的运算定律在这些运算中是成立的，如结合律、交换律、分配率和串接率等，这就表明使用不同的关系表达式可以表示同一结果，进行查询树时也就可以得到同一结果。因此，使用关系表达式进行查询时，可先对其进行查询优化。

关系查询语句与普通语言相比有坚实的理论支撑，人们能够找到有效的算法，使查询优化的过程内含于 DBMS，由 DBMS 自动完成，从而将实际上的“过程性”向用户“屏蔽”，用户只需提出“干什么”，具体“怎么干”可以不用管，这样用户在编程时只需表示出所需要的结果，获得结果的操作步骤无需给出。从这种意义上讲，关系查询语言是一种高级语言，这给查询优化提供了可能性。

5.6.3　查询处理过程

DBMS 查询处理可以分为 4 个阶段：查询分析、查询检查、查询优化和查询执行，如图 5-10 所示。

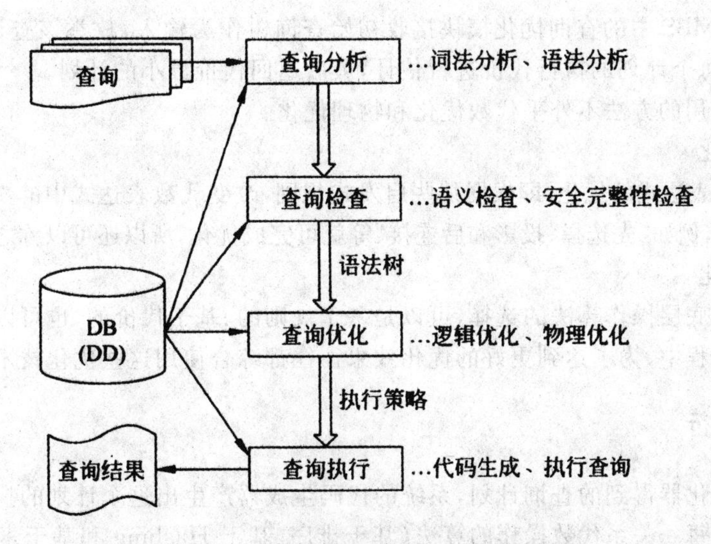

图 5-10　关系数据库查询的处理过程

1. 查询分析

查询分析要对查询语句进行扫描、词法分析和语法分析。从查询语句中将语言符号识别出，如 SQL 关键字、属性和关系名称等，并进行语法检查和分析，对语句是否符合 SQL 语法规则进行检查。

查询分析是 DMBS 处理所有 SQL 查询的第一步，它的功能是对用户输入的 SQL 语句进行分析，并将其转化成适合计算机处理的内部表示，因为 SQL 语句虽然适合人类理解，但对计算机来说却过于复杂。

查询处理中的语法分析与一般语言的编译系统中的语法分析类似，主要是检查查询的合法性，包括单词、其他句子成分是否正确，以及它们是否构成一个合乎语法的句子，并将其转换成一种能清楚地表示查询语句结构的语法分析树。

2. 查询检查

查询检查首先根据数据字典对合法的查询语句进行语义检查，检查语句中识别出的语言符号在数据库中是否存在，是否有效。对用户进行的检查是根据数据字典中的用户权限和完整性约束定义来完成的，如果用户不具备相应的访问权限或者违反了完整性约束原则，该查询的执行就会被拒绝。检查通过后，把查询语句转化成为等价的关系代数表达式。

3. 查询优化

查询优化的任务是为查询生成一个最优的执行计划。由于 SQL 是陈述式的语言，在查询中并没有指明查询的具体操作步骤，因此，一个 SQL 查询转换为关系代数时就可能有多种方法。同样，关系代数中也没有指明具体的执行步骤，因此关系代数在转化为执行计划时也会存在多种可能。DMBS 中的查询优化模块接收初始查询树作为输入，枚举该查询的多种可能的执行计划，并对每个计划的执行代价进行估计，最后返回代价最小的计划。

查询优化常用的方法不外乎代数优化和物理优化。

(1)代数优化

指关系代数表达式的优化，即根据某些启发式规则，改变代数表达式中的次序和组合，使查询执行得更高效，例如“先选择、投影和后连接”等就可完成优化，所以还可以称之为规则优化。

(2)物理优化

存取路径和底层操作算法的选择，可以是基于规则的、基于代价的，也可以是基于语义的。实际优化过程中，为了达到更好的优化效果往往都综合使用这些优化技术。

4. 查询执行

针对查询优化器得到的查询计划，系统的代码生成器产生出这个计划的执行代码。

①确定实现每一关系代数操作的算法(基于排序、基于 Hashing 和基于索引)。按操作实现的复杂度来分，有一趟(从磁盘读一遍数据)、两趟(自磁盘读两遍数据)和多趟(读多遍磁盘数据)算法。

②决定中间结果何时被“物化”(Materializing，即实际存储到各磁盘上)、何时被“流水作业地传递”(Pipelining，即直接传送给一操作，而不实际保存)。

③物理操作的确定与注释。物理查询计划由物理操作构成，每一操作实现计划中的一步。逻辑查询计划中的每一(扩展)关系代数操作都由特定物理操作来实现。物理查询计划中各个 DBMS 可能使用自己的不同操作。

通过上述一系列处理后得到的最优物理查询计划由执行引擎具体执行。执行时向存储数据管理器发送请求以获取相应的数据，依计划中给出的顺序执行各步操作；同时与事务管理器交互，以保证数据的一致性和可恢复性；最后输出查询结果。

5.6.4 查询优化方法

查询优化通常包括两项工作：一是代数优化，二是物理优化。这两项工作都要对语法分析树的形态做修改，把语法分析树变为查询树。其中，逻辑查询优化将生成逻辑查询执行计划。在生成逻辑查询执行计划的过程中，根据关系代数的原理，把语法分析树变为关系代数语法树的样式，原先 SQL 语义中的一些谓词变化为逻辑代数的操作符等样式，这些样式是一个临时的中间状态，经过进一步的逻辑查询优化，如执行常量传递、选择下推等，从而生成逻辑查询执行计划。

样式在生成逻辑查询计划后，查询优化器会进一步对查询树进行物理查询优化。物理优化会对逻辑查询计划进行改造，改造的内容主要是对连接的顺序进行调整。SQL 语句确定的连接顺序经过多表连接算法的处理，可能导致表之间的连接顺序发生变化，所以树的形态有可能调整。

1. 关系代数式的等价规则

设 E、E_1 和 E_2 均为关系代数式，F、F_1 和 F_2 是条件（连接条件或者选择运算的条件）。若 E_1 和 E_2 在任一有效数据库中都会产生相同的元组集，则称它们是等价的，记为 $E_1 \equiv E_2$。常用的等价变换规则如下：

(1)连接、笛卡儿积交换律

①笛卡儿积：$E_1 \times E_2 \equiv E_2 \times E_1$。

②自然连接：$E_1 \bowtie E_2 \equiv E_2 \bowtie E_1$。

③条件连接：$E_1 \underset{F}{\bowtie} E_2 \equiv E_2 \underset{F}{\bowtie} E_1$。

(2)连接、笛卡儿积的结合律

①笛卡儿积：$(E_1 \times E_2) \times E_3 \equiv E_1 \times (E_2 \times E_3)$。

②自然连接：$(E_1 \bowtie E_2) E_3 \equiv E_1 (E_2 \bowtie E_3)$。

③条件连接：$(E_1 \underset{F_1}{\bowtie} E_2) \underset{F_2}{\bowtie} E_3 \equiv E_1 \underset{F_1}{\bowtie} (E_2 \underset{F_2}{\bowtie} E_3)$。

(3)投影的串接定律

$$\prod_{A_1, A_2, \cdots, A_n} \left(\prod_{B_1, B_2, \cdots, B_m} (E) \right) \equiv \prod_{A_1, A_2, \cdots, A_n} (E)$$

其中：$A_1, A_2, \cdots, A_n$ 是 $B_1, B_2, \cdots, B_m$ 的子集。

投影的串接定律说明若对表达式 E 有连续多个投影运算，可变多次投影为一次投影。

(4)选择的串接定律

$$\sigma_{F_1}(\sigma_{F_2}(E)) \equiv \sigma_{F_1 \wedge F_2}(E)$$

选择的串接定律说明多个连续的选择条件可以合并。这样，一次选择扫描可检查多个条件；反之，合取选择运算可分解为单个选择运算的序列，以便与其他运算重新组合。

(5)选择与投影的交换律（两种形式）

形式 1：$\prod_{A_1, A_2, \cdots, A_n} (\sigma_F(E)) \equiv \sigma_F \left(\prod_{A_1, A_2, \cdots, A_n} (E) \right)$

这里，选择条件 F 只涉及属 $A_1, A_2, \cdots, A_n$。若 F 中有不属于 $A_1, A_2, \cdots, A_n$ 的属性 B_1，$B_2, \cdots, B_m$，则有更一般的规则如下：

形式 2：$\prod_{A_1, A_2, \cdots, A_n} (\sigma_F(E)) \equiv \prod_{A_1, A_2, \cdots, A_n} \left(\sigma_F \left(\prod_{A_1, A_2, \cdots, A_n, B_1, B_2, \cdots, B_m} (E) \right) \right)$

意义：将 F 涉及属性的投影前移（有部分重复投影），以便投影和 E 中其他运算合并。

(6)选择对笛卡儿积的分配律

如果 F 中涉及的属性都是 E_1 中的属性,则

$$\sigma_F(E_1 \times E_2) \equiv \sigma_F(E_1) \times E_2$$

如果 $F=F_1 \wedge F_2$,并且 F_1 只涉及 E_1 中的属性,F_2 只涉及 E_2 中的属性,则

$$\sigma_F(E_1 \times E_2) \equiv \sigma_{F_1}(E_1) \times \sigma_{F_2}(E_2)$$

若 F_1 只涉及 E_1 中的属性,F_2 涉及 E_1 和 E_2 两者的属性,则

$$\sigma_F(E_1 \times E_2) \equiv \sigma_{F_2}(\sigma_{F_1}(E_1) \times E_2)$$

选择与笛卡儿积分配律的意义是使选择在笛卡儿积前先做,以减少连接的元组数。

(7)选择对并的分配律

设 $E=E_1 \cup E_2$,E_1、E_2 有相同的属性名,则

$$\sigma_F(E_1 \cup E_2) \equiv \sigma_F(E_1) \cup \sigma_F(E_2)$$

(8)选择对差运算的分配律

若 E_1 与 E_2 有相同的属性名,则

$$\sigma_F(E_1 - E_2) \equiv \sigma_F(E_1) - \sigma_F(E_2)$$

(9)投影与笛卡儿积的分配律

设 $A_1,A_2,\cdots,A_n$ 是 E_1 的属性,$B_1,B_2,\cdots,B_m$ 是 E_2 的属性,则

$$\prod_{A_1,A_2,\cdots,A_n,B_1,B_2,\cdots,B_m}(E_1 \times E_2) \equiv \prod_{A_1,A_2,\cdots,A_n}(E_1) \times \prod_{B_1,B_2,\cdots,B_m}(E_2)$$

投影与笛卡儿积分配律的意义是使投影在笛卡儿积前先做,以减少连接的数据量。

(10)投影对并的分配律

设 E_1 和 E_2 有相同的属性名,则

$$\prod_{A_1,A_2,\cdots,A_n}(E_1 \cup E_2) \equiv \prod_{A_1,A_2,\cdots,A_n}(E_1) \cup \prod_{A_1,A_2,\cdots,A_n}(E_2)$$

(11)选择对自然连接的分配律

如果 F 中涉及的属性都是 E_1 中的属性,则

①$\sigma_F(E_1 \bowtie E_2) \equiv \sigma_F(E_1) \bowtie E_2$

如果 $F=F_1 \wedge F_2$,并且 F_1 只涉及 E_1 中的属性,F_2 只涉及 E_2 中的属性,则

②$\sigma_F(E_1 \bowtie E_2) \equiv \sigma_{F_1}(E_1) \bowtie \equiv \sigma_{F_2}(E_2)$

(12)选择与连接操作的结合律

设 $A_1,A_2,\cdots,A_n$ 是 E_1 的属性,$B_1,B_2,\cdots,B_m$ 是 E_2 的属性,F、F_1 为形如 $E_1.A_i\theta E_2.B_j$ 所组成的合取式。则有

①$\sigma_F(E_1 \times E_2) \equiv E_1 \underset{F}{\bowtie} E_2$

①$\sigma_{F_1}(E_1 \underset{F_2}{\bowtie} E_2) \equiv E_1 \underset{F_1 \wedge F_2}{\bowtie} E_2$

2. 语法树的优化

(1)逻辑优化算法

查询的逻辑优化的基本前提就是需要将关系代数式转换为某种内部表示。常用的内部表示就是关系代数语法树,简称为语法树。语法树具有以下特征:

①树中的叶结点表示关系。

②树中的非叶结点表示操作。

③初始语法树是用 5 种基本运算表示的。其基本思路是：只有充分分解才能充分优化组合。

例如，一般关系式 $\prod_A(\sigma_F(R\times S))$ 可用图 5-11 所示的语法树表示。

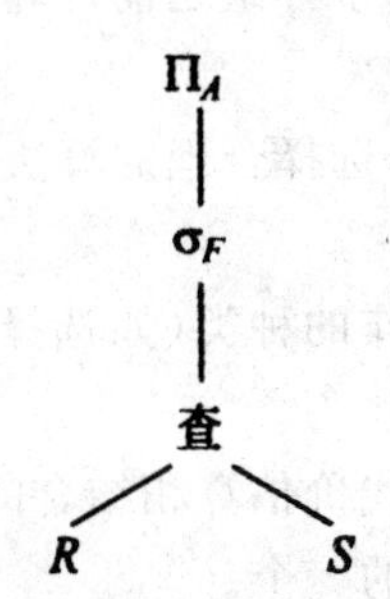

图 5-11　用基本运算表示的语法树

有了语法树之后。再使用关系表达式的等价变换规则对于语法树进行优化变换，将原始语法树变换为标准语法树(优化语法树)。按照语法树的特征和查询优化的策略，尽量使选择和投影运算靠近语法树的叶端，再合并运算。

逻辑优化算法：关系代数式的优化。

输入：一个关系代数式的语法树。

输出：一个优化后的语法树。

步骤：

利用规则 4 即选择的串接定律，将语法树中的合取选择运算变成一系列单个选择(以便和有关二元运算进行交换与分配)。再利用规则 5～8 把语法树中的每一个选择运算尽可能地移向树叶。

利用规则 3 即投影的串接定律使得某些投影消解，再利用规则 5、9、10，把语法树中的投影运算均尽可能地移向树叶。

利用规则 3～5，把多个选择和多个投影运算合并成单个选择、单个投影、选择后跟随投影等 3 种情况(在遍历关系的同时做所有的选择，然后做所有的投影，比通过多遍完成选择和投影效率更高)。

使用规则(12)①式使选择运算与笛卡儿积结合成连接运算。

通过上述步骤得到的语法树的内结点(非根结点和非叶结点)为一元运算或二元运算结点。对二元运算的每个结点来说，将剩余的一元运算结点按照下面的方法进行分组。

每个二元运算结点与其直接祖先的(不超过别的二元运算结点的)一元运算结点分在同一组。

如果二元运算的子孙结点一直到叶子都是一元运算(σ,Π)，则这些子孙结点与该二元运算结点同组。

若二元运算是笛卡儿积且上面父结点不是与它能结合成连接运算的选择时，该二元运算一直到叶子的一元运算结点须单独为一组。

找出语法树中的公共子树 T_i，并用该公共子树的结果关系 R_i 代替语法树中的每一个公共子树 T_i。

输出由分组结果得到优化语法树。

即得到一个操作序列，其中每一组结点的计算就是这个操作序列中的一步，各步的顺序是任意的，只要保证任何一组不会在它的子孙组之前计算即可，每组运算仅对关系扫描一次。

(2)物理优化的方法

物理优化是在逻辑优化的基础上，选择合理的算法或存取路径(数据存取方法)，生成优化的查询计划(可执行程序)的过程。

算法或存取路径的选择依赖于操作的种类(如选择、连接等)、是否建立索引、是什么样的索引(哈希索引、B^+树索引等)等因素。

物理优化通常采用启发式规则和代价估算相结合的策略。即先用启发式规则产生几个候选方案，然后通过代价估算，选择较优的一个。

启发式规则是人们从实践中总结出的一些效率可能较高的方法。代价估算是针对某个可能的查询方案，根据数据库的统计信息(如记录条数、记录长度、列中不同值的个数等)，按一定的公式计算其代价(通常为花费时间)。然后比较各个方案的代价，选择代价较小的一个方案。

基于启发式规则的优化是定性的选择，它根据预定规则完成优化，比较粗糙，但实现简单而且优化本身的代价较小，适合解释执行的系统。因为解释执行的系统，优化开销包含在查询总开销中。在编译执行的系统中，一次编译优化，多次执行，查询优化和查询执行是分开的。因此，常采用精细度复杂一些的基于代价的优化方法。

第6章 数据库系统的设计与实施

6.1 数据库设计概述

6.1.1 数据库设计的概念

简单来说，根据选择的数据库管理系统和用户需求对一个单位或部门的数据进行重新组织和构造的过程就是所谓的数据库设计。

以下几个方面的技术和知识是一个从事数据库设计的专业人员应该具备的：

①数据库的基本知识和数据库设计技术。

②计算机科学的基础知识和程序设计的方法和技巧。

③软件工程的原理和方法。

④应用领域的知识。

6.1.2 数据库设计的任务、内容和特点

1. 数据库设计的任务

数据库设计的任务如图6-1所示。

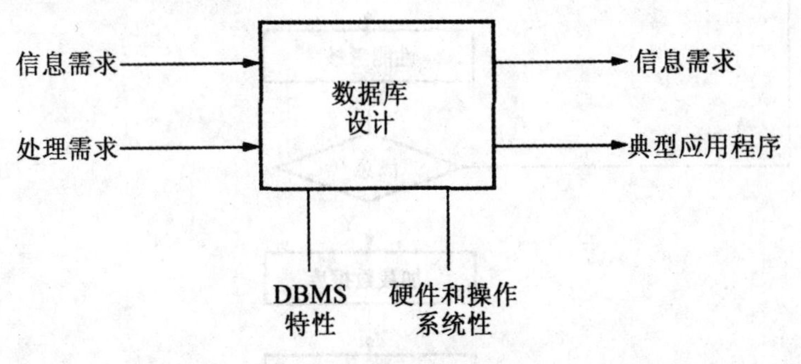

图6-1 数据库设计的任务

2. 数据库设计的内容

数据库设计的内容主要包括数据库的结构特性设计、数据库的行为特性设计、数据库的物

理模式设计。其中,数据库的结构特性设计最为关键,行为特性设计次之。

在数据库设计中,通常将结构特性设计和行为特性设计结合起来进行综合考虑,相互参照,同步进行,才能较好地达到设计目标。数据库设计者在进行设计时,计算机的硬件环境和软件环境也需要考虑到,考虑到当前以及未来时间段内对系统的需求,所设计的系统既能满足用户的近期需求,同时对远期的数据需求也具有相应的处理方案。也就是说,数据库设计者应充分考虑到系统可能的扩充和改动,尽可能地保障系统具有较长的生命周期。

3. 数据库设计的特点

数据库设计既是一项涉及多学科的综合性技术,又是一项庞大的工程项目。数据库设计的特点是要求硬件、软件和干件相结合,这是一种反复探寻、逐步求精的过程。这里着重讨论软件设计技术。图 6-2 给出了数据库设计的全过程。

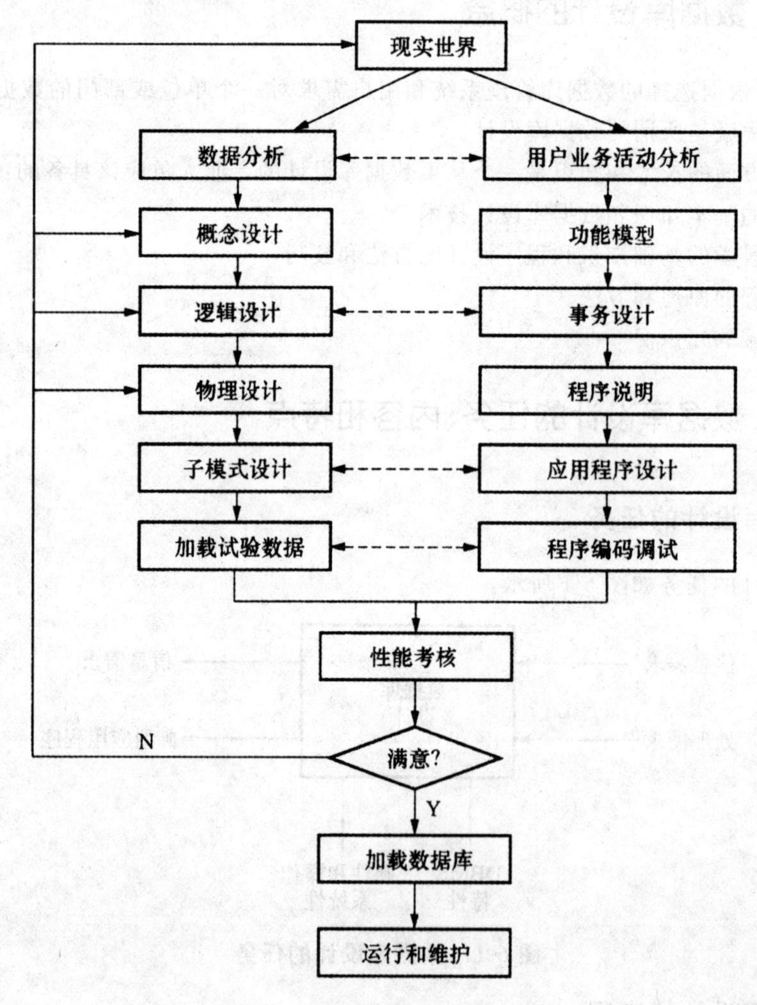

图 6-2 数据库设计的全过程

6.1.3　数据库设计的步骤

和其他软件一样，数据库的设计过程可以使用软件工程中的生存周期的概念来说明，称为“数据库设计的生存期”，如图 6-3 所示，它是指从数据库研制到不再使用它的整个时期。

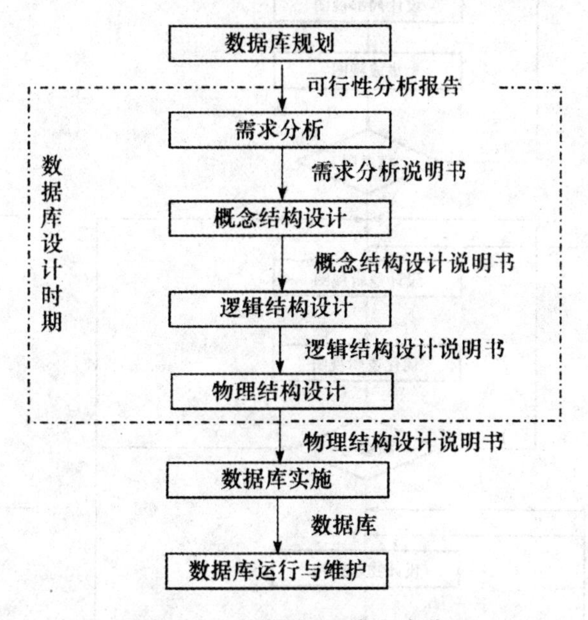

图 6-3　数据库系统生存期

数据库的设计过程通常按规范设计法可分为六个阶段，如图 6-4 所示。

上述数据库设计的原则和设计过程概括起来，可用表 6-1 进行描述。

表 6-1　数据库系统设计阶段

设计阶段	设计描述	
	数据	处理
需求分析	数据字典、全系统中数据项、数据流、数据存储的描述	数据流程图和判定表(判定树)、数据字典中处理过程的描述
概念结构设计	概念模型(E-R)图、数据字典	系统说明书包括： ①新系统要求、方案和概念图。 ②反映新系统信息流的数据流程图
逻辑结构设计	某种数据模型：关系或非关系模型	系统结构图(模块结构)
物理设计	存储安排、方法选择、存取路径建立	模块设计、IPO 表
实施阶段	编写模式、装入数据、数据库试运行	程序编码、编译连接、测试
运行和维护	性能监测、转储/恢复、数据库重组和重构	新旧系统转换、运行、维护(修正性、适应性、改善性维护)

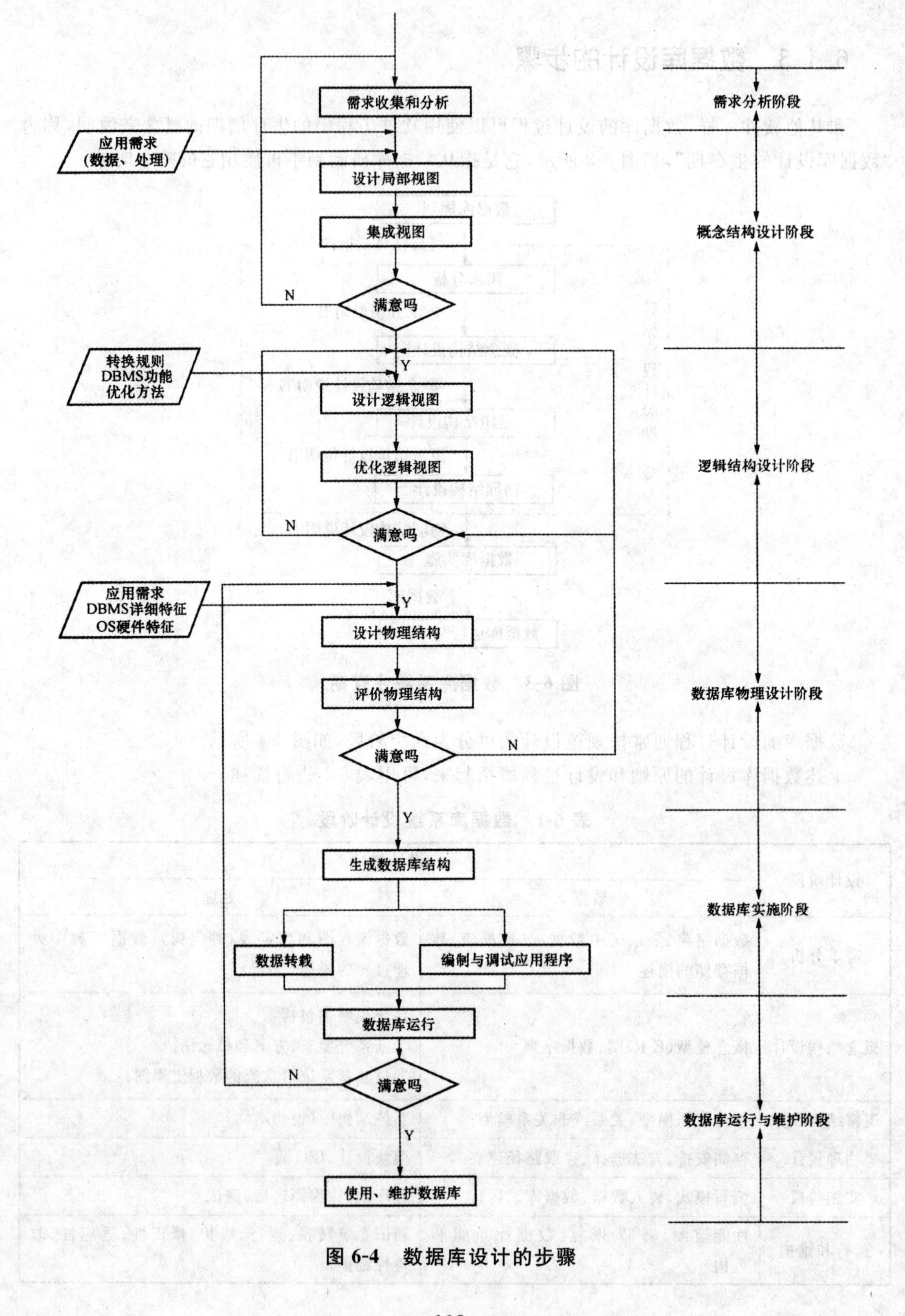

图 6-4　数据库设计的步骤

6.1.4　数据库设计过程中的各级模式

数据库设计过程可分为以下几个模式：

①需求分析阶段，设计者的中心工作是弄清并综合各个用户的应用需求。

②概念设计阶段，设计者要将应用需求转换为与计算机硬件无关的、与各个数据库管理系统产品无关的概念模型。

③逻辑设计阶段，要完成数据库的逻辑模式和外模式的设计工作。

④在物理结构设计阶段，要根据具体使用的数据库管理系统的特点和处理的需要进行物理存储安排，并确定系统要建立的索引，得出数据库的内模式。

在图 6-5 中，描述了数据库结构设计不同阶段要完成的不同级别的数据模式。

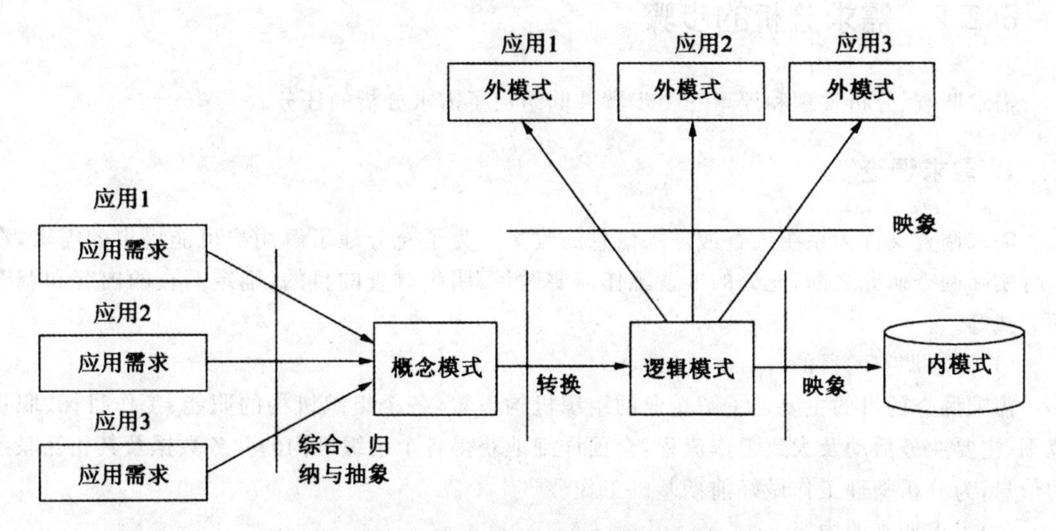

图 6-5　数据库设计过程中的各级模式

6.2　系统需求分析

需求分析的目标是明确用户对系统的需求，包括数据需求和围绕这些数据的业务需求，从而得到设计系统所必须的需求信息。需求分析的结果是否准确反映了用户的实际要求，将直接影响到后面各个阶段的设计，并影响到设计结果是否合理和实用。

6.2.1　需求分析的任务

需求分析阶段的主要任务如下：

①确认系统的设计范围。分析需求调查得到的资料，将计算机应当处理和能够处理的范围进行明确，确定新系统应具备的功能。

②调查信息需求、进行数据收集与分析。需求分析的重点是在调查研究的基础上，获得数据库设计所必需的数据信息。

③综合各种信息包含的数据、各种数据之间的关系、数据的类型、取值范围和流向。

④建立需求说明文档、数据字典、数据流程图。

数据流分析是对事务处理所需的原始数据的收集及对处理后所得的数据及其流向的分析。在需求分析阶段，应当用文档形式整理出整个系统所涉及的数据、数据间的依赖关系、事务处理的说明和所需产生的报告，并且尽可能地借助于数据字典加以说明。除了使用数据流程图、数据字典以外，判定表、判定树等工具在需求分析阶段也会有所涉及。

6.2.2 需求分析的步骤

需求调查、分析整理和评审三个步骤共同组成了需求分析的任务。

1. 需求调查

需求调查又称为系统调查或需求信息的收集。为了充分地了解用户可能提出的需求，在进行实际调查研究之前，充分的准备工作需要做足，明确调查的目的、确定调查的内容和调查的方式等。

(1)需求调查的目的

需求调查的目的主要是了解企业的组织机构设置，各个组织机构的职能、工作目标、职责范围、主要业务活动及大致工作流程，全面详细地获得各个组织机构的业务数据及其相互联系的信息，为分析整理工作做好前期基础工作。

(2)需求调查的内容

为了实现调查的目的，需求调查工作要从以下几个方面入手：

①组织机构情况。调查了解各个组织机构由哪些部门组成，各部门的职责是什么，各部门管理工作存在的问题，各部门中哪些业务适合计算机管理，哪些业务不适合计算机管理。

②业务活动现状。需求调查的重点是各部门业务活动现状的调查，要弄清楚各部门输入和使用的数据，加工处理这些数据的方法，处理结果的输出数据，输出到哪个部门，输入/输出数据的格式等。在调查过程中应注意收集各种原始数据资料，如台账、单据、文档、档案、发票、收据，统计报表等，从而将数据库中需要存储哪些数据一一确定下来。

③外部要求。调查数据处理的响应时间、频度和如何发生的规则，以及经济效益的要求，安全性及完整性要求。

④未来规划中对数据的应用需求等。这一阶段的工作是大量且烦琐的。由于管理人员与数据库设计者之间存在一定的距离，所以需要管理部门和数据库设计者更加紧密地配合，充分提供有关信息和资料，为数据库设计打下良好的基础。

(3)需求调查方式

需求调查主要有以下几种方式：

①个别交谈。通过个别交谈对该用户业务范围的用户需求尽可能地了解,调查时也不受其他人员的影响。

②开座谈会。通过座谈会方式调查用户需求,可使与会人员互相启发,尽可能地获得不同业务之间的联系信息。

③发调查表。将要调查的用户需求问题设计成表格请用户填写,这样设计人员就能获得有效的用户需求问题。调查的效果依赖于调查表设计的质量。

④查阅记录。就是查看现行系统的业务记录、票据、统计报表等数据记录,可了解具体的业务细节。

⑤跟班作业。通过亲自参加业务工作来了解业务活动情况,设计人员能够有效获得比较准确的用户需求,但比较费时。

由于需求调查的对象可分为高层负责人、中层管理人员和基层业务人员三个层次,因此,对于不同的调查对象和调查内容,其相应的需求调查方式也会有所差异,也可同时采用几种不同的调查方式。即需求调查也可以按照以下三种策略来进行:

①对高层负责人的调查,一般采用个别交谈方式。在交谈之前,应给他们一份详细的调查提纲,以便他们做到心中有数。从交谈中可以获得有关企业高层管理活动和决策过程的信息需求以及企业的运行政策、未来发展变化趋势等与战略规划有关的信息。

②对中层管理人员的调查,可采用开座谈会、个别交谈或发调查表、查阅记录的调查方式,这样对企业的具体业务控制方式和约束条件做到有效了解,也能了解不同业务之间的接口,日常控制管理的信息需求并预测未来发展的潜在信息需求。

③对基层业务人员的调查,主要采用发调查表、个别交谈或跟班作业的调查方式,有时也可以召开小型座谈会,主要了解每项具体业务的输入输出数据和工作过程、数据处理要求和约束条件等。

2. 分析整理

分析整理的工作主要有:

(1)业务流程分析与表示

业务流程及业务与数据联系的形式描述的获得是业务流程分析的目的所在。一般采用数据流分析法,分析结果以数据流图(Data Flow Diagram,DFD 图)表示。

(2)需求信息的补充描述

由于用 DFD 图描述的仅仅是数据与处理关系及其数据流动的方向,而数据流中的数据项等细节信息则无法描述,因此除了用 DFD 图描述用户需求以外,还要用一些规范化表格对其进行补充描述。这些补充信息主要有以下内容:

①数据字典。主要用于数据库概念模式设计,即概念模式设计。

②业务活动清单。列出每一部门中最基本的工作任务,任务的定义、操作类型、执行频度、所属部门及涉及的数据项以及数据处理响应时间要求等相关信息都包括在内。

③其他需求清单。如完整性、一致性要求,安全性要求以及预期变化的影响需求等。

(3)撰写需求分析说明书

在需求调查的分析整理基础上,依据一定的规范,如国家标准(G856T-88)将需求说明书编写完成。数据的需求分析说明书一般用自然语言并辅以一定图形和表格书写。近年来许多计算机辅助设计工具的出现，如 Power Designer，IBM Rational Rose 等，已使设计人员可利用计算机的数据字典和需求分析语言来进行这一步工作，但由于这些工具对使用人员有一定知识和技术要求，在普通开发人员中的应用尚局限于一定的范围。

需求分析说明书的格式不仅有国家标准可供参考，一些大型软件企业也有自己的企业标准，这里不再详述。

3. 评审

确认某一阶段的任务是否完成，以保证设计质量，避免重大的疏漏或错误，是评审工作的重点。

6.2.3 用户需求的分析和表达

分析和表达用户需求的方法主要包括自顶向下和自底向上两类方法，如图 6-6 所示。

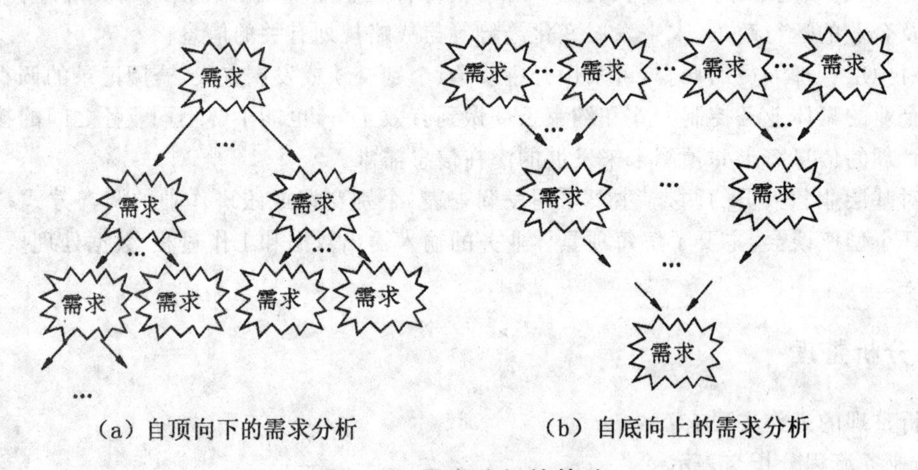

（a）自顶向下的需求分析　　（b）自底向上的需求分析

图 6-6　需求分析的策略

其中自顶向下的结构化分析方法简称 SA 方法。用 SA 方法做需求分析，设计人员首先需要把任何一个系统都抽象为如图 6-7 所示的形式，然后将处理功能的具体内容分解为若干子功能，再将每个子功能继续分解，直到把系统的工作过程表达清楚为止。

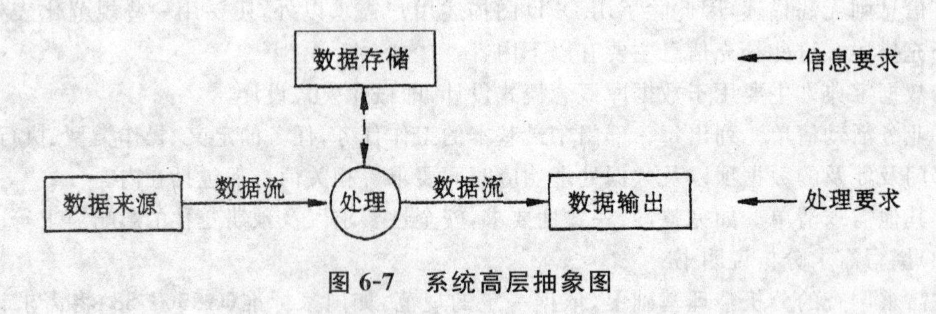

图 6-7　系统高层抽象图

对用户需求进行进一步分析与表达后，还必须再次提交给用户，征得用户的认可。图 6-8 描述了需求分析的过程。

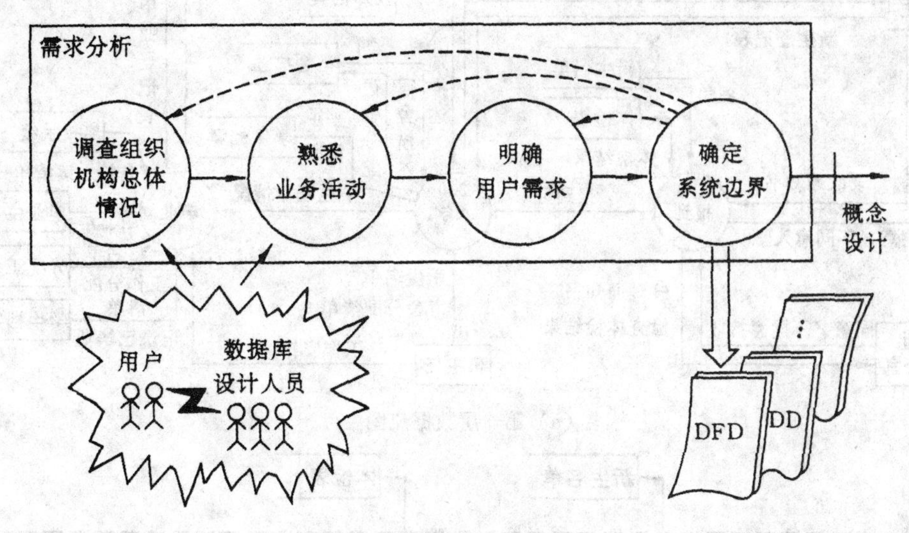

图 6-8　需求分析的过程

6.2.4　需求分析应用实例

假设要开发一个学校管理系统。经过可行性分析和初步需求调查，抽象出该系统最高层数据流图，如图 6-9 所示。该系统由教师管理子系统、学生管理子系统、后勤管理子系统组成，每个子系统分别配备一个开发小组。

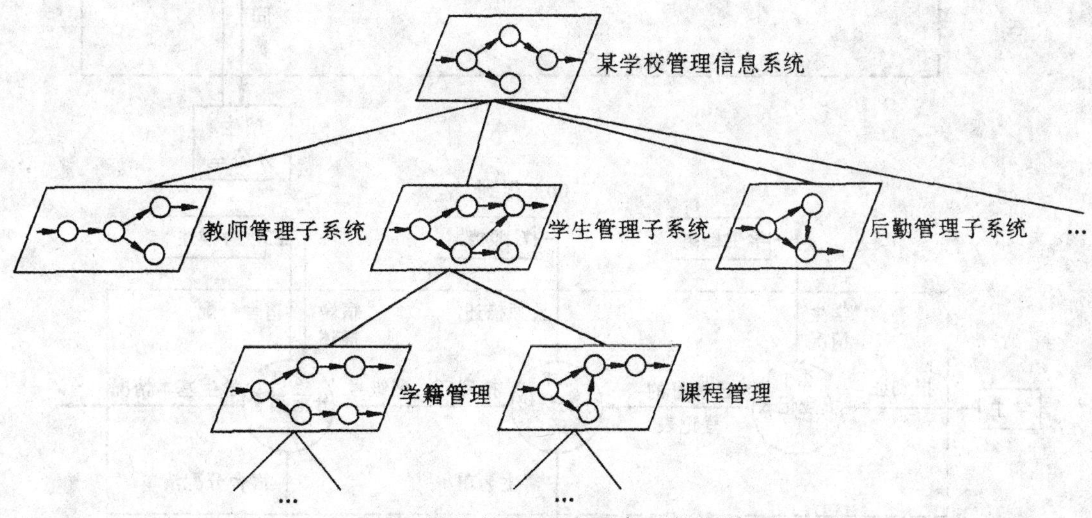

图 6-9　学校管理系统最高层数据流图

其中学生管理子系统开发小组通过做进一步的需求调查，明确了该子系统的主要功能是进行学籍管理和课程管理，包括学生报到、入学、毕业的管理，学生上课情况的管理。通过详细的信息流程分析和数据收集后，他们生成了该子系统的数据流图，如图 6-10 和图 6-11 所示。

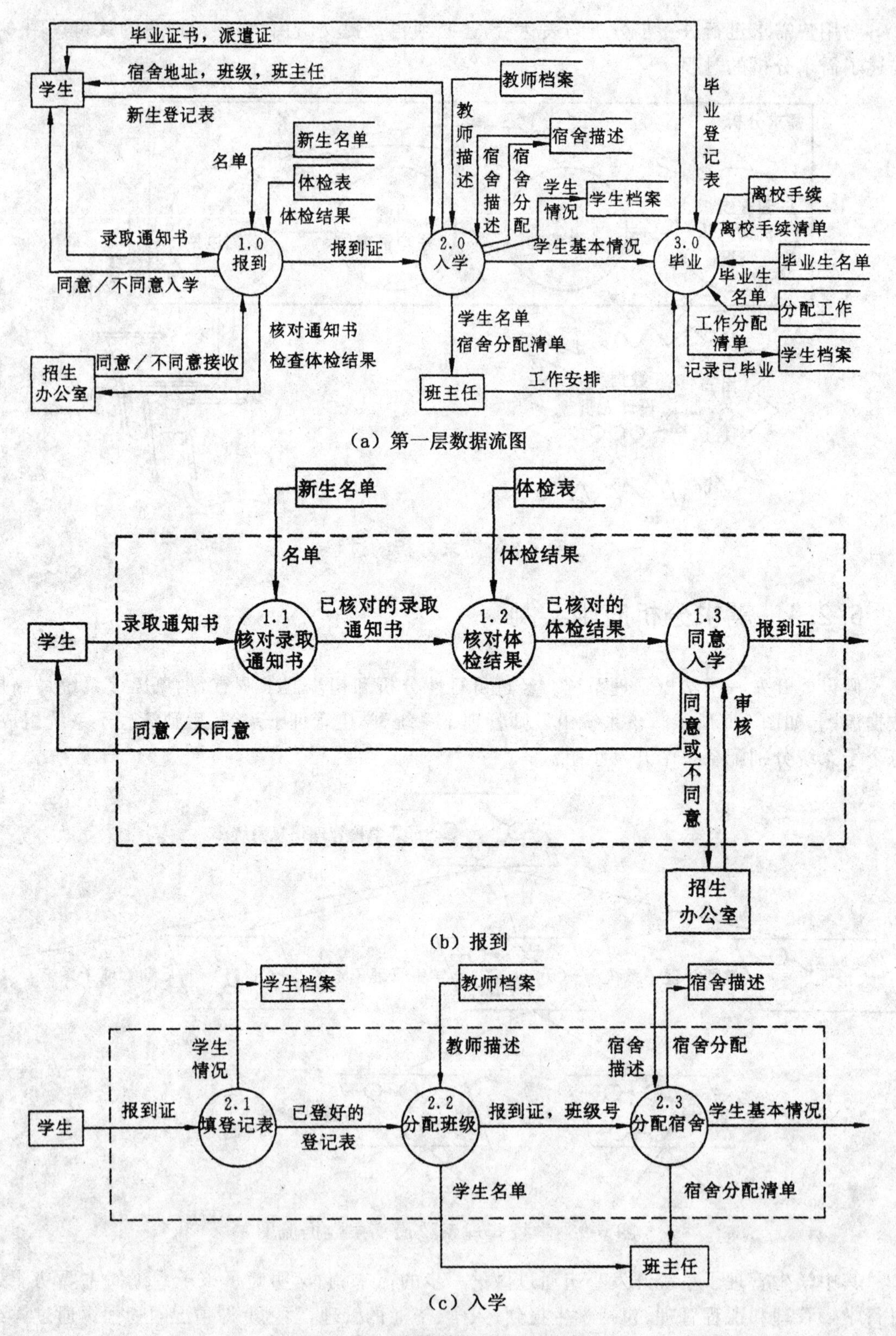

(a) 第一层数据流图

(b) 报到

(c) 入学

图 6-10　学籍管理的数据流图

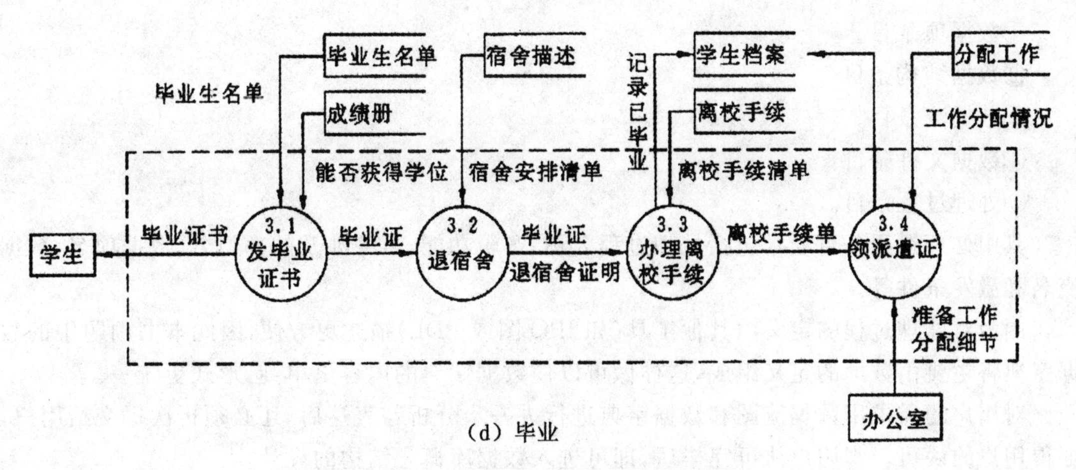

（d）毕业

图 6-10　学籍管理的数据流图(续)

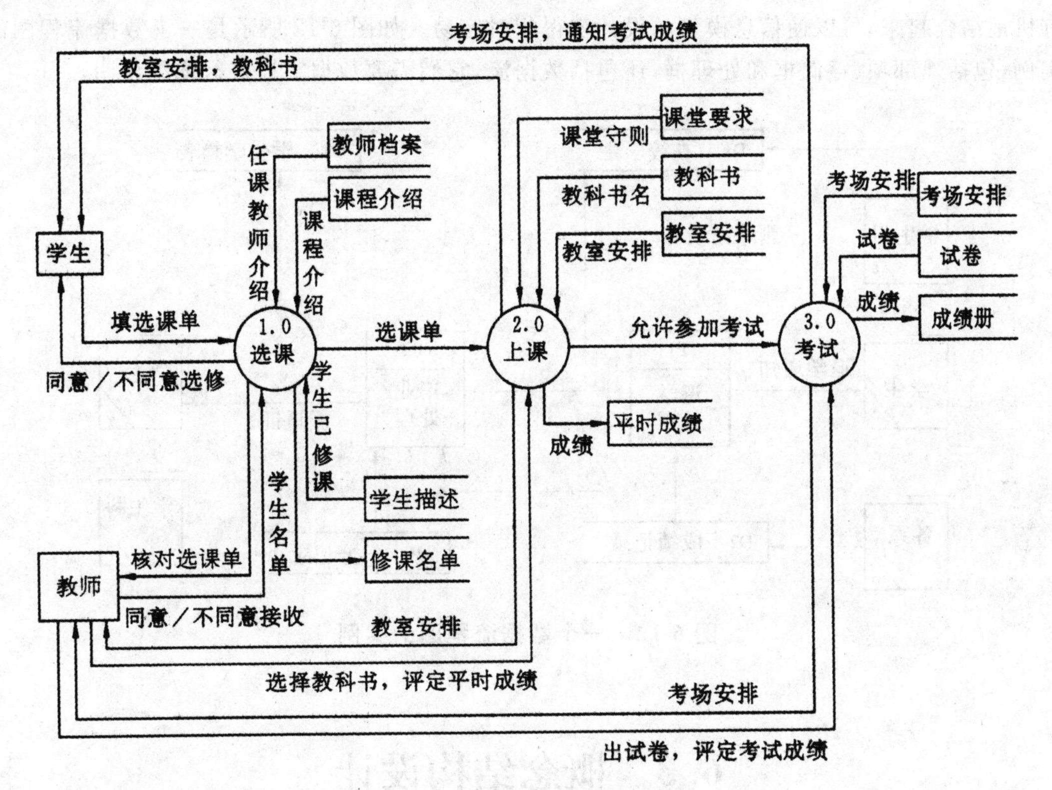

图 6-11　课程管理的数据流图

6.2.5　数据字典

数据字典(Data Dictionary,DD)是结构化分析方法的另一个有力工具,它对数据流图中的所有数据元素给出逻辑定义,是在软件分析和设计的过程中给人提供关于数据的描述信息。数据字典包括的主要条目有:

①数据项条目。

②数据结构条目。

③数据流条目。

④数据文件条目。

⑤处理过程条目。

其中处理过程条目通常包括处理过程名称、逻辑功能、事务涉及的部门名、数据项名、数据流名和激发条件等。

因为对处理过程的定义用其他工具(如 IPO 图或 PDL)描述更方便,因此本书例题中的数据字典将主要由数据的定义组成,这样做可以使数据字典的内容更单纯,形式更统一。

对用户的需求用数据流图和数据字典进行进一步分析与表达后,还必须再次提交给用户,征得用户的认可。当用户认可完毕后,即可进入数据库概念结构的设计。

数据字典能够对系统数据的各个层次和各个方面精确和详尽地描述,并且把数据与处理有机地结合起来,可以使信息模型的设计变得相对容易。如图 6-12 所示是一个数据流程图的实例,包括外部项、存储框和处理框,还包括数据流,它们需要数据字典进行详细说明。

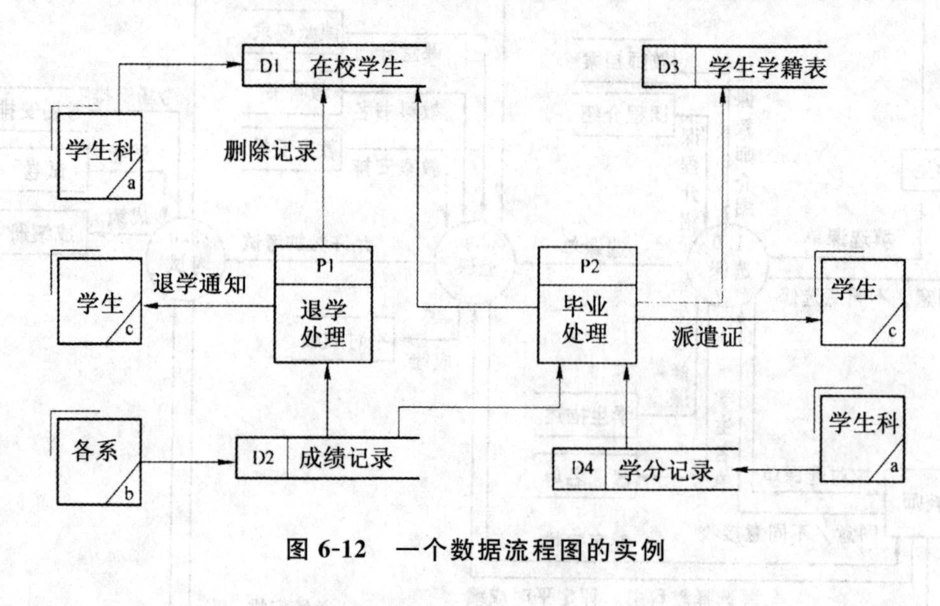

图 6-12　一个数据流程图的实例

6.3　概念结构设计

6.3.1　概念结构设计的必要性

在需求分析阶段,用户的需求由设计人员做了充分的调查和描述,但这些需求只是现实世界的具体要求,应把这些需求抽象为信息世界的结构,用户的需求才能够更好地实现。

概念结构设计就是将需求分析得到的用户需求抽象为信息结构，即概念模型。

在早期的数据库设计中，概念结构设计和需求分析并列为一个设计阶段。这样设计人员在进行逻辑设计时，考虑的因素太多，既要考虑用户的信息，具体 DBMS 的限制也不得不考虑在内，使得设计过程复杂化，难以控制。为了改善这种状况，RES. Chen 设计了基于 E-R 模型的数据库设计方法，即在需求分析和逻辑设计之间增加了一个概念设计阶段。在这个阶段，设计人员仅从用户角度看待数据及处理要求和约束，一个反映用户观点的概念模型得以有效产生，然后再把概念模型转换成逻辑模型。这样做的好处体现在以下三个方面。

①概念模型不受特定的 DBMS 的限制，也独立于存储安排和效率方面的考虑，因此，相比较于逻辑模型来说更加的稳定。

②具体的 DBMS 所附加的技术细节在概念模型中并不存在，进而使得用户理解起来更加方便，因而更有可能准确反映用户的信息需求。

③从逻辑设计中分离出概念设计以后，各阶段的任务相对单一化，设计复杂程度在很大程度上得以降低，组织管理起来比较方便。

6.3.2　概念结构设计的方法

概念结构的设计方法主要有两种：一种是集中模式设计方法(Centralized Schema Design Approach)，另一种是视图集成法(View Integration Approach)。

1. 集中模式设计法

首先，将需求说明综合成一个统一的需求说明。然后，在此基础上设计全局数据模式。再根据全局数据模式为各个用户组或应用定义数据库逻辑设计模式。

2. 视图集成法

目前，视图集成法使用较多，下面就以此方法为主介绍概念结构设计。使用视图集成法设计概念结构通常有四类方法：

(1)自顶向下的设计方法

即首先定义全局概念结构的框架，然后逐步细化，最终得到一个完整的全局概念结构，如图 6-13(a)所示。

(2)自底向上的设计方法

即首先定义各局部应用的概念结构，然后将它们集成起来，得到全局概念结构。这是经常采用的方法，如图 6-13(b)所示。

(3)逐步扩张的设计方法

首先定义最重要的核心概念结构，然后向外扩充，以滚雪球的方式逐步生成其他概念结构，直至总体概念结构，如图 6-13(c)所示。

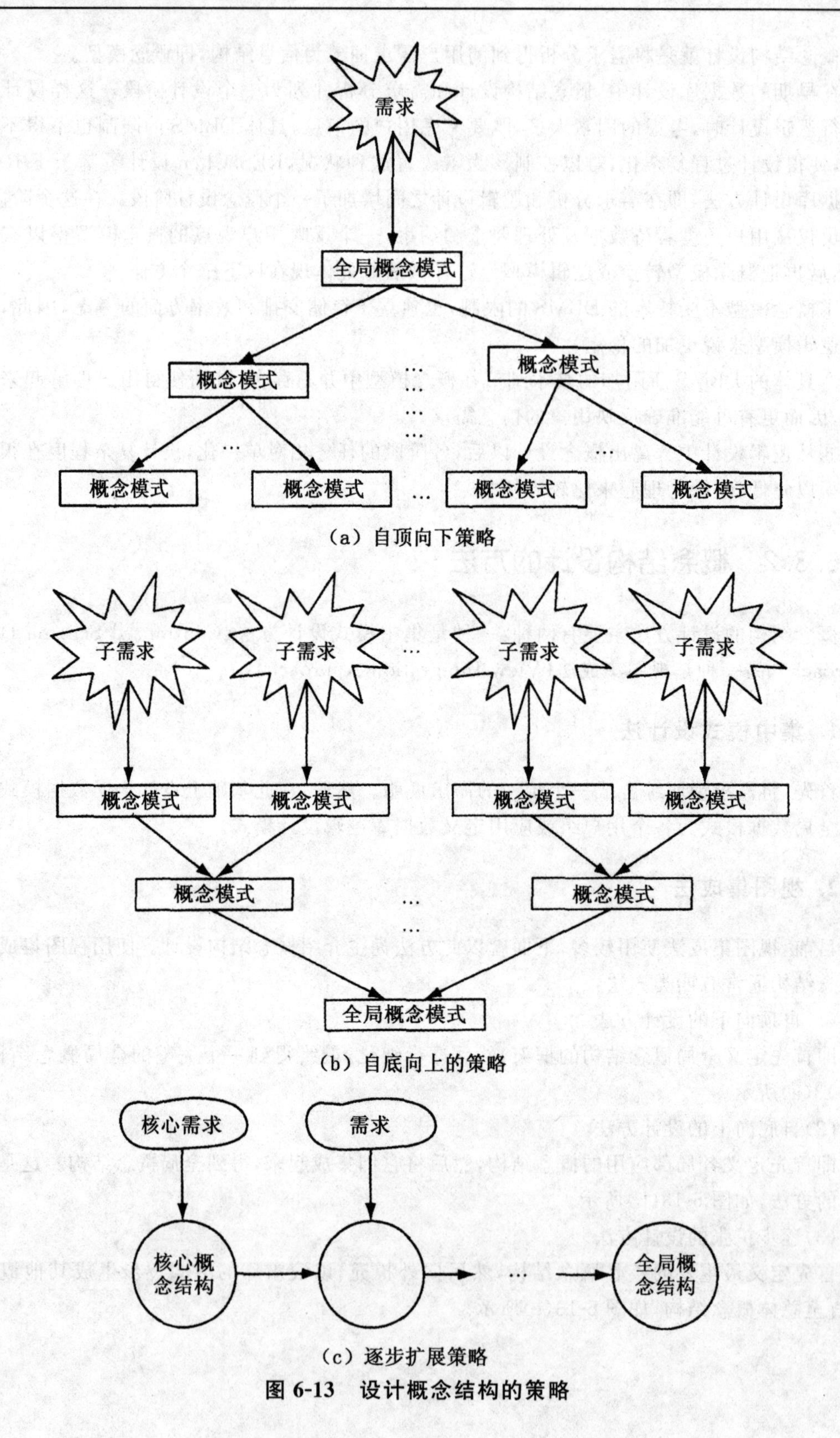

（a）自顶向下策略

（b）自底向上的策略

（c）逐步扩展策略

图 6-13 设计概念结构的策略

(4)混合策略的设计方法

即将自顶向下和自底向上相结合，用自顶向下策略设计一个全局概念结构的框架，以它为骨架集成由自底向上策略中设计的各局部概念结构。

最常用的策略是自底向上与自顶向下相结合的方法，即自顶向下地进行需求分析，然后再自底向上地设计数据库概念结构，其方法如图 6-14 所示。

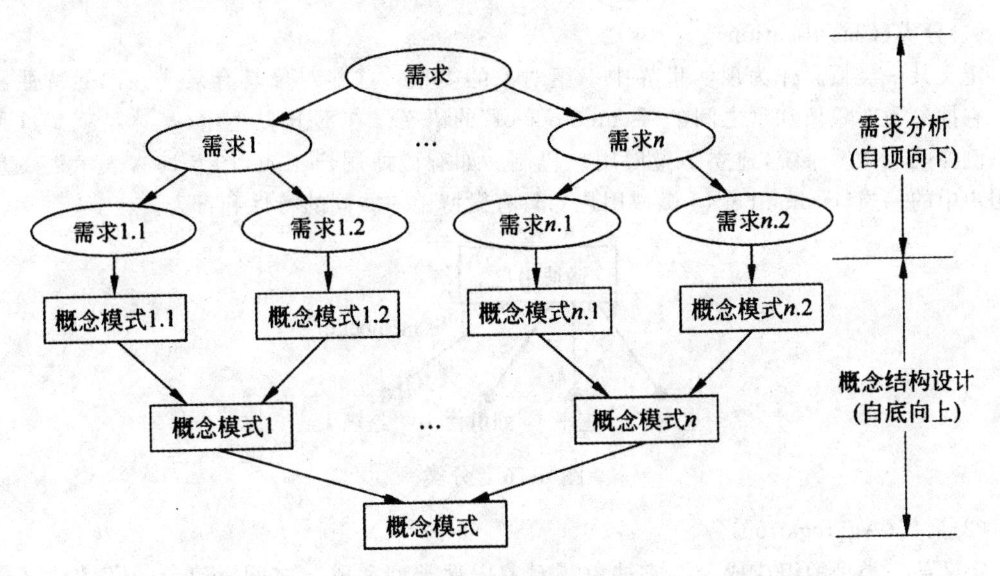

图 6-14　自顶向下需求分析与自底向上概念结构设计

6.3.3　概念结构设计的步骤

自底向上的概念结构设计方法通常分为两步：第一步是抽象数据并设计局部视图，第二步是集成局部视图，从而得到全局的概念结构。这种自底向上概念结构设计步骤如图 6-15 所示。

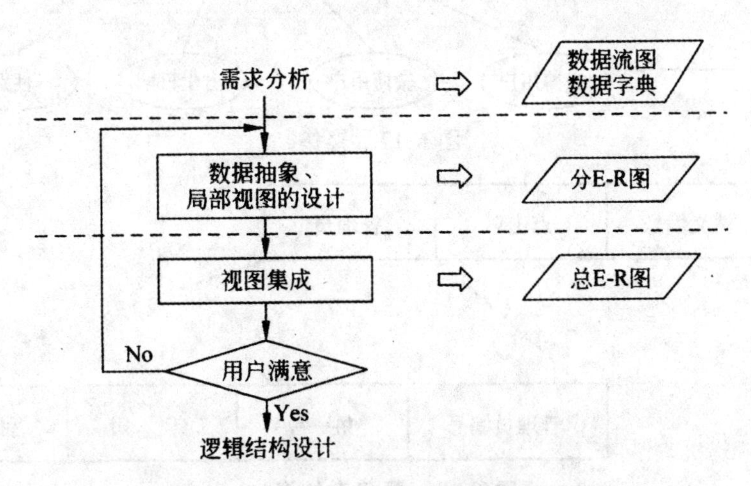

图 6-15　自底向上概念结构设计步骤

6.3.4 局部 E-R 模型设计

1. 三种抽象方法

(1)分类(Classification)

定义某一类概念作为现实世界中一组对象的类型。这些对象具有某些共同的特性和行为。它抽象了对象值和型之间的"is member of"的语义。在 E-R 模型中,实体型就是这种抽象。例如网上微博系统,建立了微博用户机制。如有微博用户王飞(图 6-16),表示王飞是微博用户中的一员(is member of 微博用户),具有微博用户共同的特性和行为。

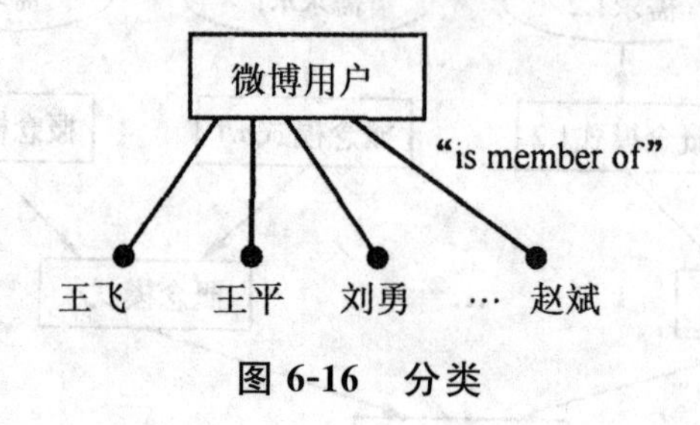

图 6-16 分类

(2)聚集(Aggregation)

定义某一类型的组成成分。它抽象了对象内部类型和成分之间"is part of"的语义。在 E-R 模型中若干属性的聚集组成了实体型,就是这种抽象,如图 6-17 所示。编号、姓名、出生日期、性别等属性共同来描述微博用户这个实体。

更复杂的聚集如图 6-18 所示,即某一类型的成分仍是一个聚集。

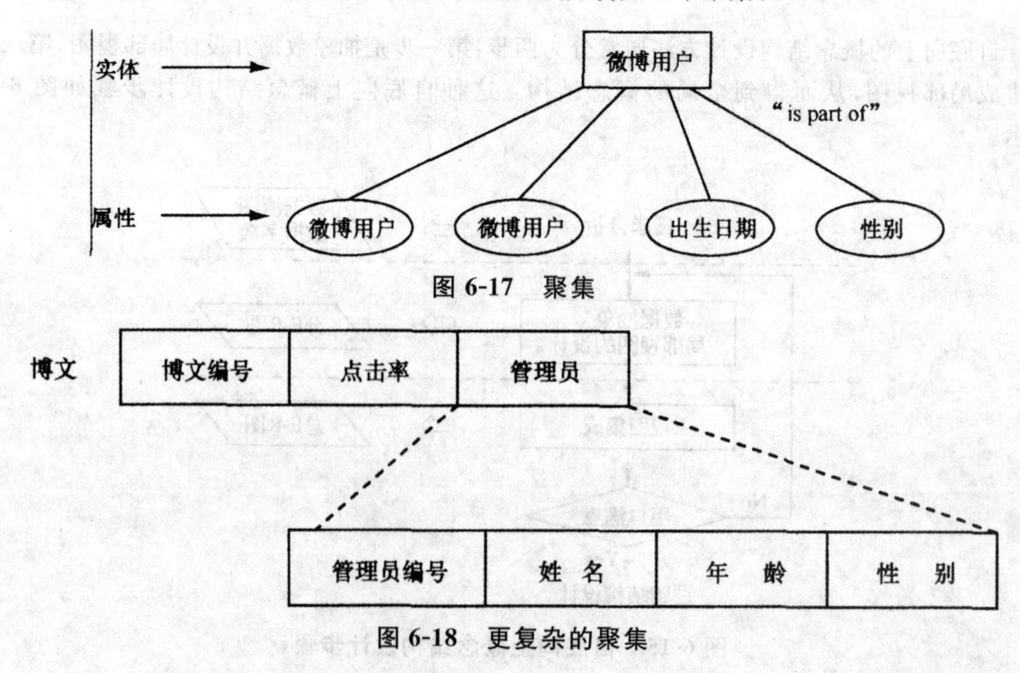

图 6-17 聚集

图 6-18 更复杂的聚集

(3)概括(Generalization)

定义类型之间的一种子集联系。它抽象了类型之间的“is subset of”的语义。例如微博用户是一个实体型，一级微博用户、Ⅳ级微博用户也是实体型。其中一级微博用户、Ⅳ级微博用户均是微博用户的子集。若把微博用户称为超类(Superclass)，一级微博用户、Ⅳ级微博用户则被称为微博用户的子类(Subclass)，如图 6-19 所示。

概括有一个很重要的性质：继承性。子类继承超类上定义的所有抽象。这样，一级微博用户、N 级微博用户继承了微博用户类型的属性。

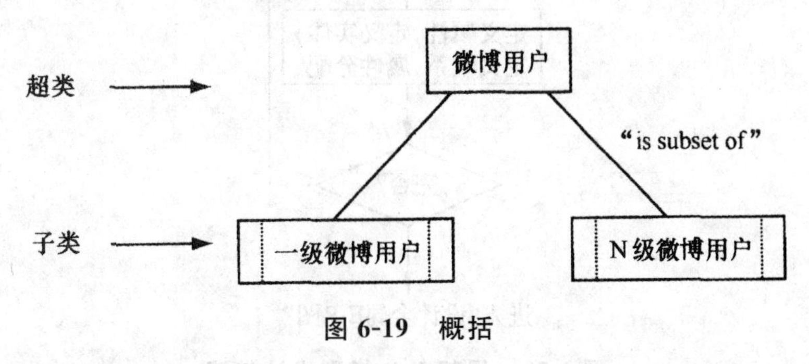

图 6-19　概括

2. 设计局部 E-R 图

概念结构设计是利用抽象机制对需求分析阶段收集到的数据进行分类、组织(聚集)，形成实体集、实体的属性和标识实体的主关键字，确定实体集之间的联系类型($1:1,1:n,m:n$)，从而设计分 E-R 图。下面讲述设计分 E-R 图的具体做法。

(1)确定局部结构的范围划分

其划分的方式一般有两种：一种是依据系统当前的用户进行自然划分。例如，对于一个微博发布系统的综合数据库，有微博用户登录模块、博文查询模块、公告发布模块等，各部门对信息内容和处理的要求明显不同，因此，应为它们分别设计各自不同的局部 E-R 图。

另一种是按照用户要求把数据库提供的服务归纳成几类，使每一类应用访问的数据显著地不同于其他类，然后为每类应用设计一个局部 E-R 图。例如，网上微博数据库可以按提供的服务大致分成以下几类：

①微博用户信息。

②博文信息。

③管理员信息。

④类别信息。

⑤公告信息。

这样做是为了更准确地模仿现实世界，以减少考虑一个大系统所带来的复杂性。

通常情况下，一个数据库系统都是为多个不同用户服务的。信息处理需求也会因为用户观点的不同而存在一定的区别。在设计数据库概念结构时，先分别考虑各个用户的信息需求，形成局部概念结构，然后再综合成全局结构，即为一个比较有效且合理的策略。

局部 E-R 模型设计步骤如图 6-20 所示。

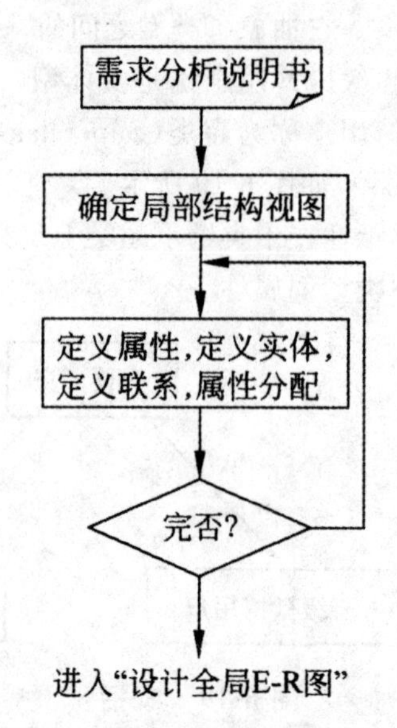

图 6-20　局部 E-R 模型设计步骤

例 6.1　以仓库管理为例,描述设计 E-R 图的步骤。

步骤如下:

(1)确定实体类型

本例中设计项目 PROJECT、零件 PART 和零件供应商 SUPPLIER 三个实体类型。

(2)确定联系类型

PROJECT 和 PART 之间是 $m:n$ 联系,即一个项目需要使用多种零件,一个零件在多个项目中可以使用。PART 和 SUPPLIER 之间也是 $m:n$ 联系,即一种零件可由多个供应商提供,一个供应商也可提供多种零件。分别定义联系类型为 P-P 和 P-S。

(3)确定实体类型的属性

实体类型 PROJECT 有属性:项目符号 J#、项目名称 JNAME、项目开工日期 DATE;实体类型 PART 有属性:零件编号 P#、零件名称 PNAME、颜色 COLOR 以及重量 WEIGHT;实体类型 SUPPLIER 有属性:供应商编号 S#、供应商名 SNAME 以及供应商地址 SADR。

(4)确定联系类型的属性

联系类型应该是联系的所有实体类型的键至少都要包括在内,例如联系类型 P-P 有属性:需要的零件数量 TOTAL;联系类型 P-S 有属性:供应数量 QUANTITY。

(5)根据实体类型和联系类型画出 E-R 图

具体如图 6-21 所示。

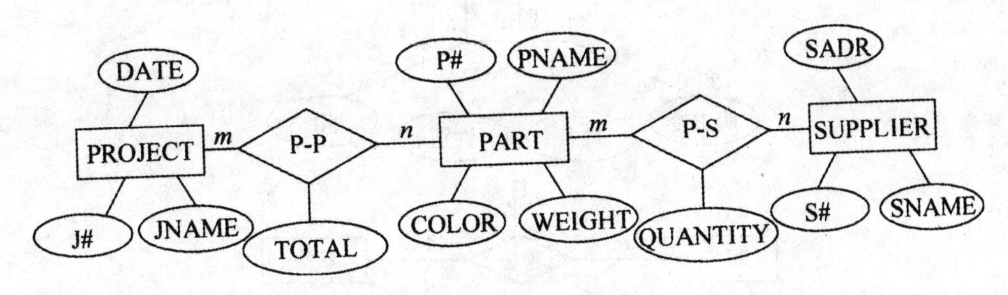

图 6-21　仓库 E-R 图

(2)逐步设计分 E-R 图

设计分 E-R 图时，需要根据局部应用的数据流图中标定的实体集、属性和主关键字，并结合数据字典中的相关描述内容，确定 E-R 图中的实体、实体之间的联系及类型。

实际上，实体和属性之间并没有可以截然划分的界限。为了简化 E-R 图，在调整中应当遵循的一条原则：现实世界的事物能作为属性对待的尽量作为属性对待，而实体与属性之间并没有形式上的截然区分，但可依据两条基本准则：

①“属性”不能再具有需要描述的性质。

②“属性”不能与其他实体具有联系。

凡满足上述两条基本准则的事物，一般均可作为属性对待。

3. 属性的分类

有时在一些特殊复杂的应用环境下，“属性”是否可分割或细分难以解决，必须结合具体的应用环境来综合判断。在具体分析问题时，可通过对属性进行仔细的划分与分类来逐步判断。下面探讨属性的分类类别，并处理这些属性。

(1)简单属性和复合属性

简单属性是不可再分的属性，比如性别、年龄。复合属性可以再划分为更小的部分，例如，地址属性可再分解为省份、城市、街道和邮编等子属性，而街道又可分为街道名、门牌号两个子属性。对于简单属性可以直接当成某实体的属性，但对于复合属性是当成属性还是实体，还必须结合具体情况而定。若需要进一步表达其信息内容，则需要细化复合属性的组成信息，从而需要当成实体(包括子属性)。

例如，职工是一个实体，职工号、姓名、年龄和职称是职工的属性。如果职称没有与工资、福利挂钩，就没有必要进一步描述的特性，则职称可作为职工实体集的一个属性对待。如果不同的职称有着不同的工资、住房标准和不同的附加福利，则职称作为一个实体来考虑就比较合适。如图 6-22 所示是“职称”上升为实体，其结果是综合考虑第一条基本准则与复合属性的表达。

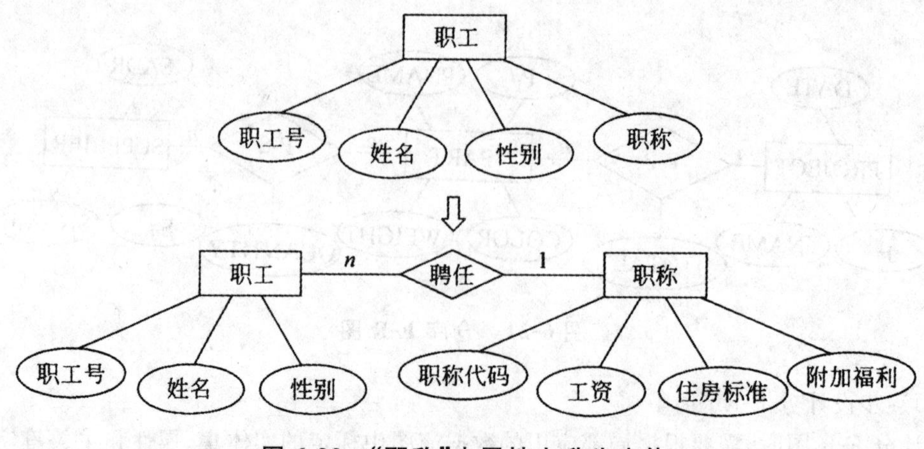

图 6-22 “职称”由属性上升为实体

再如,在医院中,一个病人只能住在一个病房,病房号可以作为病人实体的一个属性。但如果病房还要与医生实体发生联系,即一个医生负责几个病房的病人的工作,则根据上述第一条准则可知,病房应作为一个实体,如图 6-23 所示。

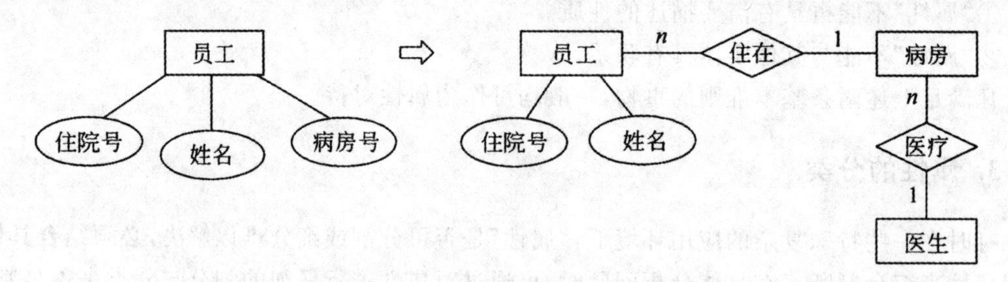

图 6-23 病房作为一个实体

(2)单值属性和多值属性

单值属性是指同一实体的属性只能取一个值。例如,同一个员工只能有一个性别,性别就是员工实体的一个单值属性。多值属性是指同一个实体的某些属性可能对应一组值,比如一个员工可能有多个电话号码。对于单值属性在数据库中表达是必需的,而多值属性会带给数据库产生冗余数据,也会造成数据异常、数据不一致和完整性等问题。因此需要对多值属性进行变换,有以下两种变换方法。

①将原来的多值属性用新的单值属性表示。例如,员工的联系电话可用办公电话、移动电话等进行分解,分解后的员工的结构,如图 6-24 所示。

②将原来的多值属性用一个新的实体型表示。对于多值属性也可以用一个新的实体型来表示,这个新的实体型和原来的实体型之间是一对多联系,新的实体依赖原来的实体而存在,因此称新的实体为弱实体。在 E-R 图中,弱实体用双线矩形框表示,与弱实体相关的联系用双菱形框表示。如图 6-25 所示为使用弱实体表示的员工的联系电话。

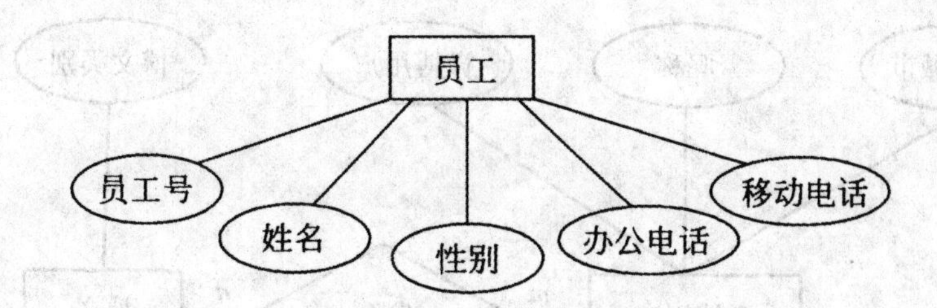

图 6-24　员工属性(多值属性变换表示——新增属性)

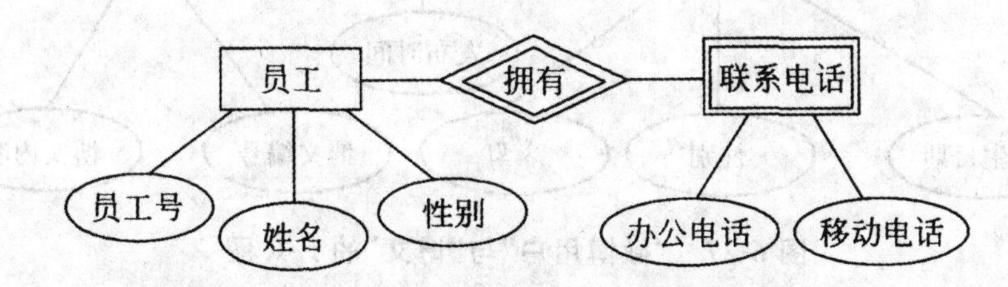

图 6-25　员工属性(多值属性变换表示——弱实体)

例 6.2　例如在网上微博系统中,对“微博用户登录”中涉及的微博用户,根据数据字典描述,可以确定实体名称为“微博用户”,该实体包含“微博用户编号”“所在城市”“昵称”“出生日期”“爱好”和“性别”等基本属性。

一般在网上微博系统都会采用“博文”的信息发布方式,所以“博文”也可作为实体,该实体包含“博文编号”“博文内容”“发布时间”等属性,如图 6-26 所示。

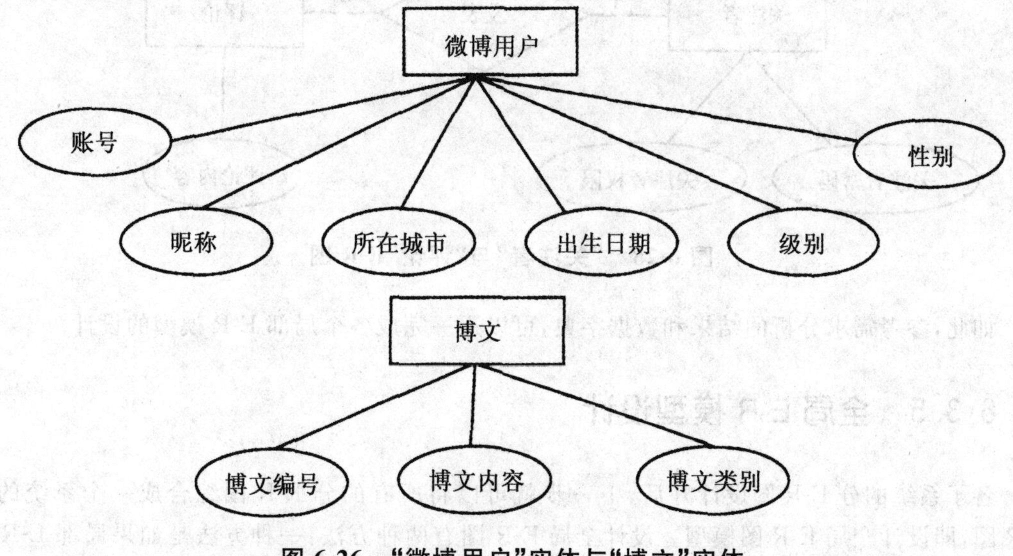

图 6-26　“微博用户”实体与“博文”实体

由于每个“微博用户”都可以发布多条“博文”,每条博文可以有多个用户发布,因此这两个实体之间存在 $m:n$ 的联系,其 E-R 如图 6-27 所示。

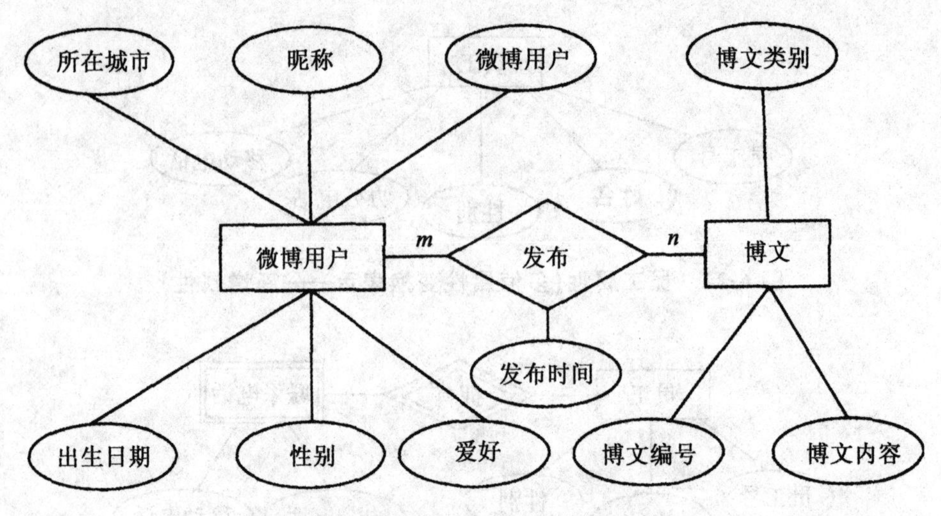

图 6-27 “微博用户”与“博文”的 E-R 图

而通常一个“关注者”可以发布多条“评论”，因此它们之间也是存在 1∶n 的联系，如图 6-28 所示。

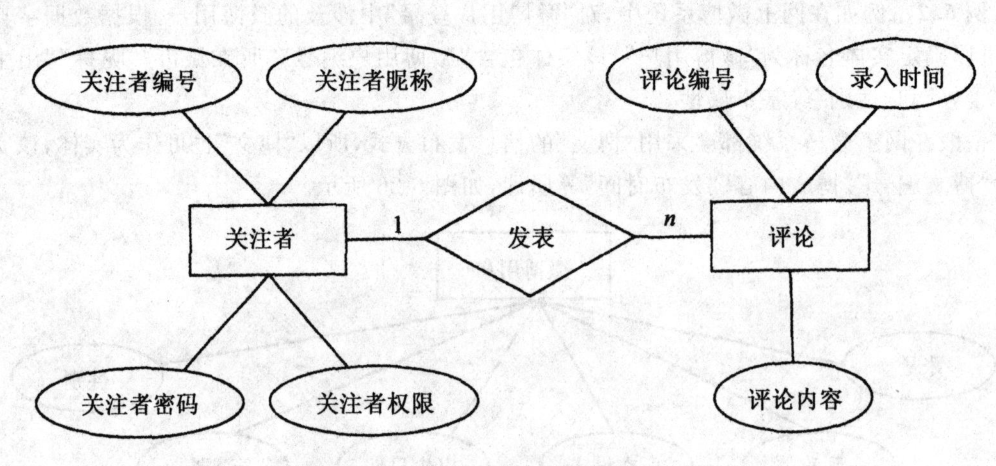

图 6-28 “关注者”与“评论”E-R 图

如此，参考需求分析的结果和数据字典，可以逐一完成各个局部 E-R 模型的设计。

6.3.5 全局 E-R 模型设计

各子系统的分 E-R 图设计好后，下一步就可以将所有的分 E-R 图综合成一个系统的总 E-R 图，即设计全局 E-R 图模型。设计全局 E-R 图有两种方法：一种方法是如果局部 E-R 图比较简单，多个分 E-R 图一次性集成，如图 6-29(a)所示；另一种方法是逐步集成，用累加的方法一次集成两个分 E-R 图，如图 6-29(b)所示。

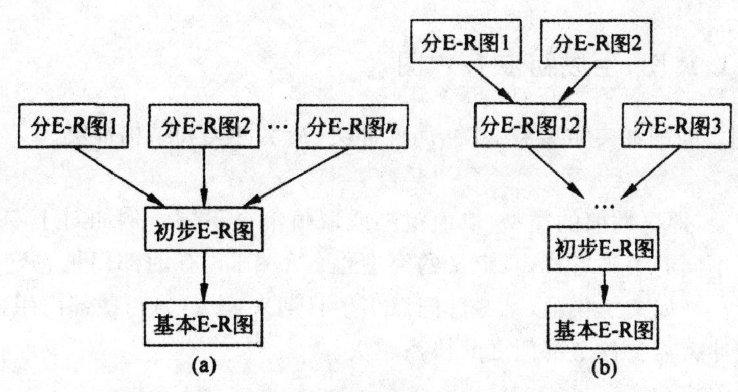

图 6-29　全局 E-R 图模型设计的两种方式

第一种方法将多个分 E-R 图一次集成比较复杂，做起来难度较大；第二种方法逐步集成，由于每次只集成两个分 E-R 图，因而可以有效降低复杂度。无论采用哪种方法，都要分两步进行：

①合并 E-R 图。

②修改和重构初步 E-R 图。

集成步骤往往依据以下流程：每次集成局部 E-R 图时都需要分两步走，如图 6-30 所示，首先合并局部 E-R 图，生成初步 E-R 图，然后依靠协商或者应用语义消除初步 E-R 图之间的冲突。最后，修改和重构，消除不必要的冗余，优化初步 E-R 图，生成基本 E-R 图。

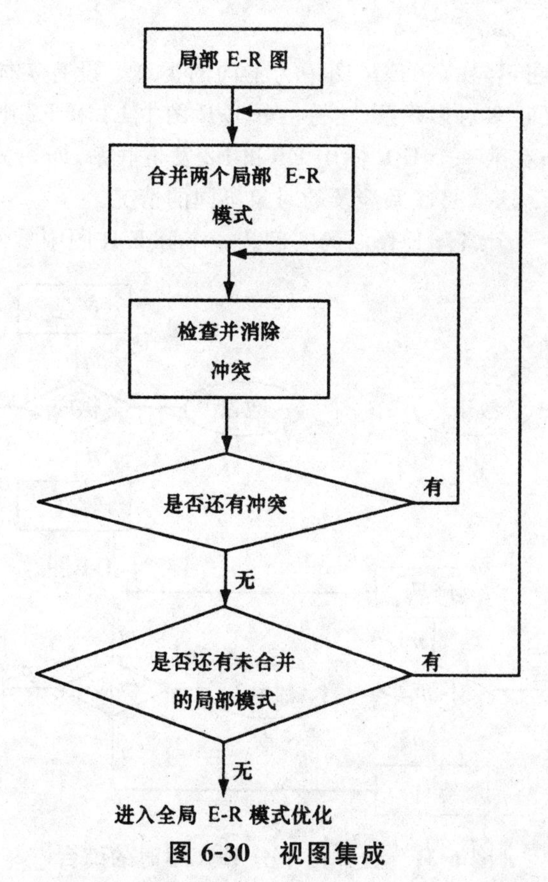

图 6-30　视图集成

1. 合并分 E-R 图,生成初步 E-R 图

各分 E-R 图之间的冲突主要有 3 类:属性冲突、命名冲突和结构冲突。

(1)属性冲突

①属性域冲突,即属性值的类型、取值范围或取值集合不同。例如对于零件号属性,不同部门可能会采用不同的编码形式,且定义的类型也各不相同,有的部门把它定义为整型,有的则定义为字符型。又如关于年龄,某些部门以出生日期来表示,另一些部门用整数表示职工年龄。这些属性域冲突需要各个部门之间协商解决。

②属性取值单位冲突。

(2)命名冲突

①同名异义冲突,即不同意义的对象在不同的局部应用中使用相同的名字。

②异名同义冲突,即意义相同的对象在不同的局部应用中有不同的名字。

(3)结构冲突

在不同局部应用中,同一对象有不同的抽象或同一实体包含的属性不完全相同,主要存在三类结构冲突。

①同一对象在不同应用中具有不同的抽象。

②同一实体对象在不同分 E-R 图中的属性组成不一致,即所包含的属性个数和属性排列顺序不完全相同。

③实体之间的联系在不同的分 E-R 图中为不同的类型。设有实体集 E1、E2 和 E3;在一个分 E-R 图中 E1 和 E2 是多对多联系,在另一分 E-R 图中 E1 和 E2 则又是一对多联系,这就是联系类型不同的情况;在某一个 E-R 图中 E1 和 E2 发生联系,而在另一个 E-R 图中 E1、E2 和 E3 三者之间发生联系,这就是联系涉及的对象不同的情况。

如图 6-31 所示就是一个综合 E-R 图的实例。一个分 E-R 图中零件与产品之间的"构成"

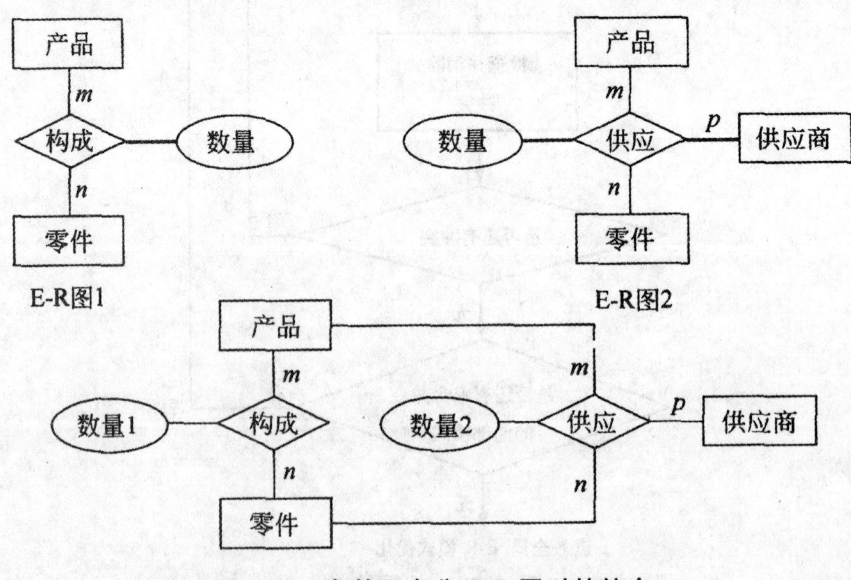

图 6-31　合并两个分 E-R 图时的综合

联系是多对多联系，另一个分 E-R 图中产品、零件与供应商三者之间存在多对多的“供应”联系，显然这两个联系相互不包含，合并时需要把它们综合起来表示。

例 6.3　对于“博文”这个实体，微博用户分为关注者和被关注者，被关注者主要关心博文名称、博文内容介绍、发布时间等，如图 6-32(a)所示；关注者则主要关注博文内容等，如图 6-32(b)所示；管理者主要关注点击率信息等，如图 6-32(c)所示；合并后的实体图如图 6-32(d)所示。

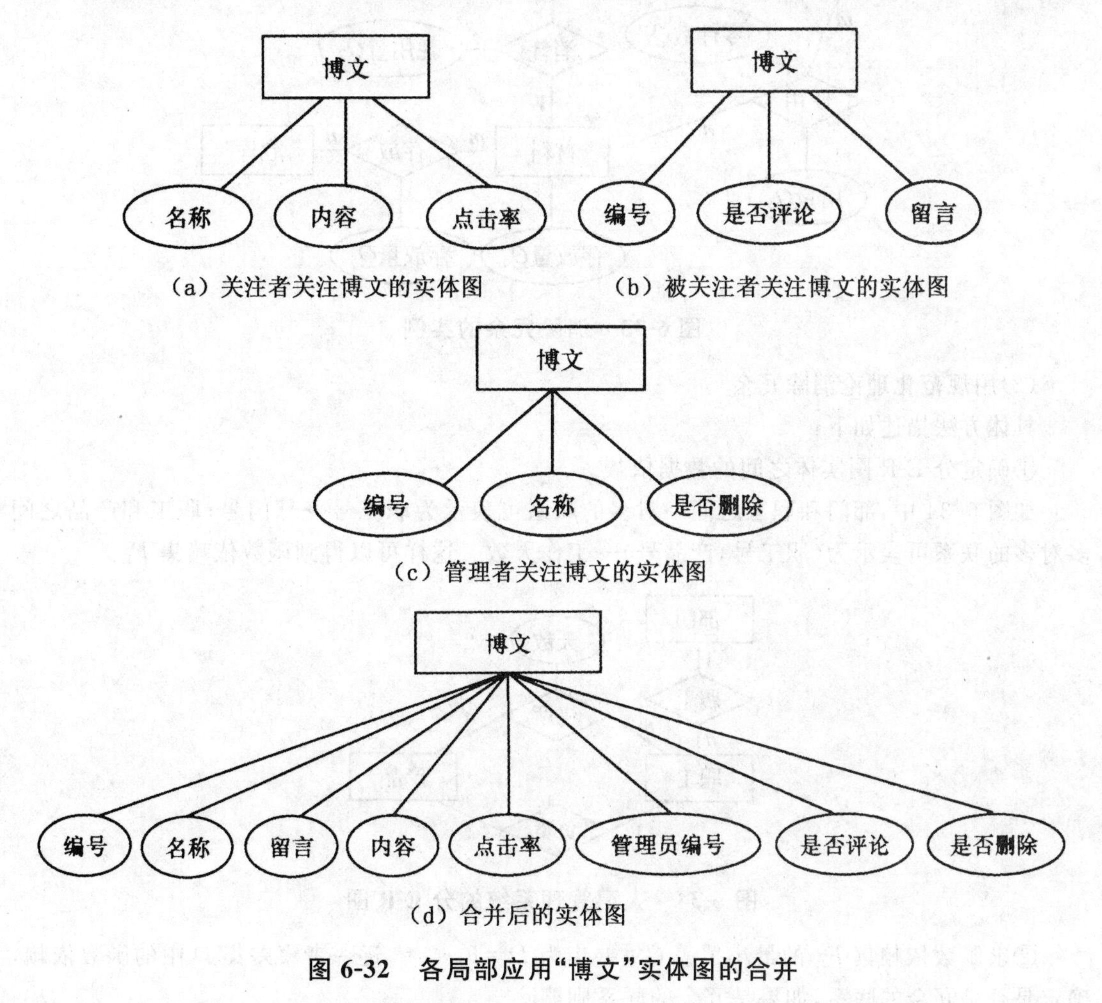

图 6-32　各局部应用“博文”实体图的合并

2. 消除不必要的冗余，设计基本 E-R 图

消除冗余的主要方法是用分析方法消除冗余和用规范化理论消除冗余。

(1)用分析方法消除冗余

分析方法是消除冗余的主要方法。有时为了提高数据查询效率、减少数据存取次数，在数据库中设计了一些数据冗余或冗余联系。

例如，在图 6-33 中，如果 $Q_3 = Q_1 \times Q_2$，且 $Q_4 = \sum Q_5$，则 Q_3 和 Q_4 是冗余数据，因此 Q_3 和 Q_4 可以被消去。而消去 Q_3，产品与材料间的多对多的冗余联系也应当被消去。但若物种部门经常需要查询各种材料的库存量，如果每次都要查询每个仓库中此种材料的库存，再求和，则查询效率非常低下,因此应保留 Q_4,同时把"$Q_4 = \sum Q_5$"定义为 Q_4 的完整性约束条件。每当 Q_5 被更新,就会触发完整性检查例程,以便对 Q_4 做相应的修改。

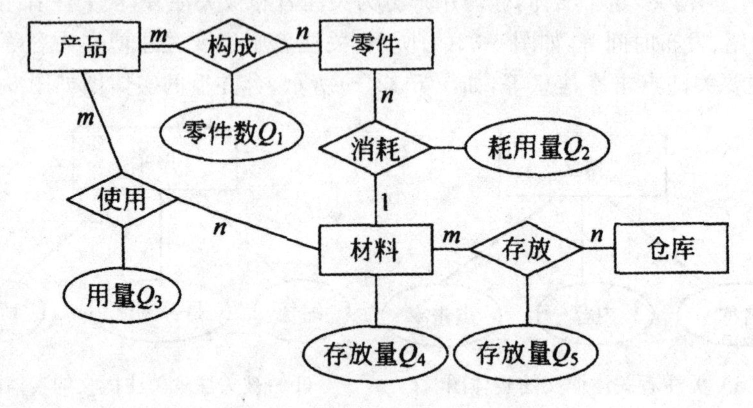

图 6-33　消除冗余的实例

(2)用规范化理论消除冗余

具体方法描述如下:

①确定分 E-R 图实体之间的数据依赖。

如图 6-34 中,部门和职工之间一对多的联系可表示为职工号→部门号;职工和产品之间多对多的联系可表示为(职工号,产品号)→工作天数。这样可以得到函数依赖集 F_L。

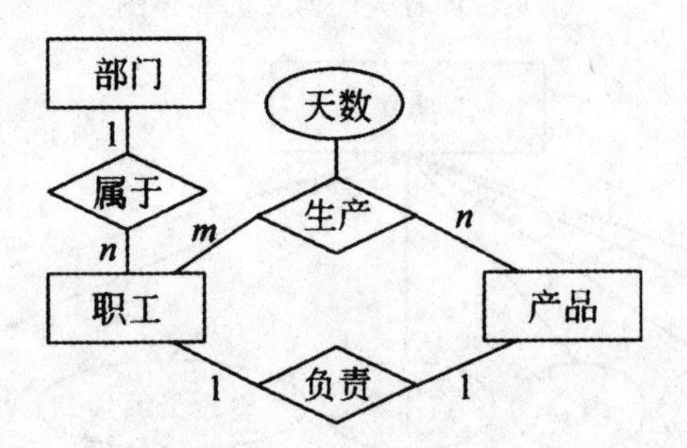

图 6-34　人事管理系统的分 E-R 图

②求函数依赖集 F_L 的最小覆盖 G_L,差集为 $D=F_L-G_L$。逐一考察差集 D 中的函数依赖,确定是否是冗余的联系,如果是冗余的联系则删除。

6.4　逻辑结构设计

6.4.1　逻辑结构设计的任务及步骤

将概念模型转换成特定 DBMS 所支持的数据模型的过程即为数据库逻辑设计的任务。逻辑结构的设计过程如图 6-35 所示。

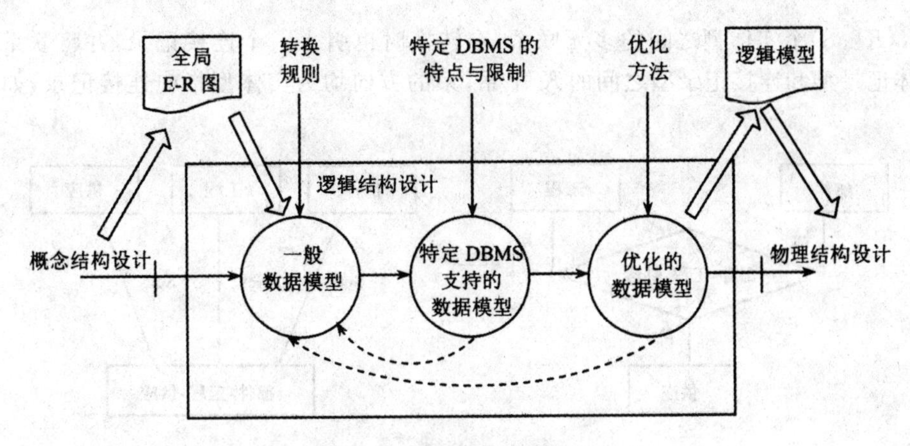

图 6-35　逻辑结构的设计

从图 6-35 中可以看出，概念模型向逻辑模型的转换过程分为三步进行：

①把概念模型转换为一般的数据模型。

②将一般的数据模型转换成特定的 DBMS 所支持的数据模型。

③通过优化方法将其转化为优化的数据模型。

6.4.2　信息模型向网状模型转换

1. 不同型实体集及其联系的转换

信息模型中的实体集和不同型实体集间的联系可按下列规则转换为网状模型中的记录和联系：

①每个实体集转换成一个记录。

②每个 $1:n$ 的二元联系转换成一个系，系的方向由 1 方实体记录指向 n 方实体记录。图 6-36(a)是一个转换的实例。

③每个 $m:n$ 的二元联系，在转换时要引入一个连接记录，并形成两个系，系的方向由实体记录方指向连接记录方。图 6-36(b)是一个 $m:n$ 的二元联系转换实例。

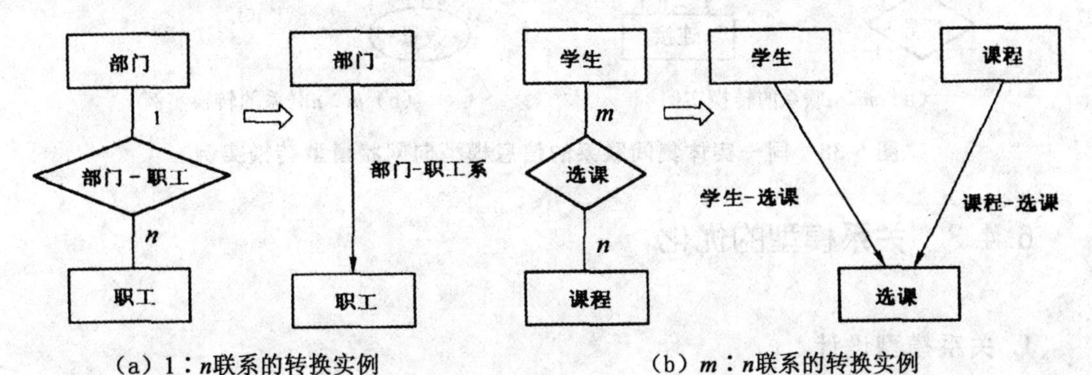

图 6-36　二元联系的信息模型向网状模型转换实例

④$K(K\geqslant3)$个实体型之间的多元联系，在转换时也引入一个连接记录，并将联系转换成K个实体记录型和连接记录型之间的K个系，系的方向均为实体型指向连接记录，如图 6-37 所示。

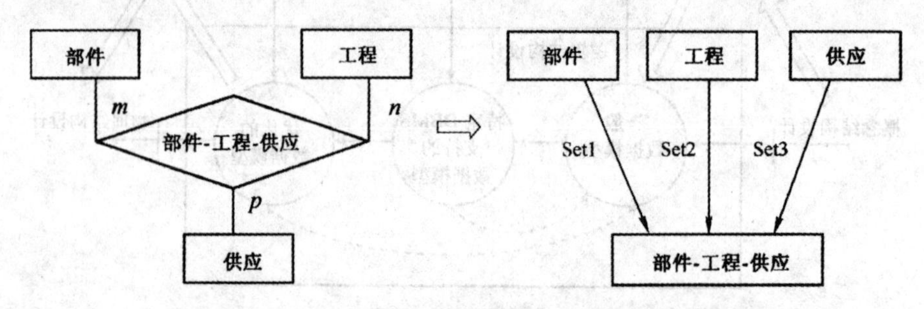

图 6-37　多元联系的信息模型向网状模型转换实例

2. 同型实体之间联系的模型转换

在现实世界中，不仅不同型实体之间有联系，而且在同型实体(即同一实体集合)中也存在联系。例如，部门负责人与这一部门的职工都属于职工这个实体集合，他们都是职工这个实体集的一个子集，但他们之间又存在着领导与被领导的联系。再如，部件与其构成成分之间的联系，因为每个部件又是另一些部件的构成成分，因此这是同型实体之间的多对多的联系。在向网状模型转换时，同型实体之间联系的转换规则如下：

①对于同一实体集的一对多联系，在向网状模型转换时要引入一个连接记录，并转换为两个系，系的方向不同。图 6-38(a)为职工中领导联系的转换实例。

②对于同一实体集之间的$m:n$联系，转换时也要引入一个连接记录，所转换的两个系均由实体记录方指向连接记录方。图 6-38(b)为部件中构成联系的转换实例。

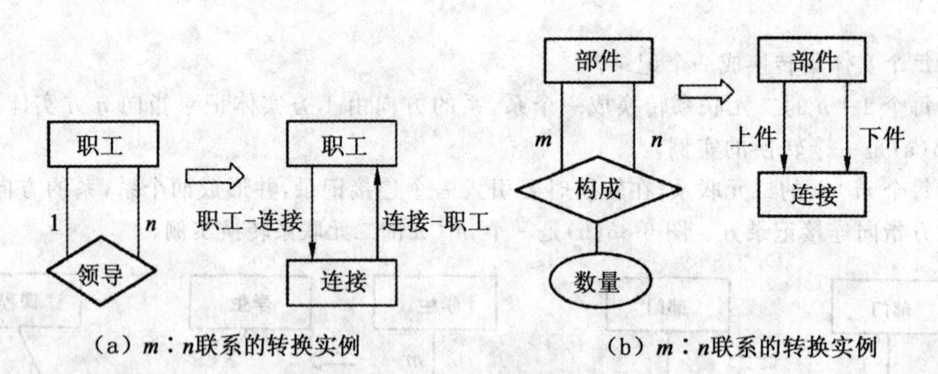

(a) $m:n$联系的转换实例　　(b) $m:n$联系的转换实例

图 6-38　同一实体集间联系的信息模型向网状模型转换实例

6.4.3　关系模型的优化

1. 关系模型设计

模式设计的合理与否，对数据库的性能有很大影响。数据库及其应用的性能和调整优化都是建立在良好的数据库设计基础上的。

关系模式的优化就是对照需求分析阶段得到的用户信息要求和信息处理需求，进一步分析通过上述设计过程得到的关系模式是否符合有关要求，是否需要将某些模式进行合并或分解，并从查询效率的角度出发，考虑是否将某些模式进行合并。关系数据模型的优化方法如下。

①确定数据依赖。

②消除冗余的联系。

③确定各关系模式分别属于第几范式。

④确定是否要对某些模式进行合并或分解。

⑤对关系模式进行必要的分解，提高数据库操作的效率和存储空间的利用率。

2. 关系模型的优化

关系规范化是指将 E-R 图转换为数据模型后，通常以规范化理论为指导，对关系进行分解或合并，这是关系模式的初步优化。可通过以下两步来实现：

①考察关系模式的函数依赖关系。按照需求分析得到的语义关系，将各个关系模式中的函数依赖关系提炼出来，对其进行极小化处理，消除冗余。

②按照数据依赖理论，将关系模式分解，至少达到第三范式，即部分函数依赖和传递依赖得以消除。并不是规范化程度越高关系就越优，因为规范化程度越高，系统就会越经常做连接运算，这时效率就无法得到保障。一般来说，达到第三范式就足够了。

6.4.4　用户子模式的设计

用户子模式即用户外模式，是用户看得到的数据模式，可以根据局部的应用需求和 DBMS 的特点设计外模式。目前，关系数据库管理系统一般都提供视图机制(View Mechanism)。视图是一种逻辑意义上的表，它是从一个或多个表中选出满足一个条件的数据所组成的“虚表”，利用这一机制可以设计出符合局部应用的外模式。

定义数据库全局模式主要是从系统的时间效率、空间效率、易维护等角度出发。由于用户外模式与模式是相对独立的，因此在定义用户外模式时可以注重考虑用户的习惯与方便。包括：

①使用更符合用户习惯的别名来重定义属性名。

②提高数据安全性和共享性。可以对不同级别的用户定义不同的视图，以保证系统的安全性。同时由于视图允许不同的用户以不同的方式来利用相同的数据，从而提高数据的共享性。

③简化用户对系统的使用，方便用户查询。

前面几个阶段设计出的关系模式是系统的模式，基于数据和应用程序的独立性的实现，在逻辑结构设计阶段还要根据数据库系统的模式设计出外模式(也称子模式或用户模式)。保护数据库安全性的一个有力措施即为外模式。每个用户只能看见和访问所对应的外模式中的数据，数据库中的其余数据对他们来说是不可见的。同时，对于每一个外模式，数据库系统都有一个外模式/模式映像,它定义了该外模式与模式之间的对应关系。这些映像定义通常包含在各自外模式的描述中。当模式改变时(如增加新的数据类型、新的数据项、新的关系等),由数据库管理员对数据库外模式/模式映像做相应的改变,从而使得外模式不会发生任何变化。从而应用程序不必修改,使得数据的逻辑独立性得到了保证。

在设计外模式时,要注意以下几点:

• 按照用户习惯进行命名,包括关系名、属性名。外模式与模式的属性本质即使相同也可以取不同的名字。

• 构造必要的外模式,以简化用户操作。

• 针对用户的不同级别定义不同的外模式,使得系统的安全性得到保证。

6.5 数据库物理设计

物理设计还包括物理数据库结构对运用需求的满足,如存储空间、存取策略方面的要求、响应时间及系统性能方面的要求等。

6.5.1 数据库物理设计的内容和方法

数据库的物理设计通常分为两步,如图 6-39 所示。

①确定数据库的物理结构。

②对物理结构进行评价,评价的重点是时间和空间效率。

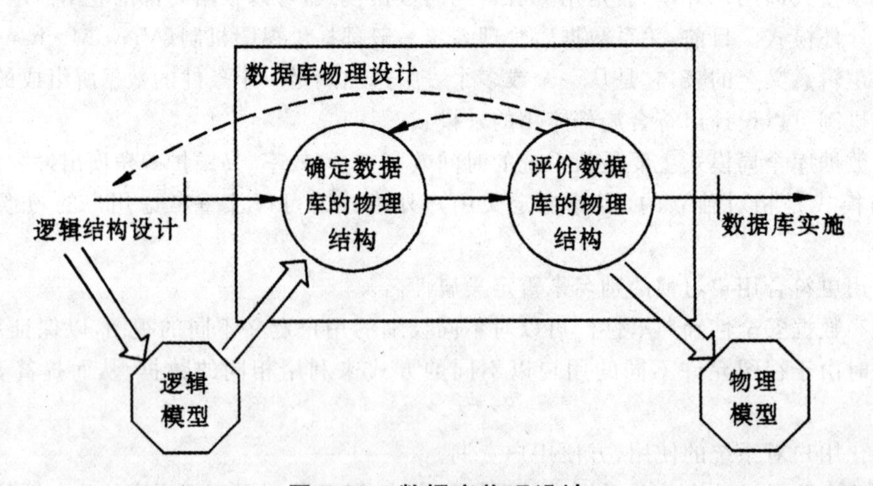

图 6-39　数据库物理设计

由于不同的数据库产品所提供的物理环境、存取方法和存储结构存在一定的差异,供设计人员使用的设计变量、参数范围也各不相同,在对数据库的物理设计时可遵循的通用的设计方法是不存在的，仅有一般的设计内容和设计原则供数据库设计人员参考。

数据库设计人员都希望自己设计的物理数据库结构对事务在数据库上运行时响应时间短、存储空间利用率高和事务吞吐率大的要求都能够有效满足。为此，设计人员应该对要运行的事务进行详细的分析，获得选择物理数据库设计所需要的参数，并且对于给定的DBMS的功能、DBMS提供的物理环境和工具做到详细全面地了解，尤其是存储结构和存取方法。

数据库设计者在确定数据存取方法时，以下三种相关的信息需要清楚明白：

①数据库查询事务的信息，它包括查询所需要的关系、查询条件所涉及的属性、连接条件所涉及的属性、查询的投影属性等信息。

②数据库更新事务的信息，它包括更新操作所需要的关系、每个关系上的更新操作所涉及的属性、修改操作要改变的属性值等信息。

③每个事务在各关系上运行的频率和性能要求。

例如，某个事务必须在 5s 内结束，这能够直接影响到存取方法的选择。这些事务信息会不断地发生变化，所以数据库的物理结构要能够做适当的调整，对事务变化的需要做到尽可能地满足。

关系数据库物理设计的内容主要指选择存取方法和存储结构，包括确定关系、索引、聚簇、日志、备份等的存储安排和存储结构，确定系统配置等。

6.5.2　数据库存储结构的确定

要综合考虑存取时间、存储空间利用率和维护代价三方面的因素来确定数据的存储位置和存储结构。这三个方面常常相互矛盾，需要进行权衡，选择一个折中的方案。

1. 确定数据的存放位置

为了提高系统性能，应该根据应用情况将数据的易变部分与稳定部分、经常存取部分和存取频率较低部分分开存放，尽可能地保证系统性能的提高。

2. 确定系统配置

DBMS 产品一般都提供了一些系统配置变量和存储分配参数供设计人员和 DBA 对数据库进行物理优化。在初始情况下，系统都为这些变量赋予了合理的默认值。但是这些默认值对于所有的应用环境不一定都适用。在进行数据库的物理设计时，还需要重新对这些变量赋值，以改善系统的性能。

3. 评价物理结构

多性能测量方面设计者能灵活地对初始设计过程和未来的修整做出决策。假设数据库性能用“开销”(Cost)，即时间、空间及可能的费用来衡量，则在数据库应用系统生存期中，规划开销、设计开销、实施和测试开销、操作开销和运行维护开销都包括在总的开销之内。

对物理设计者来说，操作开销是主要考虑的方面，即为使用户获得及时、准确的数据所需的开销和计算机资源的开销。

6.6 数据库实施、运行及维护

数据库的物理设计完成之后，设计人员就要用 DBMS 提供的数据定义语言和其他实用程序将数据库逻辑设计和物理设计结果严格描述出来，成为 DBMS 可以接受的源代码，再经过调试产生目标模式，接着就可以组织数据入库了，这就是数据库实施阶段。试运行一段时间后，应对系统实施监控，并分析系统试运行指标，如果指标能够满足正式运行要求，那么就可以认为数据库实施阶段结束，接着就进入了数据库的运行维护阶段。

6.6.1 数据库实施

1. 建立实际数据库结构

DBMS 提供的数据定义语言(DDL)可以定义数据库结构。我们可使用 SQL 定义语句中的 CREATE TABLE 语句定义所需的基本表，使用 CREATE VIEW 语句定义视图。

2. 载入数据

载入数据又称为数据库加载，是数据库实施阶段的主要工作。

由于数据库的数据量一般都很大，它们分散于一个企业各个部门的数据文件、报表或多种形式的单据中，它们存在着大量的重复数据，并且其格式和结构一般都不符合数据库的要求，必须把这些数据收集起来加以整理，去掉冗余并转换成数据库所规定的格式，这样处理之后才能装入数据库。因此，需要耗费大量的人力、物力，是一种非常单调乏味而又意义重大的工作。

由于应用环境和数据来源的差异，所以不可能存在普遍通用的转换规则，现有的 DBMS 并不提供通用的数据转换软件来完成这一工作。

对于一般的小型系统，装入的数据量较少，可以采用人工方法来完成。首先将需要装入的数据从各个部门的数据文件中筛选出来，转换成符合数据库要求的数据格式，然后输入到计算机中，最后进行数据校验，检查输入的数据是否有误。但是，人工方法不仅效率低，而且容易产生差错。对于数据量较大的系统，应该由计算机来完成这一工作。通常是设计一个数据输入子系统，其主要功能是从大量的原始数据文件中筛选、分类、综合和转换数据库所需的数据，把它们加工成数据库所要求的结构形式，最后装入数据库中。

为了防止不正确的数据输入到数据库内，应当采用多种方法多次对数据进行校验。由于要入库的数据格式或结构与系统要求不完全一样，有的差别可能还比较大，所以向计算机内部输入数据时会发生错误,数据转换过程中也有可能出错。数据输入子系统要充分重视这部分工作。

如果在数据库设计时,原来的数据库系统仍在使用,则数据的转换工作是将原来老系统中的数据转换成新系统中的数据结构。同时还要转换原来的应用程序,使之能在新系统下有效地运行。

数据的转换、分类和综合常常需要多次才能完成,因而输入子系统的设计和实施是很复杂的,需要编写许多应用程序。由于这一工作需要耗费较多的时间,为了保证数据能够及时入库,应该在数据库物理设计的同时编制数据输入子系统,而不能等物理设计完成后才开始。

通常情况下可以采取以下办法载入数据:

①使用已有的软件工具或者编写专用的软件工具,将诸如账本、票据等纸介资料输入数据库中。

②在原有系统不中止的情况下,将原有系统中的数据转移到新系统的数据库中。这一步要非常小心,不能冒然停止旧系统的运行,否则可能会带来巨大的损失。

③如果由于客观原因,暂时不能载入旧数据,或原有数据量不足以验证新系统的能力,就需要建立新的模拟数据。此时应该编写专用的软件工具,以利用它生成大量的测试数据模拟实际系统运行时所需的数据。

由于数据的输入非常繁琐且容易出错,同时,原有数据库中数据的结构和格式一般不符合新系统的需求,因此应尽可能地编写专门的输入工具,以对原数据进行提取、分类、检验、综合,从而保证数据的正确性。这个输入工具一般可作为最终的应用程序的一部分,称为输入子系统。

3. 应用程序编码与调试

数据库应用程序的设计属于一般的程序设计范畴,但数据库应用程序有自己的一些特点。

数据库结构建立好之后,就可以开发编制与调试数据库的应用程序,这时由于数据入库尚未完成,调试程序时可以先使用模拟数据。

4. 数据库试运行

应用程序编写完成,并有了一小部分数据装入后,应该按照系统支持的各种应用分别试验应用程序在数据库上的操作情况,这就是数据库的试运行阶段,或者称为联合调试阶段。在这一阶段要完成两方面的工作。

①功能测试。实际运行应用程序,测试它们能否完成各种预定的功能。

②性能测试。测量系统的性能指标,分析其是否符合设计目标。

5. 整理文档

在程序的编码调试和试运行中,应该将发现的问题和解决方法记录下来,将它们整理存档作为资料,供以后正式运行和改进时参考。全部的调试工作完成之后,应该编写应用系统的技术说明书和使用说明书,在正式运行时随系统一起交给用户。完整的文件资料是应用系统的重要组成部分，这一点不能忽视。必须强调这一工作的重要性，引起用户与设计人员的充分注意。

6.6.2 数据库试运行

完成数据库载入和应用程序的初步设计、调试后，即可进入系统试运行阶段，或称该阶段为联合调试。

这一阶段要实际运行数据库应用程序，执行对数据库的各种操作，测试应用程序的功能是否满足设计要求。如果不满足，则要对应用程序部分修改、调整，直至达到设计要求为止。

这里特别要注意两方面：

①组织数据入库是十分费时、费力的事，如果试运行后还要修改数据库的设计，还要重新组织数据入库。

②在数据库试运行阶段，由于系统还不稳定，软硬件故障随时都可能发生。

6.6.3 数据库的运行与维护

数据库的维护是一项长期细致的工作。一方面，系统在运行过程中可能产生各种软硬件故障；另一方面，数据库只要在运行使用，就需要对它进行监控、评价、调整、修改等。在这个阶段的工作主要由 DBA 来完成。

数据库维护的主要工作有以下几个方面。

(1)数据库的安全性、完整性控制

根据用户的实际需求授予不同的操作权限，根据应用环境的改变修改数据对象的安全级别，经常修改口令或者保密手段，这是 DBA 维护数据库安全的主要工作内容之一。

维护数据库的完整性也是 DBA 的主要工作之一。一般说来，数据库应用程序应提供相应的功能，修正一些“敏感”数据，DBA 应根据数据的变化情况，适时地执行该功能。同时随着应用环境的改变，数据库完整性约束条件也会发生改变，DBA 应根据实际情况做出相应的修正。

(2)数据库的转储与恢复

在系统运行过程中，可能存在无法预料的自然或者人为的意外情况，如电源、磁盘故障等，导致数据库运行的中断，甚至破坏数据库的部分内容，所以数据库的转储和恢复是系统正式运行后最重要的维护工作之一。

(3)数据库性能监控、分析和改进

目前有些 DBMS 产品提供了监测系统性能参数的工具，DBA 可以利用这些工具方便地得到系统运行过程中一系列性能参数的值。DBA 可以通过分析这些性能参数，判断当前系统运行状况，从而做出相应的改进。

(4)数据库的重组与重构

数据库重组，改变的是数据库物理存储结构，而不是改变数据库的逻辑和物理结构。

其目的是提高数据库的存取效率和存储空间的利用率。数据库的重构则不同,它是指部分修改数据库的模式和内模式。若数据库需要重组,则要暂停数据库的运行,并使用DBMS提供的重组工具进行重组。数据库重构可能涉及数据内容、逻辑结构、物理结构的改变。因此,可能出现许多问题,一般应由DBA、数据库设计人员及用户共同参加,并注意做好数据备份工作。

第7章 数据库的安全性与完整性

7.1 数据库的安全性

数据库安全性的目标，是确保只有授权的用户才能在授权的时间里进行授权的操作。这一目标是很难达到的，而且为了真正能做出任何进展，数据库开发小组就必须在项目需求确定阶段便规定好所有用户的处理权限及责任。然后，这些安全性需求就能够通过 DBMS 的安全性特点得到加强，并补充写入应用程序里。

7.1.1 安全性概述

数据库的安全性指的是保护数据库以防止不合法的使用所造成的数据泄露、非法修改或破坏数据。

实践中，以下几个层次在数据的保护上都应采取相应的措施。

物理层：数据库所在的计算机系统的机房在物理上得到保护，以防止外界事物强行闯入或暗中潜入。

人际层：尽可能减少数据库的管理及使用人员接受贿赂而给入侵者提供访问的机会。

操作系统层：数据库系统所在的操作系统的安全性弱点有可能为入侵者进行未授权访问提供方便。

网络层：大多数数据库系统都允许通过网络进行远程访问，例如，SQL Server 从一开始就被设计成客户机/服务器的访问模式，因此网络层的安全性是相当重要的。

数据库系统层：数据库系统本身需要提供一种安全机制来保证合法的用户使用合法的权限来访问和修改数据。有时候，这种机制会和操作系统层的安全机制结合起来提供对数据的安全性控制，如 SQL Server 数据库系统。如果在物理层或人员层存在严重的安全性缺陷，则很有可能其他层的安全性措施将如同虚设。在一般计算机系统中，数据库系统安全措施是层层设置的，图 7-1 所示是常见的数据库系统安全模型。

上述物理层和人员层的安全性问题属于社会伦理道德问题，不是本教材的内容。操作系统层的安全性从口令到并发处理的控制，以及文件系统的安全，都属于操作系统研究的内容。网络层的安全性措施已在国际电子商务中广泛应用，属于计算机网络课程的内容。因此，本书中主要介绍数据库系统层的安全性措施。

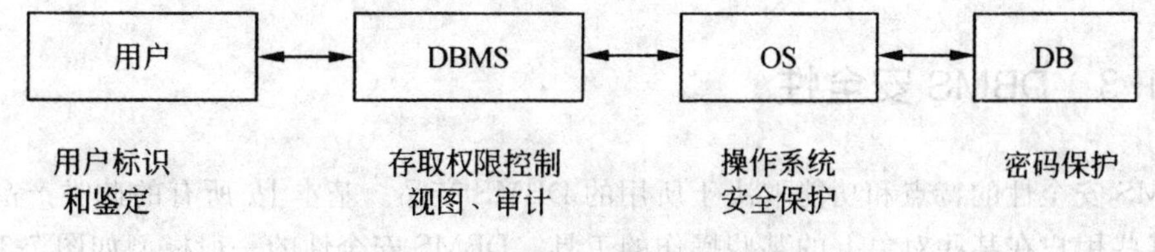

图 7-1　计算机系统的安全模型

本节主要介绍数据库安全保护的常用方法:存取控制、视图机制、审计密码保护。现有的数据技术一般都涉及这些技术,以保证数据库的安全,防止未经许可的人员窃取、篡改或破坏数据库的内容。

7.1.2　处理权限及责任

例如,考虑 View Ridge 画廊的要求。View Ridge 数据库存在三类用户:销售员、管理员和系统管理员。View Ridge 画廊设计处理权利如下:允许销售员输入新客户和事务数据,允许他们修改客户数据和查询任何数据,但是不允许他们输入新的艺术家(artist)或作品(work)数据,也绝对不允许删除任何数据。

对于管理员,除了对销售员允许的全部事项以外,还允许输入新的艺术家和作品数据,以及修改事务数据。虽然管理员拥有删除数据的权限,但是在本应用系统里不给予这样的许可。这样的限制是为了防止数据意外丢失的可能性。

系统管理员可以授予其他用户处理权限,还能够修改诸如表、索引、存储过程之类的数据库元素的结构。但不授予系统管理员直接加工处理数据的权限。

一个数据库使用者,想要登录 SQL Server 服务器上的数据库,并对数据库中的表执行更新操作,则该使用者必须经过图 7-2 所示的安全验证。

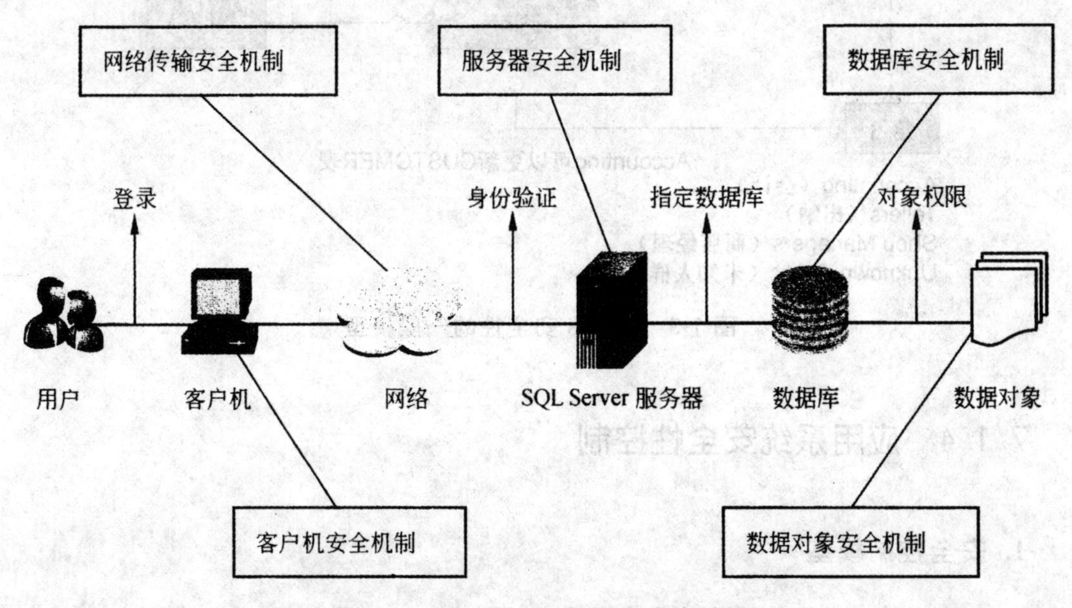

图 7-2　SQL Server 数据库安全验证

7.1.3 DBMS 安全性

DBMS 安全性的特点和功能取决于所用的 DBMS 产品。基本上,所有的此类产品都提供了限制某些用户在某些对象上的某些操作的工具。DBMS 安全性的一般模型如图 7-3 所示。

一个用户可以赋予一个或多个角色,而一个角色也可以拥有一个或多个用户。所谓的对象(OBJECT)就是诸如表、视图或存储过程等数据库要素。许可(PERMISSION)是用户、角色和对象之间的一个联系实体。因此,从用户到许可的联系,从角色到许可的联系以及从对象到许可的联系都是 1∶N,M-O 的。

每当用户面对数据库时,DBMS 就会将他的操作限定为他的许可或者分配给他的角色。一般来说,要确定某个人是否就是其声称的那个人,是一项很困难的任务。所有的商用 DBMS 产品都使用用户名和口令来验证,尽管在用户不太注意时,是很容易被别人窃取的。

用户能够输入名字和口令,或者有些应用程序也能输入名字和口令。例如,Windows 用户名和口令可以直接传送给 DBMS。而在其他情况下,则由应用程序来提供用户名和口令。Internet 应用程序常常定义一个所谓"未知人群"(Unknown Public)的用户群组,并在匿名用户登录时把它们归入这个群组。这样,像 Dell 这样的计算机公司就不需要为每个客户在安全性系统中输入用户名和口令。

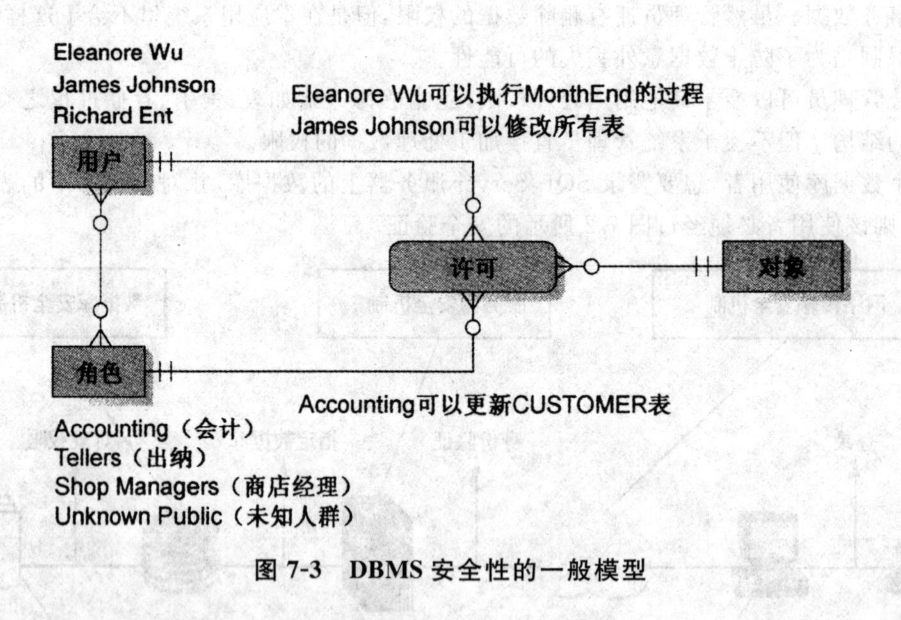

图 7-3 DBMS 安全性的一般模型

7.1.4 应用系统安全性控制

1. 安全控制模型

不同的 DBMS 产品有自己不同的安全模型。图 7-4 是一种比较通用的 DBMS 安全模型。

其基本思想是，对数据库的访问必须经过 DBMS，不允许用户绕过 DBMS 直接访问数据库中的数据。

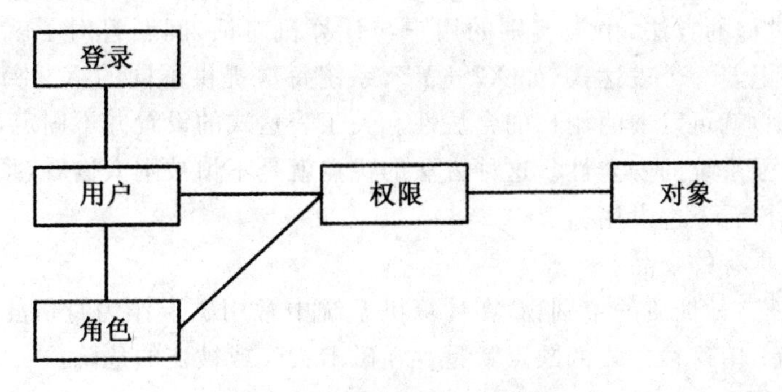

图 7-4　DBMS 安全模型

在用户登录时，主要是进行用户身份鉴别，判断用户的合法身份。用户登录成功才是数据库的合法用户，才能与数据库建立连接。数据库系统的用户注册与登录可以直接引用操作系统中的用户注册与登录结果，但一般的 DBMS 都有自己独立的用户注册与登录。

对于大多数机构来说，可能有对相同的对象具有相同的权力的用户。角色就是处理这类情况的概念。角色(Role)通常指的是机构内的称谓或任务的集合。在实际应用中，一般将用户划分为不同的角色，对每一角色都会有相应的授权。

数据库对象包括表、视图、索引、列、域等。对数据库对象的访问控制主要是通过授权机制。允许对哪一个数据库对象进行哪一种操作，都做出权限规定，拒绝未获授权的用户进行操作。

此外，对数据库的安全保护措施还有数据密码变换、跟踪审计、统计推断控制等。

不同的数据库有不同的安全等级要求，综合运用上述这些方法，可以有效地提高数据库的安全性。

2. 用户标识与鉴别

对于系统来说，用户标识与鉴别是其最外层的安全保护措施。其保障系统安全的基本过程为系统会向用户提供标识身份的方法，并且会将全部标识记录下来。当用户登录时，需要输入自己的身份标识，经系统核实后，用户才能使用该系统。

通常采用的方法有：

(1)确认用户名

用一个用户标识(User ID)或用户名(User Name)来标识用户的身份。经系统核实后，则可以进行下一步骤的核实，反之，则不能使用该系统。

(2)口令

仅仅输入用户名不能够达到鉴别用户合法性的目的，为了进一步核实用户，系统常要求用户输入用户标识(User ID)和口令(Password)进行用户真伪的鉴别。为了保密，通常口令是不显示在显示屏上的。

(3)约定计算过程

用户通过用户名和口令鉴别用户的方法比较简单,但是这两个信息的保密性较差。因此提出了约定计算过程的方法,由被鉴别的用户与计算机对话,问题答对了就证实了用户的身份。例如:让用户记着一个表达式,如 $X2+Y2$,系统每次提供不同的 X 和 Y 值,由用户给出答案。若答案正确,就可以证明用户的合法性。关于表达式的设置并不固定,可以设置更加复杂的表达式,来增强系统的安全性。这种方法的优点就是不怕被别人偷看,系统每次提供不同的随机数,其他用户看了也没用。

(4)利用用户具有的物品

钥匙就是属于这种性质的鉴别物,在计算机系统中常用磁卡作为身份凭证。系统必须配有阅读磁卡的装置,用这种方式的缺点就是存在磁卡丢失或被盗的危险。

(5)利用用户的个人特征

指纹、声音等都是用户的个人特征。利用用户个人特征来鉴别用户非常可靠。

3. 存取控制

用户存取权限指的是不同的用户对于不同的数据对象允许执行的操作权限。在数据库系统中,每个用户只能访问其有权存取的数据并执行有权使用的操作。因此,必须预先定义用户的存取权限。

根据权限定义和检查方式的不同,传统的存取控制机制可以分为两类,即自主存取控制DAC(Discretionary Access Control)和强制存取控制 MAC(Mandatory Access Control),以下分别介绍。

(1)自主存取控制(DAC)

所谓“自主”,是指数据库对象的所有者对数据的存取权限是“自主”的,即用户拥有不同的数据对象存取权限,其权限还能够转授给其他用户。而系统对此无法进行约束,这样就会导致数据的“无意泄露”。例如,甲用户将自己所管理的一部分数据的查看权限授予合法的乙用户,其本意是只允许乙用户本人查看这些数据,但是乙一旦能够查看这些数据,他会将这些数据在不征得甲同意的情况下进行复制并传播。

在数据库系统中,定义存取权限称为授权(Authorization)。存取控制的实施主要通过授权(Authorization)来进行。授权就是给予用户一定的访问数据库的特权。一个用户可以把他所拥有的权限转授给其他用户,也可以把已转授给其他用户的权限回收。

SQL 语言的安全性控制功能,通过 SQL 的 GRANT 语句和 REVOKE 语句提供。由 GRANT 和 REVOKE 语句提供的基本用户接口,通常称为授权子系统。

DAC 访问控制完全基于访问者和对象的身份。也就是说,自主存取控制是由用户(如数据库管理员等)自主控制对数据库对象的操作权限,哪些用户可以对哪些对象进行哪些操作,完全取决于用户之间的授权。任何用户只要需要,就有可能获得对任何对象的操作权限。因此,这种存取控制方式非常灵活。目前大多数数据库管理系统都支持自主存取控制方式。

一个 SQL 特权允许一个授权用户在给定的表、列、域、字符集、排序、交换、触发器、SQL 调用例程或 UDT 上进行特定的操作。

在 SQL3 中定义了使用数据库的 9 类特权如下。

①SELECT 特权:允许对基本表或视图执行查询操作。

②INSERT 特权:允许对基本表或视图执行插入数据操作。

③DELETE 特权:允许对基本表或视图执行删除数据操作。

④UPDATE 特权:允许对基本表或视图执行修改数据操作。

⑤REFERENCES 特权:允许用户在定义新的基本表时,引用其他基本表的主关键字作为其外来关键字。

⑥USAGE 特权:允许使用已定义域。

⑦TRIGGER 特权:允许使用触发器对基本表或视图执行操作。

⑧UNDER 特权:允许创建 UDT 的一个子类型或创建一个类型表的子表。

⑨EXECUTE 特权:允许执行一个 SQL 调用例程。

其中,SELECT、INSERT、DELETE、UPDATE、REFERENCE、TRIGGER 特权称为表特权,它允许对整个表进行操作。

上述特权的操作与所施加的数据库对象的关系如表 7-1 所示。

表 7-1　特权操作与对象

对象	特权操作
基本表	SELECT,INSERT,UPDATE,DELETE,TRIGGER,REFERENCES
视图	SELECT,INSERT,UPDATE,DELETE,REFERENCES
列	SELECT,INSERT,UPDATE,REFERENCES
域	USAGE
字符集	USAGE
排序	USAGE
转换	USAGE
SQL 调用例程	EXECUTE
UDT	UNDER

每一个可更新视图的基础的表特权也可以赋予这个视图。例如,如果对一个表有 SELECT 和 INSERT 特权,而且在此表的基础上为创建了一个可更新的视图,则对该视图也将拥有 SELECT 和 INSERT 特权。

SQL 语言中授予其他用户使用关系和视图的权限的语句格式如下:

GRANT＜权限表＞ON＜数据库元素＞TO＜用户名表＞[WITH GRANT OPTION]

其中,权限表中的权限可以是表中列出的 SELECT、INSERT、DELETE、PDATE、ALL PRIVILEGES。数据库元素可以为 TABLE、DATABASE、TABLESPACE 等数据对象。WITH GRANT OPTION 表示获得权限的用户还能获得传递权限,把获得的权限转授给其他用户。下面的例子说明了 GRANT 语句的一些使用方法。

例 7.1 通过角色来实现将一组权限授予某些用户以及修改、回收权限。

步骤如下：

①创建一个角色 C1。

②用 GRANT 语句，使角色 C1 拥有 Student 表的查询、插入数据权限。

③将这个角色授予 U1，U2，U3，使它们具有角色 C1 所包含的全部权限。

④增加角色的权限，使角色 C1 在原基础上增加修改及删除数据权限。

⑤一次性地通过 REVOKE C1 来回收 U3 拥有该角色的所有权限。

⑥减少角色的权限。去除角色 C1 其插入数据的权限。

```
CREATE ROLE C1；
GRANT SELECT,INSERT
ON TARLE Student
TO C1；
GRANT C1
TO U1,U2,U3；
GRANT UPDATE,DELETE
ON TABLE Student
TO C1；
REVOKE C1
FROM U3；
REVOKE INSERT
ON TABLE Student
FROM C1；
```

此例说明，通过角色的使用可使自主授权的执行更加灵活、方便。

例 7.2 几个授权语句示例。

GRANT ALL PRIVILEGES ON TABLE TABLE_1 TO PUBLIC

该语句把对表 TABLE _l 操作的全部权限授予公共用户 PUBLIC。

GRANT REFERENCES(CNO)ON COURSES TO WANG WITH GRANT OPTION

该语句允许用户 WANG 在建立新关系时，可以引用关系 COURSES 的主关键字 CNO 作为新关系的外来关键字，而且可以转授此权限。

GRANT USAGE ON DOMAIN TEACHER_AGE TO WANG

该语句允许用户 WANG 使用已定义的域 TEACHER _AGE。

GRANT EXCUTE ON TRANSFER_PROC TO WANG

该语句允许用户 WANG 执行过程 TRANSFER_PROC。当然，前提条件是该过程已经存在。

上述授权都可以用 REVOKE 语句回收。

用户只能进行已被授权范围内的操作，对任何一个数据库对象进行操作必须有明确的授权许可。DBMS 为每一个数据库设立一个授权表(Authorization Table)，它有 3 个属性：用户标识符、数据对象和访问特权。数据对象可以是表、视图、索引、列、域等。对于修改操作，还可注明可修改的属性。访问特权指SELECT、INSERT、DELETE、UPDATE等。每次数据库访问都要用到这张表做授权检查。授权检查需要额外的开销，将影响数据库的性能。因此，对于大部分可以公开的数据，可以一次性地授权给PUBLIC，而不必对每个用户逐个授权。PUBLIC是一个特殊的保留字，代替该数据库系统的全体用户。

一个用户可以把他所拥有的权限转授给其他用户，也可以把已转授给其他用户的权限回收。

例7.3　把对Student表的查询权和插入权授予给用户user1，user1同时获得将这些权限转授给别的用户的权限。

GRANT SELECT，INSERT ON TABLE Student TO user1 WITH GRANT OPTION

例7.4　将对Student表中Name列的修改权限授予给用户user1。

GRANT UPDATE(Name)ON TABLE Student TO user1；

例7.5　把对表books的查询权限授予所有用户。

GRANT SELECT ON TABLE books TO PUBLIC；

例7.6　把在数据库myDB中建立表的权限授予用户user2。

GRANT CREATETAB ON DATABASE myDB TO user2；

例7.7　把对表Student的查询权限授予用户user3，并给用户user3有再授予的权限。

GRANT SELECT ON TABLE Student TO user3 WITH GRANT OPTION；

例7.8　用户user3把查询Student表的权限授予用户user4。

GRANT SELECT ON TABLE Student TO user4；

如果用户U_i已经将权限P授予其他用户，那么用户U_i随后也可以用回收语句REVOKE从其他用户回收权限P。回收语句格式如下：

REVOKE＜权限表＞ON＜数据库元素＞FROM＜用户名表＞

回收语句格式中各参数的命令与GRANT语句类似。下面的例子说明了REVOKE语句的一些使用方法。

例7.9　把用户user1修改姓名的权限收回。

REVOKE UPDATE(Name)ON TABLE Student FROM user1；

例7.10　把用户user3查询Student表的权限收回。

REVOKE SELECT ON TABLE Student FROM user3；

在例7.7中授予用户user3可以将获得再授予的权限，而在例7.8中用户user3将对Student表的查询权限又授予了用户user4，因此，例7.10中把用户user3的查询权限收回时，系统将自动地收回用户user4对readers表的查询权限。注意，系统只收回由用户user3授予用户user4的那些权限，而用户user4仍然具有从其他用户那里获得的权限。

这里值得注意的是，虽然WITH GRANT OPTION子句允许被授权的用户将此权限再转授给其他的用户，但是，循环授权是不允许的，即被授权者不能把权限再转授给授权者或其祖先，如图7-5所示。

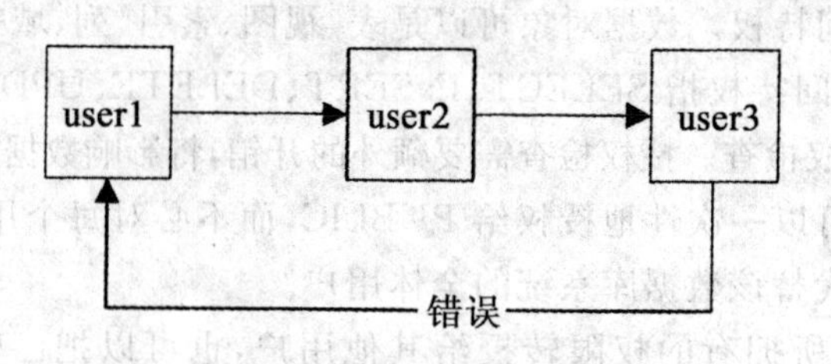

图 7-5　错误的循环授权

授权编译程序和合法检查机制一起组成了安全性子系统。如表 7-2 所示就是一个授权表的实例。

表 7-2　一个授权表的实例

用户名	数据对象名	允许的操作类型
刘勇	关系 Book	Select
张伟	关系 Book	All
张伟	关系 Reader	All
张伟	关系 Borrow	Update
丁钰	关系 Borrow	Select
丁钰	关系 Borrow	Insert
……	……	……

可以通过授权粒度来衡量授权机制是否灵活，授权粒度指的是定义的数据对象的范围。表 7-2 就是一个授权粒度很粗的表，它只能对整个关系授权，如用户刘勇拥有对 Book 关系的 Select 权限；用户张伟拥有对 Book 和 Reader 关系的一切权限，以及对 Borrow 关系的 Update 权限；用户丁钰可以查询 Borrow 关系以及向 Borrow 关系中插入新记录。

表 7-3 中的授权表则精细到可以对属性列授权，用户张伟拥有对 Book 和 Reader 关系的一切权限，但只能查询 Borrow 关系和修改 Borrow 关系的 Bdate 属性；丁钰只能查询 Borrow 关系的 Bookid 属性和 Cardid 属性。

表 7-3　一个授权表的实例

用户名	数据对象名	允许的操作类型
刘勇	关系 Book	Select
张伟	关系 Book	All
张伟	关系 Reader	All
张伟	关系 Borrow	Select

续表

用户名	数据对象名	允许的操作类型
张伟	关系 Borrow. Bdate	Update
丁钰	关系 Borrow. Bookid	Select
丁钰	关系 Borrow. Cardid	Select
……	……	……

表 7-2 和表 7-3 中的授权均独立于数据值，用户能否执行某个操作与数据内容无关。而表 7-4 中的授权表则不但可以对属性列授权，还可以提供与数据有关的授权，即可以对关系中的一组记录授权。比如，刘勇只能查询“中国水利水电出版社”的相关数据。提供与数据值有关的授权，要求系统必须能支持存取谓词。

表 7-4　一个授权表的实例

用户名	数据对象名	允许的操作类型	存取谓词
刘勇	关系 Book	Select	Publisher="中国水利水电出版社"
张伟	关系 Book	All	
张伟	关系 Reader	All	
张伟	关系 Borrow	Select	
张伟	关系 Borrow. Bdate	Update	
丁钰	关系 Borrow. Bookid	Select	
丁钰	关系 Borrow. Cardid	Select	

(2)强制存取控制(MAC)

强制存取控制是一种独立于值的一种简单的控制方法。它的优点是系统能执行“信息流控制”。在前面介绍的授权方法中，允许凡有权查看保密数据的用户就可以把这种数据拷贝到非保密的文件中，造成无权用户也可接触保密数据。而强制存取控制可以避免这种非法的信息流动。

在强制存取控制方法中，有如下几类对象：

- 主体。主体是系统中进行资源访问的实体，如进程、事务。
- 客体。客体是系统中被访问的资源，包括文件、基表、索引、视图等。

对于主体和客体，DBMS 为它们每个实例(值)指派一个敏感度标记(Label)。敏感度标记被分成若干级别，例如绝密、机密、可信、公开等。强制存取控制策略是基于以下两个规则，如图 7-6 所示。

①仅当“主体”的许可证级别大于或等于“客体”的密级时，“主体”对“客体”具有读权限。

②仅当“客体”的密级大于或等于“主体”的许可证级别时，“主体”对“客体”具有写权限。

上述规则均可以禁止具有高许可证级别的“主体”对低密级的数据进行更新的操作，这样可以确保信息的安全性。

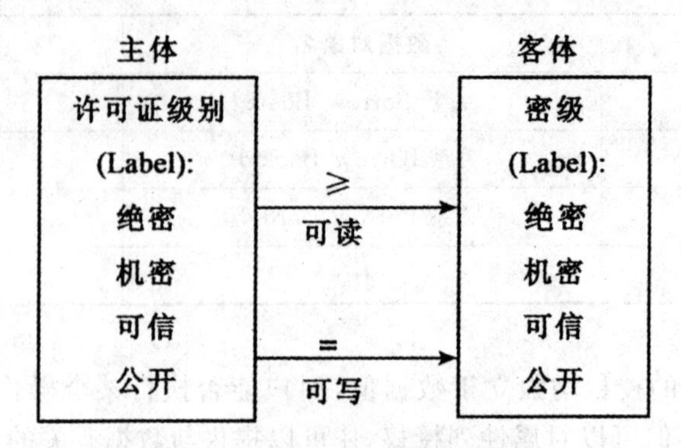

图 7-6　主体存取客体的条件

4. 角色

在一个有很多出纳的银行,每一个出纳必须对同一组关系具有同种类型的权限。无论何时招聘一个新的出纳,他都必须被单独授予所有这些授权。

一个更好的机制是指明所有出纳应该有的授权,并可以标识出数据库中哪些用户是出纳。系统可以用这两条信息来确定每一个有出纳身份的人的权限。当一个新人被雇佣为出纳时,只需给他分配一个用户名,并标识为出纳即可,不需要重新单独授予出纳的相关权限。

角色(ROLE)的概念可用于该机制。角色是被命名的一组与数据库操作相关的权限,角色是权限的集合。在银行数据库中,角色可以包括出纳、前台经理、审计和系统管理员等。可以为一组具有相同权限的用户创建一个角色,使用角色来管理数据库权限既可以简化授权的过程,又可以避免因多个用户使用一个登录名操作数据库,出错后无法鉴别的安全隐患。任何授予用户的权限都可以授予给角色,给用户分配角色就跟给用户授权一样。因此,用户的权限主要包括两个方面:一是直接授予给他的权限;二是分配给他的角色的权限。

角色创建的 SQL 语句格式是

CREATE ROLE＜角色名＞;

刚创建的角色只有名字,没有内容(权限)。

给角色授权的语句格式是

GRANT＜权限＞[,＜权限＞]…

ON＜对象类型＞对象名

TO＜角 tg＞[,＜角色＞]…

DBA 和用户可以利用 GRANT 语句将权限授予由一个或几个角色。

将角色分配给其他的角色或用户的语句格式是

GRANT＜角色 1＞[,＜角色 2＞]…

TO＜角色 3＞[,＜II~P 1＞]…

[WITH ADMIN OPTION]

该语句把角色授予某用户或另一个角色。这样,一个角色(例如角色 3)所拥有的权限就是授予他的全部角色(例如角色 1 和角色 2)所包含的权限的总和。

如果指定了 WITH ADMIN OPTION，则获得这种权限的角色或用户还可以把这种权限再授予其他的角色或用户。

角色权限的收回语句的格式是

REVOKE＜角色 1＞[，＜角色 2＞]…

FROM＜角色 3＞[，＜用户 1＞]…

REVOKE 动作的执行者或者是角色的创建者，或者拥有在这个(些)角色上的 ADMIN OPTION。

例 7.11　通过角色来实现将一组权限授予一个用户。

(1)首先创建一个角色 role1。

```
CREATE ROLE role1;
```

(2)然后为角色 role1 授予权限，使角色 role1 拥有 reader 的 SELECT、UPDATE 和 INSERT 权限。

```
GRANT SELECT,UPDATE,INSERT
ON TABLE reader
TO role1;
```

(3)将这个角色分配给用户 user1、user2 和 user3，使他们具有角色 role1 的全部权限。

```
GRANT role1
TO user1,user2,user3;
```

(4)当然，也可以一次性地通过 role1 来收回 user1 的这 3 个权限。

```
REVOKE role1
FROM user1;
```

例 7.12　角色权限的修改。

```
GRANT DELETE
ON TABLE reader
TO role1;
```

角色 role1 的权限在原来的基础上增加 reader 表的 DELETE 权限。

```
REVOKE INSERT
ON TABLE reader
FROM role1;
```

使 role1 减少 reader 表的 INSERT 权限。

5. 视图机制

视图是从一个或几个基本表(或视图)导出的表，它与基本表不同，是一个虚表。基本表中的数据发生变化，从视图中查询出的数据也就随之改变了。在设计数据库应用系统时，对不同的用户定义不同的视图，使要保密数据对无权存取的用户隐藏起来。

视图机制也是提供数据库安全性的一个措施。由于安全性的考虑，有时并不希望所有用户都看到整个逻辑模型，就可以建立视图将部分数据提取出来给相应的用户。用户可以访问部分数据，进行查询和修改，但是表或数据库的其余部分是不可见的，也不能进行访问。

这样，通过视图机制把要保密的数据对无权存取的用户隐藏起来，以实现对数据一定程度的安全保护。

例 7.13 在 class MIS 数据库中，假设有一个需要知道该数据库下表 st_student 中姓名为“张三”的用户。该用户不能看到除“张三”以外的任何与班级相关的信息。因此，该用户对班级关系的直接访问必须被禁止，但是，需要提供他能够访问到“张三”的途径，于是可以建立视图 p_view，这一视图仅由姓名构成，其定义如下：

```
Create view p_view as select st_name from st_student Where st_name='张三'
```

然后将对该视图的访问权限授予该用户，而不能将对该班级的访问权限授予该用户，因此，建立视图保证了对数据库的安全性。

通过视图机制可以将访问限制在基表中行的子集内、列的子集内，也可以将访问限制在符合多个基表连接的行内，以及将访问限制在基表中数据统计汇总内。此外，视图机制还可以将访问限制在另一个视图的子集内或视图和基表组合的子集内。视图隐藏数据的能力使得用户只关注那些需要的数据，从而也简化了系统的操作。

例 7.14 仅允许用户 U1 拥有学生表 Student 中所有男学生记录的查询和插入权限。允许用户 U3 拥有对该表中所有男学生记录的全部操作权限。

解：先建立 Student 中所有男学生记录的视图，再将该视图的 SELECT，INSERT 权限授予 U1。

```
CREATE VIEW Student male
AS SELECT *
FROM Student
WHERE sex='男';
GRANT SELECT,INSERT
ON Student_male
TO U1;
GRANT ALL PRIVILEGES
ON Student_male
TO U3;
```

例 7.15 允许所有用户查询每个学生的平均成绩(不允许了解具体的各课程成绩)。

```
CREATE VIEW Grade_avg(sno,avgrade)
AS SELECT sno,AVG(grade)
FROM SC
GROUP BY sno;
GRANT SELECT
ON Grade_avg
TO PUBLIC;
```

6. 数据加密技术

数据加密模型如图 7-7 所示。

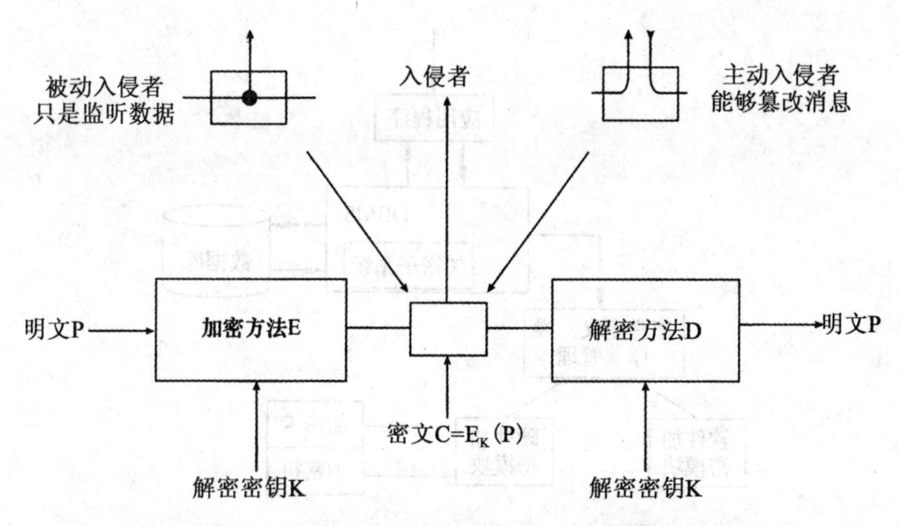

图 7-7 加密模型(假定使用了对称密钥密码)

待加密的消息称为明文(Plaintext),它经过一个以密钥(Key)为参数的函数变换,这个过程称为加密,输出的结果称为密文(Ciphertext)。破解密码的艺术称为密码分析学(Cryptanalysis),它与设计密码的艺术(Cryptography)合起来统称为密码学或密码术(Cryptology)。我们将使用 $C=E_{K(P)}$ 来表示用密钥 K 加密明文 P 得到密文 C。类似地,$P=D_{x(C)}$ 代表了解密文 C 得到明文 P 的过程。由此可以得到:$D_{x(Ex(P))}= P$。

从密码分析者的角度来看,密码分析问题有三个主要的变种。当他得到了一定量的密文,但是没有对应的明文时,他面对的是"只有密文(Ciphertext-Only)"问题。当密码分析者有了一些相匹配的密文和明文时,密码分析问题被称为"已知明文(Known Plaintext)"问题。最后,当密码分析者能够加密某一些他自己选择的明文时,问题就变成了"选择明文(Chosen Plaintext)"问题。

在历史上,加密方法被分为两大类:置换密码和转置密码。

在置换密码(Substitution Cipher)中,每个字母或者每一组字母被另一个字母或另一组字母来取代,从而将原来的字母掩盖起来。最古老的密码之一是凯撒密码(Caesarcipher),它因为来源于 Julius Caesar 而得名。在这种方法中,a 变成 D,b 变成 E,c 变成 F,…,z 变成 C。

字母表置换基本的攻击手段利用了自然语言的统计特性。例如,在英语中,c 是最常见的字母,其次是 t、o、a、n、i 等。最常见两字母组合(或者两字母连字)是 th、in、er 和 an。最常见的三字母组合(或者三字母连字)是 the、ing、and 和 ion。

转置密码(Transposition Cipher)重新对字母进行排序,但是并不伪装明文。为了破解转置密码,密码分析者首先要明白,自己是在破解一个转置密码,通过查看 E,T,A,O,I,N 等字母的频率,很容易就可以看出它们是否吻合明文的常规模式。如果是的话,则很显然这是一种转置密码,因为在这样的密码时,每个字母代表的是自己,从而不改变字母的频率分布。

在 DBMS 中引入一个加密子系统,该子系统提供和软、硬件加密模块的接口,完成加密定义、操作、维护以及密钥的管理、使用等各项功能,所有和加密有关的操作都需要在加密子系统中完成,如图 7-8 所示。

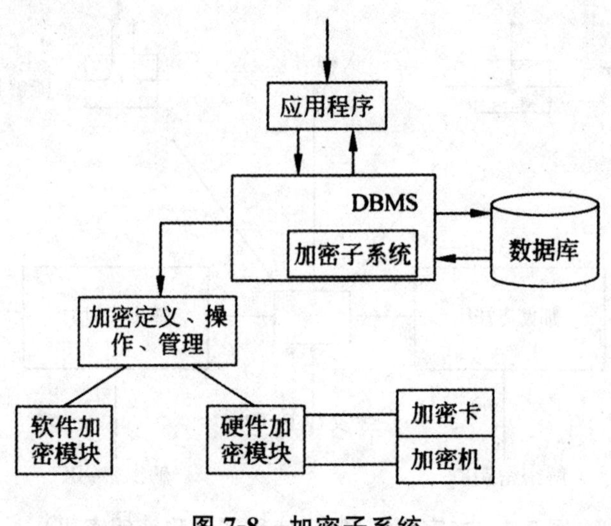

图 7-8　加密子系统

解密密钥的安全存储是另一个相关的问题。如果把它们存在操作系统的一个文件里,那些能够突破操作系统安全的人就能够访问这些密钥了。有些操作系统提供安全存储,也就是说,它们只允许保存密钥的应用程序获取密钥。

传统的数据加密技术中,加密与解密是一对互逆的过程,并且使用同一个密钥,因此又称为对称密码体制。

DES 的加密的方法是一种传统的数据加密技术,它是替换与置换相结合的方法。它把待加密的明文分割成大小为 64 位的块,每一个块用 64 位的密钥加密。每一个块先用初始置换方法加密,再连续进行 16 次复杂的替换,最后再对其施行初始置换的逆。但是,其中第 i 步的替换并不是直接利用原始的密钥 K,而是用由 K 和 i 计算得到的密钥 K_i。DES 的解密算法与加密算法相同,只是密钥 K_i 的施加顺序相反。

DES 方法的安全性很强,使用很广泛,但是若使用当代高速并行计算机,强制破解 DES 密文也不是不可能的。因此,安全性更优越的公开密钥系统(Public-Key System)得到了日益重视和广泛应用。

公开密钥系统又称双密钥系统,最早由 Diffie 和 Hellmen 在 1996 年提出,它的基本思想是:加密算法和加密密钥都是公开的,任何人都可以把明文加密为密文;但是,相应的解密密钥是保密的,而且无法从加密密钥推出,因此即便是加密者本人,若未经授权也无法进行解密。

取幂密码法 RSA(Rivest-Shamir-Adleman)是一个著名的公开密钥系统,它的工作原理如下。

①任意选取两个不同的大质数 p 和 q,要求在 100 位以上,计算乘积 $r=p\times q$。

②任意选取一个大正整数 e 作为加密密钥,e 与 $(p-1)\times(q-1)$ 互质。e 的选取较简单,所有大于 p 和 q 的质数都可用。

③确定解密密钥 d,使得 d 满足:$(d\times e)\bmod(p-1)\times(q-1)=1$。

④公开 r 和 e,但不公开 d,即解密密钥 d 需保密。

⑤将明文 S 加密为密文 C,加密计算方法为

$C=S^e \bmod r$

⑥将密文 C 解密为明文 S，解密计算方法为

$S=C^d \bmod r$

例 7.16　RSA 应用示例。

假设明文 S 为“13”。选取 $p=3$ 和 $q=5$(此处所选的质数很小，仅做示例)。

$r=p\times q=15$，

$(p-1)\times(q-1)=8$，选取 $e=11$，

求解 $(d\times e)\bmod((p-1)\times(q-1))=1$，即 $(d\times 11)\bmod 8=1$，计算得到 $d=3$。

加密过程：密文 $C=S^e \bmod r$

$=13^{11} \bmod 15$

$=1792160394037 \bmod 15$

$=7$

加密过程：明文 $S=C^d \bmod r$

$=7^3 \bmod 15$

$=343 \bmod 15$

$=13$

对数据加密方法的详细叙述请参阅有关书籍。采用密码数据库，在存入数据时要加密，在查询时要解密，增加了系统的开销，降低了数据库的效率。因此，数据密码法只适合于那些对数据保密要求特别高的数据库。

7. 审计

由于任何安全系统不能绝对保证坚不可摧，潜在的渗透者总能想方设法突破控制，尤其是当其因此能获得很高的利益时。如果数据具有很高的敏感性，数据处理过程很重要，审计就显得非常必要。当怀疑数据库中的数据遭到篡改时，可以通过审计检查用户对数据库究竟执行了哪些操作，并可确认操作都受到了控制，或可帮助确定误操作的人员。审计本质上是一特殊的文件或数据库，系统可自动记录用户对数据执行的所有操作。在有些系统中，审计追踪物理上与恢复日志合二为一，而有的系统中两者分别存放；无论哪种方式，用户都应该能利用规则的查询语言解释审计。

跟踪审计由 DBA 控制，或由数据的属主控制。DBMS 提供相应的语句供施加和撤销跟踪审计之用。

在 Oracle 中可以对用户的注册登录、操作、数据库对象(如表、索引等)进行跟踪审计。审计的结果可以从 DBA_AUDIT_OBJECT 等视图查看。

Oracle 的跟踪审计命令的一般语句格式为

```
AUDIT{[<t_option>,<t_option>]…|ALL}
ON   {<t_name> |DEFAULT}
[BY{ACCESS |SESSION}]
[WHENEVER[NOT]SUCCESSFUL]
```

其中，<t_option>表示对<t_name>要进行操作的 SQL 语句，这些操作将被审计。<t_option>

包括：ALTER、AUDIT、COMMENT、DELETE、GRANT、INDEX、INSERT、LOCK、RENAME、SELECT、UPDATE 等。<t_name>表示视图或基本表或同义词。BY 子句说明在什么情况下要在跟踪审计表中做记录。BY ACCESS，指对每个存取操作做审计记录；BY SESSION，指每次 Oracle 的登录都做审计记录，这是缺省情况。WHENEVER 子句进一步说明应当把什么样的操作写入到审计记录中去。WHENEVER SUCCESSFUL 说明只对成功的操作做记录，WHENEVER NOT SUCCESSFUL 说明只对不成功的操作做记录。

关闭审计的命令为

```
NOAUDIT{[<t_option>,<t_option>]…|ALL}
ON{<t_name>|DEFAULT}
[BY{ACCESS|SESSION}]
[WHENEVER[NOT]SUCCESSFUL]
```

8. 应用程序安全性

尽管像 Oracle 和 SQL Server 这样的 DBMS 都提供有传统的数据库安全性能力，但它们的性能较为一般。如果应用程序需要像“不允许任何用户观看或联接雇员名字不是他本人的表记录”这样的特殊安全性措施，则 DBMS 工具就不适应了。这时，必须利用数据库应用程序来扩展安全性系统。

Internet 应用中的应用程序安全性通常是由 Web 服务器计算机提供的。在这种服务器上执行应用程序意味着安全性敏感的数据不能够在网络上传送。

为了帮助理解这一点，假设编写一个应用系统，使得每当用户在浏览器页面上单击某个特定的按钮时，就会将下列查询传送给 Web 服务器并随后转发给 DBMS：

```
SELECT   *
FROM     EMPLOYEE;
```

当然，这个语句会返回所有的 EMPLOYEE 记录。如果应用程序安全性限定雇员只能查看自己的数据，则 Web 服务器可以在这个查询里加入如下所示的 WHERE 子句：

```
SELECT   *
FROM     EMPLOYEE
WHERE     EMPLOYEE. Name='<%=SESSION((“EmployeeName)”)%>';
```

像这样的表达式将会导致 Web 服务器把雇员的名字填入 WHERE 子句。对于名为 Benjamin Franklin 的用户，上述语句运行的结果为

```
SELECT   *
FROM     EMPLOYEE
WHERE     EMPLOYEE. Name='Benjamin Franklin';
```

由于名字是由 Web 服务器上的某个应用程序插入的，浏览器用户完全不知道它的出现，而且即便知道也根本无法干涉。

这里所显示的安全性处理能够通过 Web 服务器做到，但是它也能够在应用程序内部做到，甚至可以写成存储过程或触发器，通过 DBMS 在适当的时刻执行。

这一思想还可以加以扩展，即附加数据到安全性数据库里，再通过 Web 服务器、存储过程

或触发器来存取。该安全性数据库可以包含与 WHERE 子句的附加值相匹配的用户标识符。例如，假设人事部的用户能够访问比其本身拥有的更多的数据，就可以在安全性数据库里预先存放好适当的 WHERE 子句的谓词，然后可以通过应用程序来读取，并在必要的时候追加到 SQL SELECT 语句里。

利用应用程序来扩展 DBMS 的安全性，还存在许多其他的可能性。然而，一般来说，应优先使用 DBMS 的安全特性。只有当它们已经不适应需求的时候，才能通过应用程序代码来补充。数据安全性越被强化，存在渗透的机会就越少。而且，利用 DBMS 的安全特性比较快速、便宜，可能比自行开发质量更高。

9. SQL 插入攻击

过去，每当用户修改某个 SQL 语句时，常会发生所谓的 SQL 插入攻击(Injection Attack)。例如，假定用户被要求在 Web 文本框中输入名字，用户输入值为"' Benjamin Franklin' OR TRUE"。则由该应用程序所产生的 SQL 语句如下：

```
SELECT     *
FROM    EMPLOYEE
WHERE      EMPLOYEE.Name='Benjamin Franklin' OR TRUE;
```

当然，值 TRUE 对于任何行都为真，所以，该 EMPLOYEE 表的每一行都将被返回！

因此，每逢用户输入用于修改某个 SQL 语句时，必须小心地编辑那些输入，以确保仅仅接收有效的输入，并且不会引起任何额外的 SQL 句法。

10. 统计数据库的安全性

统计数据库(Statistical Database)是一种以统计应用为主的数据库，如国家的人口统计数据库、经济统计数据库等。统计数据库中存储大量的敏感性的数据，但只给用户提供这些原始数据的统计数据(如平均值、总计等)，而不允许用户查看单个的原始数据。换句话说，统计数据库只允许用户使用统计函数如 COUNT、SUM、AVERAGE 等进行查询。但是这里有一个漏洞，即用户可以通过多次使用统计查询，推断出个别的原始数据值。这是统计数据库的一个特殊的安全性问题，称为可信信息的推断演绎(Deduction of Confidential Information By Inference)，又称为"机密信息的推断"。

用户使用合法的统计查询可以推断出他不应了解的数据。例如，一个学生想要知道另一个学生 A 的成绩，他可以通过查询包含 A 在内的一些学生的平均成绩，然后对于上述学生集合 P，他可用自己的学号取代 A 后得集合 P′，再查询 P′的平均成绩。通过这样两次查询得到的平均成绩的差和自己的成绩，就可以推断出学生 A 的成绩。

机密信息的推断问题不仅仅存在于统计数据库，也存在于普通的存放有敏感数据的数据库中。例如，对于一个人事管理数据库，若不允许查询个人的工资，但允许按职务查询员工的总工资额，那么很容易通过查询职务为"总经理"的员工的总工资额，就可以获得某企业的总经理的个人的工资，因为一个企业的总经理只有一个，其总工资额就等于个人工资。

为了堵塞这类漏洞，必须对数据库的访问进行推断控制(Inference Control)。现在常用的方法有数据扰动(Data Disturbation)、查询控制(Query Control)和历史相关控制(History-Dependent Control)等。

数据扰动是指对敏感数据进行预加工,例如,做些子统计,用其结果替代数据库中的原始数据,以防止敏感数据丢失,同时又满足统计查询的需要。

查询控制是指对查询的记录进行控制,如控制查询集合的尺寸、限制两次查询的数据集合的交集等。

历史相关控制是指对用户的一个查询,不但要根据查询的要求,而且根据该用户以前做过的查询历史情况,决定是否允许执行当前的查询,以达到推断控制的目的。

这些推断控制的方法已在现代数据库系统中获得了应用,取得了很好的效果,但是迄今为止,尚未彻底地解决统计数据库的安全性问题,有待今后进一步的研究。

统计数据库是一种用于统计分析目的的特种数据库。出于对单个数据记录的隐私保护的考虑,这种数据库一般只接受用户的聚集查询(如 SUM、AVERAGE)等,不接受查询单个记录的信息。

在统计数据库中,安全问题具有新的含义。即一些“聪明”的用户有可能利用多条聚集查询的语句来推导出单条记录的信息。例如,假如一个银行用户 U1 的存款数为 K,现在想知道另一个银行用户 U2 的存款数,他可以递交如下两条合法查询。

①U1 和其他 M 个银行用户的存款总额是多少？假设答案为 T。

②U2 和其他 M 个银行用户的存款总额是多少？假设答案为 S。

那么,用户 U1 就可以从这两条合法查询的结果得到一个不合法的“泄露信息”,即计算出用户 U2 的存款数为 $S-(T-K)$。

为了保证统计数据库的安全性,目前已经提出了一些解决办法。例如,数据干扰的方法对原始数据加上“噪音”数据,使得不合法的用户查询无法得到数据原貌。随机取样的方法只返回一个满足查询条件的结果元组样本,从而防止用户进行数据推导等。一个好的统计数据库安全性措施的设计应该能够避免破坏者绕过这些机制,使破坏者为达到其目标要付出远远超过其利益的代价。

7.1.5 SQL Server 的安全机制

1. 操作系统安全验证

安全性的第一层在网络层,大多数情况下,用户将登录到 Windows 网络,但是他们也能登录到任何与 Windows 共存的网络,因此,用户必须提供一个有效的网络登录名和口令,否则其进程将被中止在这一层。这种安全验证是通过设置安全模式来实现的。

2. SQL Server 安全验证

安全性的第二层在服务器自身。当用户到达这层时,他必须提供一个有效的登录名和口令才能继续操作。服务器安全模式不同,SQL Server 就可能会检测登录到不同的 Windows

登录名。这种安全验证是通过 SQL Server 服务器登录名管理来实现的。

3. SQL Server 数据库安全性验证

这是安全性的第三层。当一个用户通过第二层后，用户必须在他想要访问的数据库里有一个分配好的用户名。这层没有口令，取而代之的是登录名被系统管理员映射为用户名。如果用户未被映射到任何数据库，他就几乎什么也做不了。这种安全验证是通过 SQL Server 数据库用户管理来实现的。

4. SQL Server 数据库对象安全验证

SQL Server 安全性的最后一层是处理权限，在这层 SQL Server 检测用户用来访问服务器的用户名是否获准访问服务器中的特定对象。可能只允许访问数据库中指定的对象，而不允许访问其他对象。这种安全验证是通过权限管理来实现的。

7.1.6　Oracle 的安全机制

Oracle 数据库中的安全机制包括：
①数据库用户和模式。
②权限控制。
③角色。
④存储设置和空间份额。
⑤存储资源限制。
⑥数据库系统跟踪。
⑦数据库审计。

1. 数据库用户

在 Oracle 数据库系统中可以通过设置用户的安全参数维护安全性。为了防止非授权用户对数据库进行存取，在创建用户时必须使用安全参数对用户进行限制。由数据库管理员通过创建、修改、删除和监视用户来控制用户对数据库的存取。用户的安全参数包括用户名、口令、用户默认表空间、用户临时表空间、用户空间存取限制和用户资源存取限制。Oracle 提供操作系统验证和 Oracle 数据库验证两种验证方式。

2. 权限管理

系统权限是指在系统级控制数据库的存取和使用的机制，系统权限决定了用户是否可以连接到数据库以及在数据库中可以进行哪些操作。系统权限是对用户或角色设置的，在 Oracle 中提供了一百多种不同的系统权限。

对象权限是指在对象级控制数据库的存取和使用的机制，用于设置一个用户对其他用户的表、视图、序列、过程、函数、包的操作权限。对象的类型不同，权限也就不同。

3. 角色

角色(Role)是一个数据库实体,该实体是一个已命名的权限集合。使用角色可以将这个集合中的权限同时授予或撤销。

Oracle 中的角色可以分为预定义角色和自定义角色两类。当运行作为数据库创建的一部分脚本时,会自动为数据库预定义一些角色,这些角色主要用来限制数据库管理系统权限。此外,用户也可以根据自己的需求,将一些权限集中到一起,建立用户自定义的角色。

4. 审计

数据库审计属于数据安全范围,是由数据库管理员审计用户的。Oracle 数据库系统的审计就是对选定的用户在数据库中的操作情况进行监控和记录,结果被存储在 SYS 用户的数据库字典中,数据库管理员可以查询该字典,从而获取审计结果。

Oracle 支持 3 种审计级别。

审计设置以及审计内容一般都放在数据字典中。在默认情况下,系统为了节省资源、减少 I/O 操作,数据库的审计功能是关闭的。为了启动审计功能,必须把审计开关打开(即把系统参数 Audit-Trail 设为 True),才可以在系统表(SYS_AUDITTRAIL)中查看审计信息。

5. 数据加密

数据库密码系统要求将明文数据加密成密文数据,在数据库中存储密文数据,查询时将密文数据取出解密得到明文信息。Oracle 9i 提供了特殊 DBMS-OBFUSCATION-TOOL KIT 包,在 Oracle 10g 中又增加了 DBMS-CRYPTO 包用于数据加密/解密,支持 DES,AES 等多种加密/解密算法。

7.2 数据库的完整性

7.2.1 数据库的完整性概述

数据库的完整性(Integrity)包含三方面的含义,即保持数据的正确性(Correctness)和有效性(Validity)。凡是已经失真了的数据都可以说其完整性受到了破坏,这种情况下就不能再使用数据库,否则可能造成严重的后果。

与完整性相关联的另一个概念是一致性。英文术语“Consistency”常译为一致性。Consistency 的含义是指数据库中的两个以上数据的相容(In Agreement)的要求。但是人们常不加区别,混用完整性和一致性这两个词。

完整性受到破坏的常见原因有以下一些。

①错误的数据。当录入数据时输入了错误的数据。

②错误的更新操作。数据库的状态是通过插入、修改、删除等更新操作而改变的。在正常情况下，一个数据库事务把数据库从一个保持完整性的状态改变为另一个保持完整性的状态。但是，如果事务的更新操作有误，就可能破坏数据库的一致性和完整性。例如，从某个银行账号支出一笔钱，但没有同时对该账号的余额予以修改，就产生数据的不一致性。又如，在输入职工年龄时，键入了一个负数或大于 1000 的数。这显然是错误的数据。如果数据库不加检查就接受，就导致完整性受到破坏。

③各种硬软件故障。在执行事务的过程中，如果发生系统硬软件故障，使得事务不能正常完成，就有可能在数据库中留下不一致的数据。

④并发访问。多个事务并发访问数据库，如不加妥善控制就容易产生更新丢失，读出脏数据、读出数据不可重复等错误，导致数据库的完整性受到破坏。

⑤人为破坏。

上述原因中，硬软件发生故障后，可以用数据库恢复的方法，恢复数据库到一致的状态；事务的并发访问控制，在第 4 章已详细介绍；防止人为破坏更需依赖系统的安全保护和管理措施。本节的其余部分介绍现代数据库技术怎样运用数据的完整性约束，处理由于错误数据的录入和错误的更新操作而引起的数据库的一致性和完整性问题。

1. 完整性子系统和控制的功能

数据库的完整性保障是 DBMS 的主要功能之一。数据库中数据应满足的条件称为“完整性约束条件”，也称“完整性约束规则”。而检查数据库中数据是否满足完整性约束条件的过程称为“完整性检查”。DBMS 中执行完整性检查的子系统称为“完整性子系统”，其主要功能有：

①对事务的执行进行监控，检测事务的操作是否违反了完整性约束条件。

②对于违反完整性约束条件的操作采取相应的措施以保证数据的完整性。

2. 完整性约束规则

完整性子系统工作的依据是完整性约束规则，完整性约束规则(Integrity Constraint)是由 DBA 或应用程序员事先提供的有关数据库中数据约束的一组规则。其主要由三部分组成：

①触发条件。何时使用规则进行检查，如在插入记录、修改记录时进行完整性检查。

②约束条件。决定所要检查的错误，如约束的对象的取值范围等。

③ELSE 子句。规定当完整性约束条件不满足时须做的操作，即对于违反规则的处理。

3. 完整性的语义约束和检查

数据的完整性约束一般有以下类型。

(1)域完整性约束

定义域约束规定某个属性的值必须符合某种数据类型并且取自某个数据定义域。域完整性约束施加于单个数据上。例如下面的一些约束都是常见的：

0≤人的年龄≤150

仓库库存量≥0

0≤一个月的工作天数≤31

长途电话号码格式为 999-9999999

(2)关系完整性约束

对关系的完整性约束的主要目的是维持用户规定的函数依赖。数据之间的函数依赖是客观存在的，由用户规定。当用户输入数据时，完整性子系统检查该数据是否符合关系完整性约束，即是否满足指定的函数依赖。若满足则接受，否则拒绝执行该操作。例如，如果用户定义了下列函数依赖：NAME→ADDRESS，即规定在数据库中对于一个用户只保存一个地址。如果对于同一个姓名插入多个不同的地址，系统将拒绝执行。

(3)参照完整性约束

外来关键字是参照完整性约束(Referential Constraint)的一个典型例子。外来关键字的值必须与相对应的候选关键字(或主关键字)的值相匹配，数据库不能允许有无匹配的外来关键字。

从另一个角度，数据库的完整性约束可以分为 2 种类型：静态约束和动态约束。

静态约束(Static Constraint)是对数据库状态的约束，例如，在一个人事管理数据库的任何一个状态都必须满足条件“0≤人的年龄≤150”。

动态约束(Dynamic Constraint)是对数据库从一个状态转换到另一个状态时应遵守的约束。例如，一个人的年龄只会增加，不会减少，更新年龄数据时必须满足此约束。

完整性约束条件的作用对象可以有列级、元组级和关系级三种粒度。一般而言，完整性约束条件的含义可用表 7-5 进行概括。

表 7-5 完整性约束条件

粒度状态	列级	元组级	关系级
静态	列定义	元组值应满足的条件	实体完整性约束
	类型		参照完整性约束
	格式		函数依赖约束
	值域		统计约束
	空值		
动态	改变列定义或列值	元组新旧值之间应满足的约束条件	关系新旧状态间满足的约束条件

完整性约束的检验原则上应在每次数据更新操作后执行，以确定该完整性约束条件是否被满足。但是有些约束，如参照完整性约束、动态约束等的检验将被延迟到事务提交(Commit)时进行。在事务提交时所有的完整性约束都要有效地检验，一旦发现有约束未被满足，便引发异常事件(执行完整性约束规则的“ELSE 子句”)，事务将通过一个隐含的 ROLLBACK(回滚)

而终止。

运用完整性约束可以保护数据库的完整性，但是数据库的完整性子系统进行完整性约束检查是需要耗费额外的时空开销的，这将会显著降低数据库系统的性能。

完整性检查可以分为以下几种：

①立即约束(Immediate Constraint)：指检查是否违背完整性约束的时机，通常是在一条语句执行完后立即检查。即在事务的每个维护操作(插入、删除、修改)执行后检查完整性，如果这时查出完整性受到破坏，则将该事务转为失败状态。

②延迟约束(Deferred Constraint)：指完整性检查延迟到整个事务执行结束后再进行。即在整个事务完成之后检查完整性，检查正确方可提交。

如果发现用户操作请求违背了完整性约束条件，系统将拒绝该操作，但对于延迟执行的约束，系统将拒绝整个事务，把数据库恢复到该事务执行前的状态。

③在事务的某些特定检查点检查完整性。

④在一个维护操作请求之后且执行之前检查完整性。

⑤在数据库管理员或审计员发出检查请求时检查完整性。

完整性子系统，负责处理数据库的完整性语义约束的定义和检查，防止因错误的更新操作产生的不一致性。用户可以使用完整性保护机制，对某些数据规定一些语义约束。

7.2.2　完整性约束

1. 主键约束

主键约束是数据库中最重要的一种约束。主键约束体现了实体完整性。

实体完整性要求表中所有的元组都应该有一个唯一的标识符，这个标识符就是平常所说的主键。主键不能为空值，所谓空值就是“不知道”或“无意义”的值，如果主属性取空值，就说明存在不可标识的实体，即存在不可区分的实体，这与客观世界中实体要求唯一标识相矛盾。因此这个规则是现实世界的客观要求。

例 7.17　创建带有主键约束的表 customers。实现该功能的 SQL 语句如下：

```
create table customers
(cid char(4)not null,primary key,       /* 主键约束 */
cname varchar(13),
city varchar(20),
discnt real check(discnt<=15.0));    /* check 约束 */
```

例 7.18　为 sales 数据库中的 agents 表创建主键约束。实现该功能的 SQL 语句如下：

```
create table agents
(aid nvarchar(255)not null,aname nvarchar(255),
    city nvarchar(255),[percent]float
constraint pk_aid primary key(aid));      /* 主键约束/
```

2. 外键约束

外键约束涉及的是一个表中的数据如何与另一个表中的数据相联系，这就是它称为参照完整性约束的原因——它引用另一个表。参照完整性是指一个关系中给定属性集上的取值也在另一关系的某一属性集的取值中出现。

下面就是一个使用 FOREIGN KEY 约束的例子：

```
CREATE TABLE worker      /＊职工表＊/
(no int PRIMARY KEY,      /＊编号，为主键＊/
name char(8),      /＊姓名＊/
sex,char(2),      /＊性别＊/
dno int      /＊部门号＊/
    FOREIGN KEY REFERENCES department(dno)
    ON DELETE NO ACTION.
address char(30)      /＊地址＊/
);
```

例 7.19 写出带有主键约束和外键约束的创建表 ORDERS 的 create table 语句。

```
create table ORDERS(ordno integer,[month]char(3),
cid char(4)not null,
aid char(3)not null,pid char(4)not null,
qty integer not null CONSTRAINT qt_c
check(qty>=0),      /＊CHECK 约束＊/
dollars float CONSTRAINT dd default 0.0 CONSTRAINT do_c check(dollars>=0.0),
/＊CHECK 约束＊/
CONSTRAINT PK_ord primary key(ordno),      /＊主键约束＊/
CONSTRAINT FK_ord_cus foreign key(cid)references customers,      /＊外键约束＊/
CONSTRAINT FK_ord age foreign key(aid)references agents,      /＊外键约束＊/
CONSTRAINT FK_ord_pro foreign key(pid)references products);      /＊外键约束＊/
```

3. 属性约束

属性约束体现用户定义的完整性。属性约束主要限制某一属性的取值范围，属性约束可以分为以下几类。

①非空值(Not Null)约束：要求某一属性的值不允许为空值。例如，sname 要求非空。

②唯一值(Unique)约束：要求某一属性的值不允许重复。如果某一属性是主键，则该属性的值不能为空值，而且要唯一。例如，ordno 要求唯一。

③基于属性的 CHECK 约束：在属性约束中的 CHECK 约束可以对一个属性的值加以限制。限制就是给某一列设定的条件，只有满足条件的值才允许输入。

例 7.20　在 DDL 语句中定义完整性约束条件。SQL 代码如下：

```
create table jobs
(job_id smallint IDENTITY(1,1)primar9 key,
job_desc varchar(50)not null default' New Position_title not formalized yet',
min_1v1 tinyint not null check(min_1v1＞＝io),
max_1v1 tinyint not null check(max_1v1＜＝250))
```

当建表时，系统自动为主键约束命名，并存入数据字典。

例 7.21　运用参照完整性定义一个枚举类型。SQL 代码如下：

```
create table cities(city varchar{20}not null,primary key(city));
create table customers
(cid char(4)not null,cname varchar(13),
city varchar(20),
discnt real check(discnt＜＝15.0),
primary key(cid),
foreign key city references cities);
```

4. 域约束

域是某一列可能取值的集合。SQL 支持域的概念，用户可以定义域，给定它的名字、数据类型、默认值和域约束条件。用户可以使用带有 check 子句的 create domain 语句定义带有域约束的域。定义域命令的语法格式如下：

```
create domain＜域名＞as＜数据类型＞
[default＜默认值＞]
[check(条件)];
```

例 7.22　定义一个职称域，并声明只包含高级职称的域约束条件。

```
create domain dom_position as char(6)
check(value in('副教授','教授'));
```

使用域时可以在 check 子句中包含一个 select 语句，从其他表中引入域值。如下面的语句实现创建一个职称域：

```
create domain donyposition as char(6)
check(value in(select tposition from teacher));
```

例 7.23　用域约束保证小时工资域的值必须大于某一指定值(如最低工资)。

```
create domain hourly_wage numeric(5,2)
constraint value—test check(value＞＝4.00)
```

删除一个域定义，使用 drop domain 语句，语法格式如下：

```
drop domain＜域名＞;
```

例 7.24　定义一个新的域 COLOR，可用下列语句实现。

```
CREATE DOMAIN COLOR CHAR(6)DEFAULT'?'
CONSTRAINT VALID_COLORS
```

CHECK(VALUE IN

('Red','Yellow','Blue','Green','?'));

此处"CONSTRAINT VALID_COLORS"表示为这个域约束起个名字 VALID_COLORS。

假定为基本表 PART 创建表,可用下列语句。

```
CREATE TABLE PART(……,
              COLOR COLOR,
              ……);
```

若用户插入一个零件记录时未提交颜色 COLOR 值,那么颜色值将被默认设置为"?"。若用户输入了非法的颜色值,则操作失败,系统将产生一个约束名为 VALID_COLORS 的诊断信息。

通常,SQL 允许域约束上的 CHECK 子句中可以有任意复杂的条件表达式。

5. 断言约束

一个断言(ASSERTION)就是一个谓词,它表达了用户希望数据库总能满足的一个条件。域约束和参照完整性约束是断言的特殊形式。当约束涉及多个表时,前面介绍的约束(外键参照完整性约束)有时是很麻烦的,因为总要关联多个表。SQL 支持断言的创建,断言是不与任何一个表相联系的。

SQL 中创建断言的语法格式如下:

create assertion<断言的名称>check<谓词>;

例 7.25 在教务管理系统中,要求每学期上课教师的人数不低于教师总数的 60%。

```
create table course(
cno char(6)NOT NULL,
tno char(9)NOT NULL,
cname char(10)NOT NULL,
credit numeric(3,1)NOT NULL,
primary key(cno,tno));
create table teach(
tno char(9)NOT NULL primary key,
tname char(10)NOT NULL,
title char(6),
dept char(10));
```

在教师表 teacher 和课程表 course 之间创建断言约束,解决该实例提出的问题:

```
create assertion asser_constraint
check((select count(distinct Tno)from course)
>=(select count(*)from teacher)*0.6);
```

断言表示数据库状态应满足的条件,而触发子中表示的却是违反约束的条件。触发子(Trigger)是一个软件机制,其功能相当于下面的语句:

WHENEVER<事件>

IF<条件>THEN<动作>；

其语义为：当某一个事件发生时，如果满足给定的条件，则执行相应的动作。

这种规则称为主动数据库规则（Active Database Rules），又称为 ECA 规则（取事件、条件、动作英文名的首字母），也称为触发子。

例 7.26　每门课程只允许 100 个学生选修。

```
CREATE ASSERTION Asser1
CHECK  (ALL(SELECT COUNT(sno)
              FROM SC
              GROUP BY cno)<=100)；
```

若撤消断言则

```
DROP ASSERTION Asser1；
```

例 7.27　不允许计算机学院的学生选修 019 号（计算机普及）课程。可设计以下的断言形式：

```
CREATE ASSERTION Asser2
    CHECK(NOT EXISTS
  (SELECT *
    FROM Student,SC
    WHERE Student.sno=SC.sno AND Student.dept='计算机学院'
AND SC.cn0='019')；
```

7.2.3　数据库完整性的实施规则

1. 创建规则

创建规则使用 CREATE RULE 语句，其语法格式如下：

CREATE RULE rule AS condition_expression

2. 绑定规则

规则创建后，需要把它和列绑定到一起，则新插入的数据必须符合该规则。

语法格式如下：

```
sp_bindrule[@rulename=]<rule_name>
[@objectname=]'object_name'
[,@futureonle=]'futureonly_flag'
```

3. 解除和删除规则

对于不再使用的规则，可以使用 DROP RULE 语句删除。要删除规则首先要解除规则的绑定,解除规则的绑定可以使用 sp_unbindrule 存储过程。

语法格式如下:

sp unbindrule[@objname=]' object_name'

[,[@futureonly:]' futureonly flag']

[,futureonly];

例如:

sp_unbindrule' student. age'

drop rule age rule;

第8章 数据库事务管理与实现

8.1 事务与事务管理

8.1.1 事务及其生成

事务(Transaction)是指一系列的数据库操作组成,这些操作要么全部成功完成,要么全部失败,即不对数据库留下任何影响。事务是数据库系统工作的一个不可分割的基本单位,既是保持数据库完整性约束或逻辑一致性的单位,又是数据库恢复及并发控制的单位。事务的概念相当于操作系统中的进程。

事务可以是一个包含有对数据库进行各种操作的一个完整的用户程序(长事务),也可以是只包含一个更新操作(插入、修改、删除)的短事务。

事务的开始与结束可以由用户显式控制。如果用户没有显式地定义事务,则由 DBMS 按默认规定自动划分事务。在 SQL 语言中,定义事务的主要语句有 3 条。

①事务开始语句,START TRANSACTION。表示事务从此句开始执行,此语句也是事务回滚的标志点。一般可省略此语句,对数据库的每个操作都包含着一个事务的开始。

②事务提交语句,COMMIT。表示提交事务的所有操作。具体地说,就是当前事务正常执行完,用此语句通知系统,此时将事务中所有对数据库的更新写入磁盘的物理数据库中,事务正常结束。在省略“事务开始”语句时,同时表示开始一个新的事务。

③事务回滚语句,ROLLBACK。表示当前事务非正常结束,此时系统将事务对数据库的所有已完成的更新操作全部撤销,将事务回滚至事务开始处并重新开始执行。

8.1.2 事务的状态与特性

一个事务从开始到成功地完成或者因故中止,可分为 3 个阶段:事务初态、事务执行与事务完成,事务的 3 个阶段如图 8-1(a)所示。一个事务从开始到结束,中间可经历不同的状态,包括活动状态、局部提交状态、失败状态、中止状态及提交状态。事务定义语句与状态的关系见图 8-1(b)。

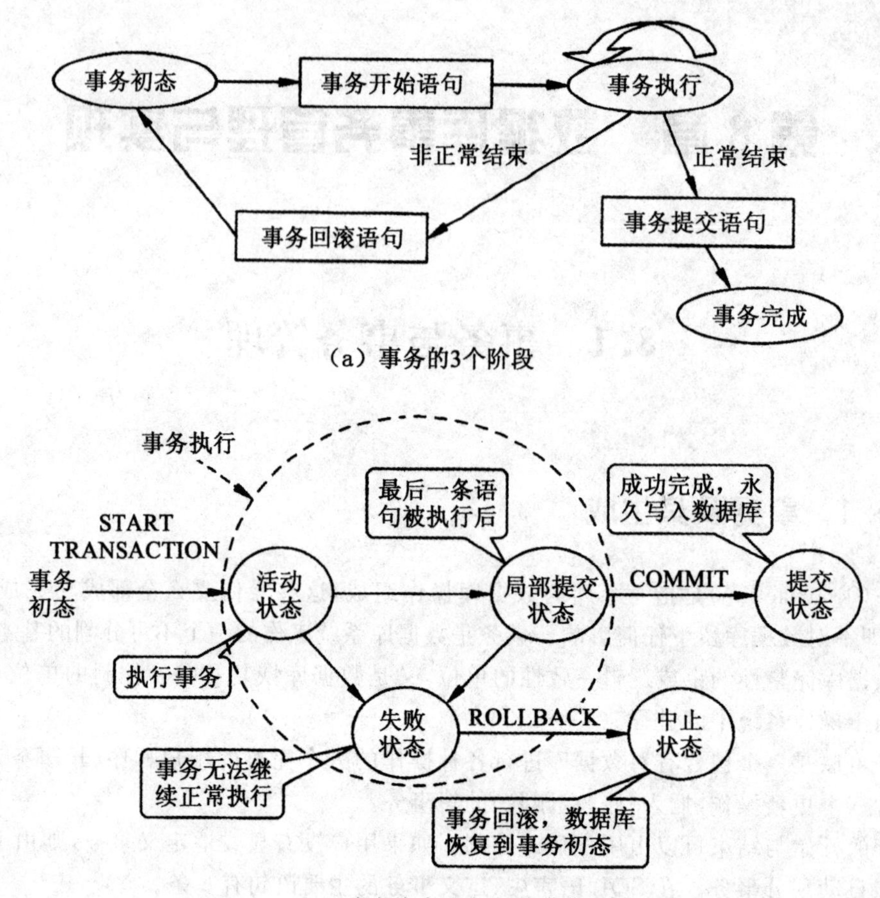

（a）事务的3个阶段

（b）事务定义语句与状态的关系

图 8-1 事务的执行及状态

事务具有以下 4 个特性。

(1)原子性

事务是数据库的逻辑工作单位,事务中包括的各种操作,如果做的话就需要全做,如果不做的话就一个都不要做。

(2)一致性

事务执行的结果必须是使数据库从一个一致性状态变到另一个一致性状态。例如,前述的银行转账的例子,可以定义一个事务,该事务包括两个操作:账户 A 的余额减去 1000;账户 B 的余额增加 1000 元。这两个操作要么全做,要么全不做。全做或者全不做,数据库都处于一致性状态。如果只做一个操作则逻辑上就会发生错误:少了 1000 元或多了 1000 元,这时数据库就处于不一致的状态。

(3)隔离性

对并发执行而言,一个事务的执行不能被其他事务干扰。即一个事务内部的操作及使用的数据对其他并发事务是隔离的。

(4)持续性

持续性也称永久性，是指一个事务一旦提交，它对数据库中数据的改变就应该是永久性的。接下来的其他操作或故障不应该对其执行结果有任何影响。

保证事务 ACID 特性是事务管理的重要任务。破坏事务 ACID 特性的因素有两个：事务在运行过程中被强行停止；多个事务并行运行时，不同事务的操作交叉执行。对于前者，DBMS 必须保证被强行终止的事务对数据库和其他事务没有影响。对于后者。DBMS 必须保证多个事务的交叉运行不影响这些事务的原子性。这些都是 DBMS 中数据库恢复机制和并发控制机制的任务。

8.1.3　事务管理

1. 显式事务

(1)Begin Transaction

Begin Transaction 语句定义一个本地显式事务的起点，并将全局变量@@TranCount 的值加 1，具体的语法格式如下：

Begin Tran|Transaction[transaction_name|@tran_name_Variable]

(2)Commit Transaction

Commit Transaction 语句标志一个事务成功执行的结束。如果全局变量@@ TranCount 的值为 1，则 Commit Transaction 将提交从事务开始以来所执行的所有数据修改，释放事务处理所占用的资源，并使@@TranCount 的值为 0。如果@@TranCount 的值大于 1，则 Commit Transaction 命令将使@@TranCount 的值减 1，并且事务将保持活动状态。具体的语法如下：

Commit Tran|Transaction[transaction_name|@tran]

(3)Rollback Transaction

Rollback Transaction 语句回滚显式事务或隐式事务到事务的起始位置，或事务内部的保存点，同时释放由事务控制的资源。具体语法格式如下：

Rollback Tran[Transaction[transaction_name[@tran_name_variable savepoint_name|@savepoint_Variable]

(4)Save Transaction

Save Transaction 语句在事务内设置一个保存点，当事务执行到该保存点时，SQL Server 存储所有被修改的数据到数据库中，具体的语法格式如下：

Save Tran | Transaction savepoint_name|@savepoint_variable

2. 隐式事务

当连接以隐式事务模式进行操作时，SQL Server 将在提交或回滚当前事务后自动启动新事务。因此，隐式事务不需要使用 Begin Transaction 语句标志事务的开始，只需要用户使用 Rollback Transaction 语句或 Commit Transaction 语句回滚或提交事务。

当使用 Set 语句将 IMPLICIT_TRANSACTIONS 设置为 On 将隐式事务模式打开之后，SQL Server 执行下列任何语句都会自动启动一个事务：Alter Table、Create、Delete、Drop、Fetch、Grant、Insert、Open、Revoke、Select、Truncate Table、Update。在发出 Commit 或 Rollback 语句之前，该事务将一直保持有效。在第一个事务被提交或回滚之后，下次当连接执行以上任何语句时，数据库引擎实例都将自动启动一个新事务。该实例将不断地生成隐式事务链，直到隐式事务模式关闭为止。

3. 自动提交事务

与 SQL Server 建立连接后，系统直接进入自动提交事务模式，直到用 BEGIN TRANSACTION 启动显式事务或者用 SET IMPLICIT_TRANSACTIONS ON 启动隐性事务模式为止。当事务被提交或用 SET IMPLICIT_TRANSACTIONS OFF 退出隐性事务模式后，SQL Server 将再次进入自动提交事务模式。

在自动提交模式下，发生回滚的操作内容取决于遇到的错误的类型。当遇到运行时错误，仅回滚发生错误的语句；当遇到编译时错误，回滚所有的语句。

8.2 故障管理

保证事务 ACID 特性是事务管理的重要任务，但是，在实际应用中，可能破坏事务 ACID 特性的潜在因素有：事务在运行过程中由于各种错误被强行停止；多个事务并发运行时，不同事务的操作序列交叉执行，使得不同事务的操作序列之间产生死锁、错误读取数据等情况。第一种情况下，DBMS 必须保证被终止的事务对数据库和其他事务没有影响，这个依靠数据库的各种恢复技术。第二种情况下，DBMS 必须保证多个事务的交叉运行不影响事务的原子性，这个依靠数据库的事务并发控制技术。

恢复和并发控制作为事务管理的两个重要组成部分，彼此交错，相互影响。恢复主要指恢复数据库本身，即消除故障引起的事务终止和数据库当前的数据不一致，将数据库恢复到某个正确状态或一致状态。DBS 的并发控制主要是指为了保证不同事务操作序列的并发交错运行，对并发交错运行的事务进行控制，以保证各个事务的顺利运行。

恢复子系统是 DBMS 的一个重要部分，尽管 DBS 中采取了各种保护措施来防止数据库的安全性和完整性被破坏，保证并发事务的正确执行，但是计算机系统中硬件的故障、软件的错误、操作员的失误以及恶意的破坏仍是不可避免的，这些故障轻则造成运行事务非正常中断，影响 DB 的正确性，重则破坏 DB，使 DB 中全部或部分数据丢失；因此恢复子系统必须具有把 DB 从错误状态恢复到某一已知的正确状态的功能。根据故障发生的环境和原因，DBS 发生的故障大致分为：事务故障、系统故障、介质故障、计算机病毒。

计算机病毒已成为计算机系统的主要威胁，同时也是 DBS 的主要威胁。计算机病毒对 DB 的破坏是严重的，它不但可能破坏当前运行事务的数据，而且可能破坏其他的非运行事务的数据，DB 一旦被病毒破坏需要用恢复技术实施恢复。

8.3　并发控制与封锁机制

8.3.1　并发的概念

如果一个事务执行完全结束后，另一个事务才开始，则这种执行方式称为串行访问；如果DBMS可以同时接纳多个事务，事务可在时间上重叠执行，则称这种执行方式为并发访问，如图 8-2 所示。

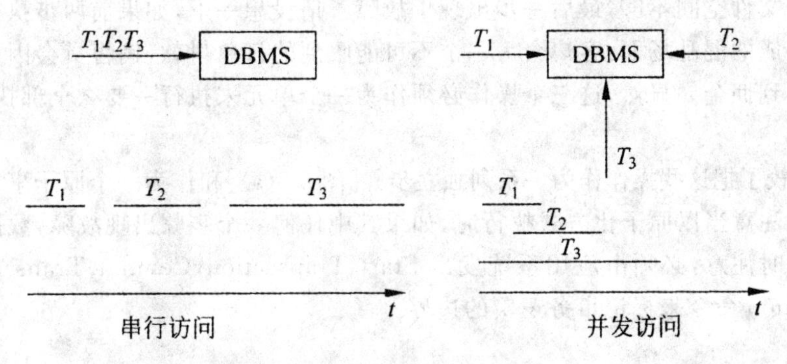

图 8-2　串行访问和并发访问

并发性控制(Concurrency Control)手段用来确保一个用户的工作不会不适当地影响其他用户的工作。有些场合，这些手段可保证一个用户与其他用户一起加工处理时所得到的结果与其单独加工处理时所得到的结果完全相同。而在其他场合，则是以某种可预见的方式，使一个用户的工作受到其他用户的影响。例如，在订单输入系统中，用户能够输入一份订单，而无论当时有没有任何其他用户，都应当能得到相同的结果。另一方面，一个正在打印当前最新库存报表的用户或许会希望得到其他用户正在处理的数据的变动情况，哪怕这些变动有可能随后会被抛弃。

遗憾的是，并不存在任何对于一切应用场合都理想的并发性控制技术或机制，它们总是要涉及某种类型的权衡。例如，某个用户可以通过对整个数据库加锁来实现非常严格的并发性控制，而在这样做的时候，其他所有用户就不能做任何事情。这是以昂贵的代价换来的严格保护。我们将会看到，还是存在一些虽然编程较困难或需要强化，但确实能提高处理效率的方法。还有一些方法可以使处理效率最大化，但只能提供较低程度的并发性。在设计多用户数据库应用系统时，需要对此进行权衡取舍。

8.3.2 原子化事务的必要性

在绝大多数数据库应用系统中，用户是以事务（Transaction）的形式提交作业的，事务也被称为逻辑作业单元（LUW）。一个事务（或 LUW）就是在数据库上的一系列操作，它们要么全部成功地完成，要么一个都不完成，数据库仍然保持原样。这样的事务有时被称为是原子化的（Atomic），因为它是作为一个单位来完成的。

考虑在记录一份新订单时可能出现的以下一组数据库操作：

①修改客户记录，增加欠款（AmountDue）。

②修改销售员记录，增加佣金（CommissionDue）。

③在数据库中插入新的订单记录。

假设由于文件空间不够，最后一步出现了故障。请设想一下，如果前两步执行了而第三步没有执行所造成的混乱场面：客户会为一个不可能收到的订单付款，销售员会因为子虚乌有的客户订单而得到佣金。显然，这三个操作必须作为一个单元来执行一要么全部执行，要么任何一个也不执行。

图 8-3 比较了把这些操作作为一系列独立步骤[图 8-3(a)]和作为一个原子事务[图 8-3(b)]执行的结果。注意当以原子化方式执行时，如果其中任何一个步骤出现故障，数据库都将保持原封不动。同时注意，必须由应用系统发出 Start Transaction，Commit Transaction 或 Rollback Transaction 命令来标记事务逻辑的边界。

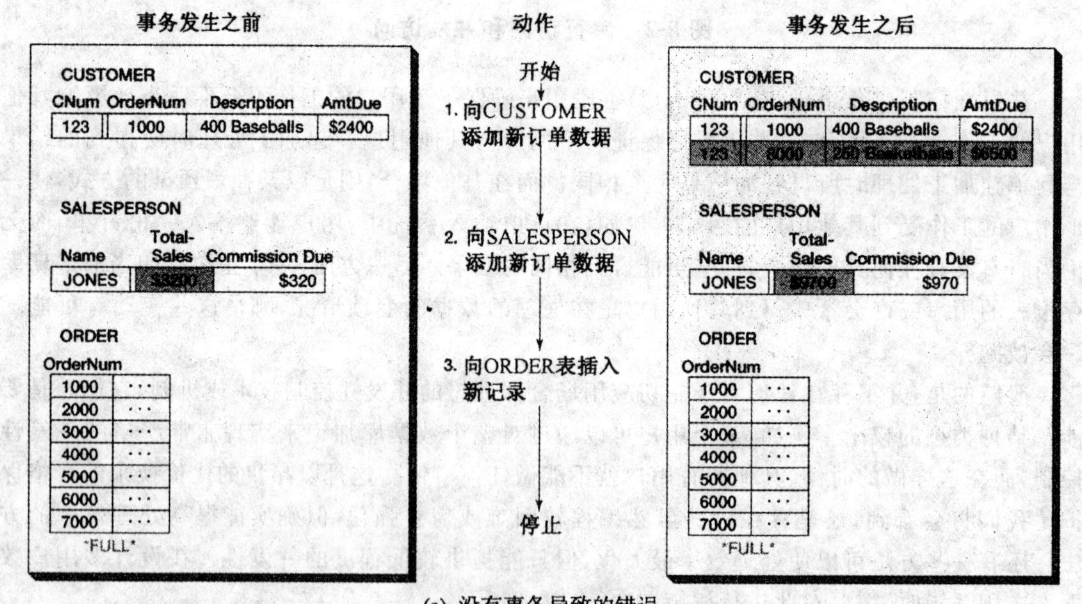

(a) 没有事务导致的错误

图 8-3 事务处理之必要性

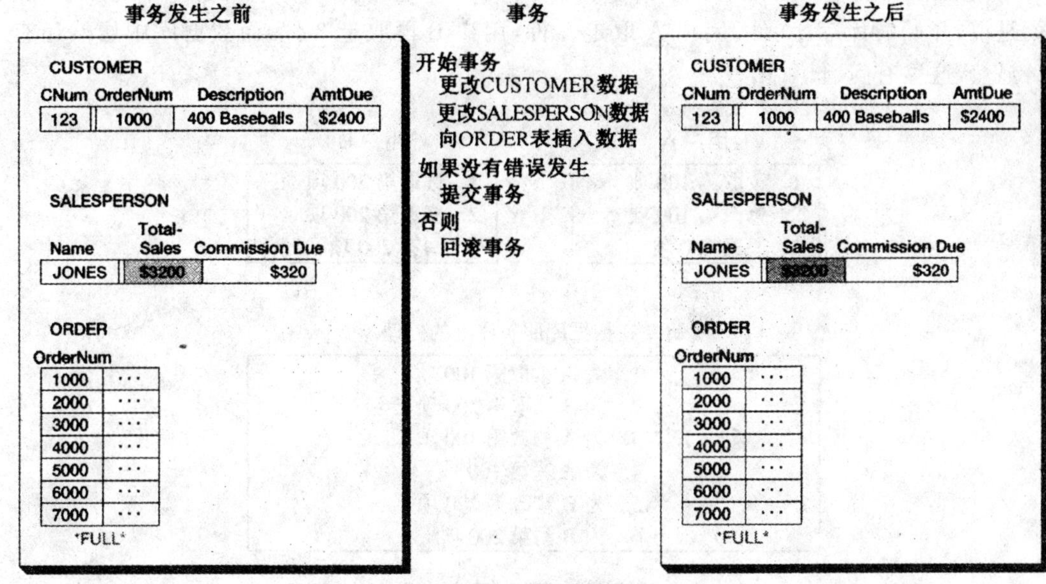

(b) 原子事务防止错误

图 8-3　事务处理之必要性(续)

1. 并发性事务处理

当两个事务同时在处理同一个数据库时,它们被称为并发性事务(Concurrent Transaction)。尽管对用户来说,并发性事务似乎是同时处理的,但实际上并不是这样的,因为处理数据库的计算机 CPU 每次只能执行一条指令。通常事务是交替执行的,即操作系统在任务之间切换服务,在每个给定的时间段内执行其中的一部分。这种切换非常快,以至于两个人并肩坐在浏览器前处理同一个数据库时会觉得这两个事务是同时完成的。其实,两个事务是交替进行的。

图 8-4 显示了两个并发性事务。用户 A 的事务读第 100 项,修改它,然后将它写回数据库。用户 B 对第 200 项做同样的工作。CPU 处理用户 A 直到遇到 I/O 中断或者对于用户 A 的其他延迟,这时操作系统把控制切换到用户 B,CPU 现在处理用户 B 直到再遇到一个中断,这时操作系统就把控制交回给用户 A。对于用户来说,处理好像是同时进行的,其实它们是交替或并发地进行的。

2. 丢失更新的问题

如图 8-4 所示的并发处理不会有任何问题,因为用户处理的是不同的数据。然而,假设两个用户都需要处理第 100 项,例如用户 A 要订购 5 件第 100 项产品,用户 B 要订购 3 件。

图 8-5 说明了这个问题。用户 A 读入第 100 项的记录到用户工作区,根据记录,库存中有 10 件。接着用户 B 读入第 100 项的记录到另一个用户工作区,同样,记录中的库存也是 10 件。现在用户 A 从库存中取走 5 件,其工作区中记录的库存件数减少到 5,这个记录被写回到数据库第 100 项中。然后用户 B 又从库存中取走 3 件,其工作区中记录的库存件数变为 7,并

被写回到数据库第100项中。这时数据库中第100项产品余额为7件,处于不正确的状态。也就是说,开始时库存10件,用户A取走5件,用户B再取走3件,而数据库中居然还有7件。显然,这里有问题。

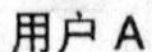

用户A

1. 读取第100项
2. 修改第100项
3. 写第100项

用户B

1. 读取第200项
2. 修改第200项
3. 写第200项

订单在数据库服务器上的处理

1. 为A读取第100项
2. 为B读取第200项
3. 为A修改第100项
4. 为A写第100项
5. 为B修改第200项
6. 为B写第200项

图8-4 并发处理两个用户任务的例子

两个用户取得的数据,在其获取的当时都是正确的。但在用户B读取数据时,用户A已经有了一份副本,并且打算要对其进行修改更新。这被称为丢失更新问题(Lost Update Problem)或者称为并发性更新问题(Concurrent Update Problem)。还有另一个类似的问题,称为不一致读取问题(Inconsistent Read Problem),即用户A读取的数据已被用户B的某个事务部分处理过。其结果是,用户A读取了不正确的数据。

并发性处理引起的不一致问题的一种弥补方法是:不允许多个应用系统在一个记录将要被修改时获取该记录的副本。这种弥补方法称为资源加锁(Resource Locking)。

用户A

1. 读取第100项
(假设此项计数为10)
2. 事项计数减去5
3. 写第100项

用户B

1. 读取第100项
(假设此项计数为10)
2. 事项计数减去3
3. 写第100项

订单在数据库服务器上的处理

1. 为A读取第100项
2. 为B读取第100项
3. 为A置第100项为5
4. 为A写第100项
5. 为B置第100项为7
6. 为B写第100项

注意:第3步和第4步中的修改和写入被丢失了

图8-5 丢失更新的问题

8.3.3 可串行化调度

设数据库系统中在某一时刻并发执行的事务集为$\{T_1, T_2, \cdots, T_n\}$，调度 S 是对 n 个事务的所有操作的顺序的一个安排。在调度中，不同事务的操作次序如果不交叉，则这种调度称为串行调度；如果不同事务的操作相互交叉，但仍保持各个事务的操作次序，则这种调度称为并发调度，如图 8-6 和图 8-7 所示。

T_1	T_2
① read A=1000 $A \leftarrow A-50$ write A=950 read B=2000 $B \leftarrow B+50$ write B=2050	
	② read A=950 $T=A*0.1$ $A \leftarrow A-T$ write A=855 read B=2050 $B \leftarrow B+T$ write B=2145

图 8-6　调度 1：串行调度

T_1	T_2
① read A=1000 $A \leftarrow A-50$ write A=950	
	② read A=950 $T=A*0.1$ $A \leftarrow A-T$ write A=855
③ read B=2000 $B \leftarrow B+50$ write B=2050	
	④ read B=2050 $B \leftarrow B+T$ write B=2145

图 8-7　调度 2：等价于调度 1 的一个并发调度

不同事务的一对操作对同一个数据对象进行操作，有些是冲突的，有些是不冲突的。从调度角度来看，事务的重要操作是 read 和 write 操作，因为它们容易产生冲突，如读-写冲突和写-写冲突，因此调度中通常只显示 read 与 write 操作，如图 8-8 所示。

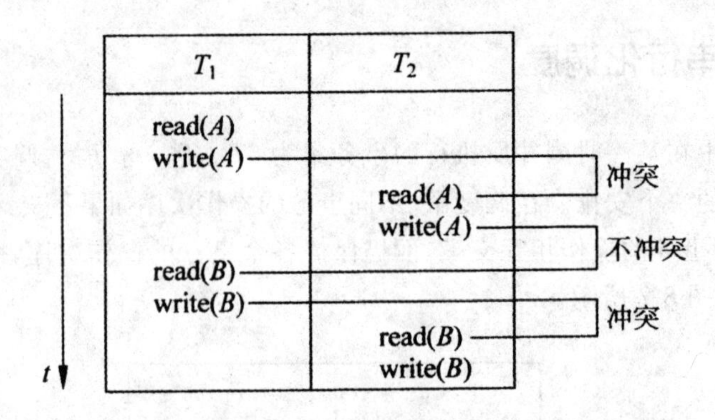

图 8-8　调度 3:只显示 read 与 write 操作

由于 T_2 的 write(A)操作与 T_1 的 read(B)操作不产生冲突,可以交换不冲突操作的次序得到一个等价的调度,如图 8-9 所示。

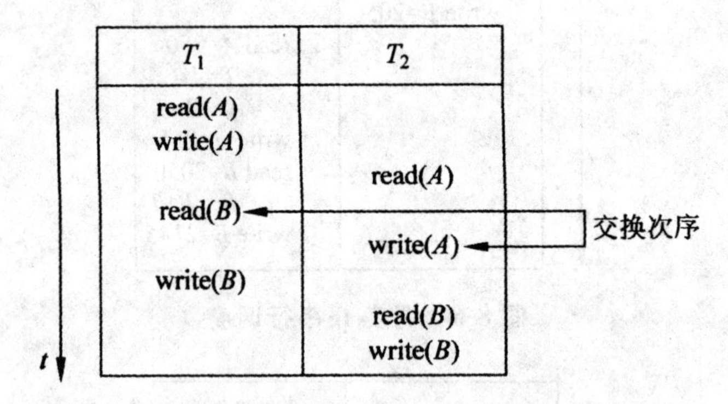

图 8-9　调度 4:交换调度 3 的一对操作得到的调度

图 8-10 所示的是与调度 3 等价的一个串行调度。

如图 8-11 调度 6 所示,因为该调度既不等价于串行调度[T_1,T_2],也不等价于串行调度[T_2,T_1],所以这不是一个冲突可串行化调度。

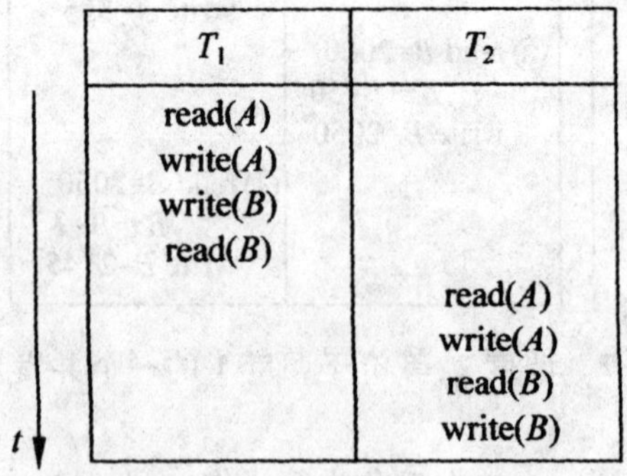

T_1	T_2
read(A)	
write(A)	
write(B)	
read(B)	
	read(A)
	write(A)
	read(B)
	write(B)

图 8-10　调度 5:与调度 3 等价的一个串行调度

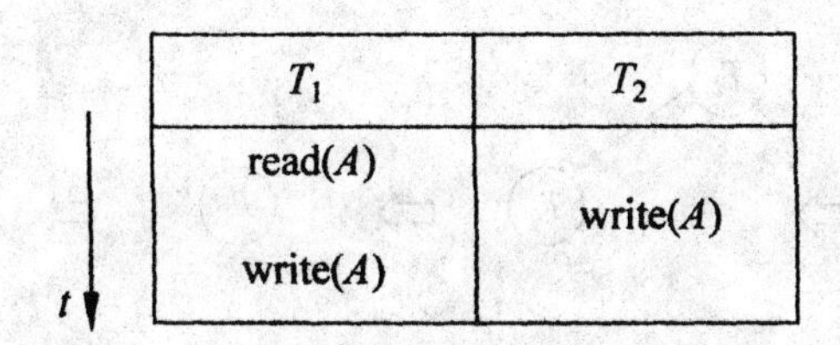

T_1	T_2
read(A)	
	write(A)
write(A)	

图 8-11　调度 6:非冲突可串行化调度

如果在调度 6 中增加事务 T_3,由此得到调度 7,如图 8-12 所示。调度 7 是目标可串行化的。由于调度 6 和调度 7 中 read(A)操作均是读取数据对象 A 的初始值,最后都是写入数据对象 A 的值,因此调度 7 目标等价于串行调度$[T_1,T_2,T_3]$。但是,调度 7 中每对操作均冲突,无法通过交换操作得到冲突等价调度,所以调度 7 不是冲突可串行化的。

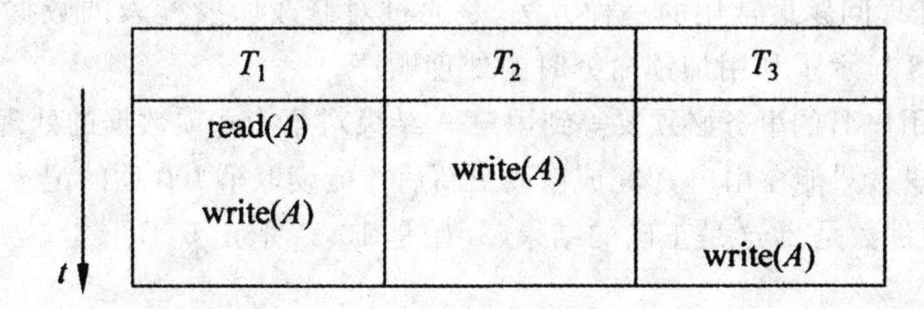

T_1	T_2	T_3
read(A)		
	write(A)	
write(A)		
		write(A)

图 8-12　调度 7:一个目标可串行化调度

假设现有一对事务集$\{T_1,T_2,T_3,T_4\}$的一个调度 S:

$$S=W_3(y)R_1(x)R_2(y)W_3(x)W_2(x)W_3(z)R_4(z)W_4(x)$$

那么如何检验 S 是否可串行化,若为可串行化,等价的串行调度又是多少?

那么首先要分别分析对 x,y,z 的所有操作。对每一对冲突操作,按其在 S 中执行的先后,在前驱图中画上相应的边。

该调度的冲突操作对有:$R_1(x)W_3(x)$、$R_1(x)W_2(x)$、$R_1(x)W_4(x)$、$W_2(x)W_4(x)$、$W_3(y)R_2(y)$、$W_3(x)W_4(x)$。如此可得前驱图如图 8-13 所示。

由于前驱图无回路,故 S 是可串行化的。按照拓扑排序算法可得结点的队列为 T_1、T_3、T_2、T_4,具体的排序过程见图 8-14。

故 S 的等价串行调度为 $S'=R_1(x)W_3(y)W_3(x)W_3(z)R_2(y)W_2(x)R_4(z)W_4(x)$。

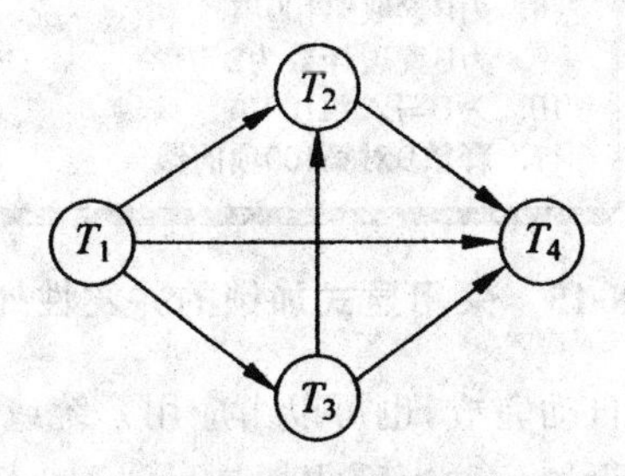

图 8-13　前驱图

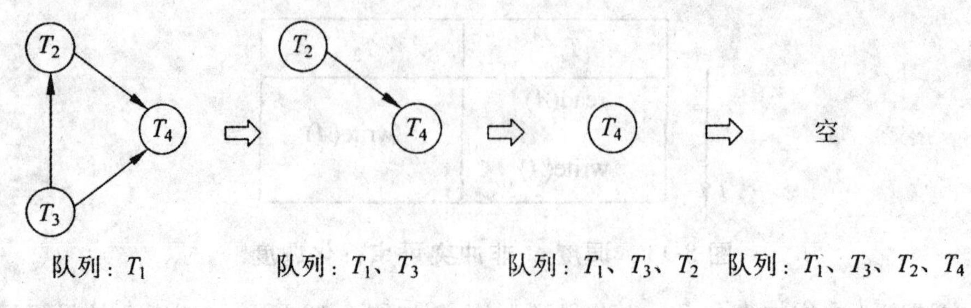

图 8-14　图 8-13 的拓扑排序

8.3.4 资源加锁

防止并发性处理问题最常用的一种方法，是通过对修改所要检索的数据进行加锁来阻止其被共享。图 8-15 显示了利用加锁命令时的处理顺序。

由于有了锁，用户 B 的事务必须要等到用户 A 结束对第 100 项数据的处理后才能执行。采用这样的策略，用户 B 只能在用户 A 完成修改更新后才能读取第 100 项的记录。这时，存放在数据库中的最终余额件数是 2，这是正确的结果（开始是 10，A 取走 5，B 取走 3，最后剩下 2）。

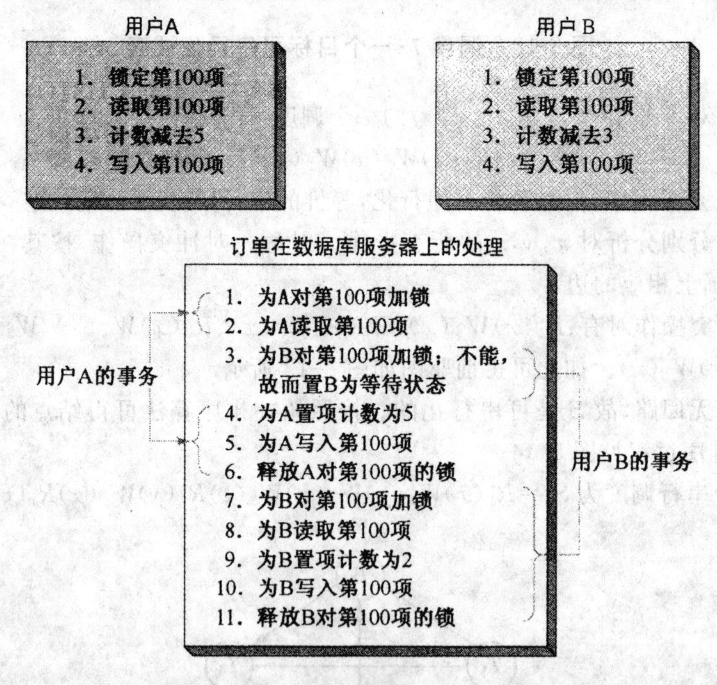

图 8-15　采用显式加锁的并发性处理

设置加锁既可以由 DBMS 自动完成，也可以由应用系统或查询用户向 DBMS 发布命令而完成。由 DBMS 自动完成加锁设置的称为隐式加锁（Implicit Lock），而由发布命令设置的称为显式加锁（Explicit Lock）。当前，多数加锁是隐式的。程序声明需要加锁的行为，DBMS 恰当地放置锁。

并非所有的加锁都是应用在数据行上的。有些 DBMS 锁住表层级,有些则锁住数据库层级。加锁的大小规模与范围称为加锁粒度(Lock Granularity)。粒度大的加锁,对于 DBMS 来说比较容易管理,但经常会导致冲突发生。小粒度的加锁比较难以管理(需要 DBMS 跟踪和检查得更加细致),但冲突较少发生。

锁也分成多种类型。排他锁(Exclusive Lock)使事项拒绝任何类型的存取。任何事务都不能读取或修改数据。共享锁(Shared Lock)则锁住对事项的修改,但允许读取。也就是说,其他事务可以读取该项,只要不去试图修改它。

8.3.5　乐观型加锁与悲观型加锁

1. 乐观型加锁

乐观型加锁(Optimistic Locking)是假设一般不会有冲突发生。读取数据,处理事务,发出修改更新命令,然后检查是否出现了冲突。如果没有,事务便宣告结束。倘若有冲突出现,便重复执行该事务,直到不再出现冲突为止。

图 8-16 所示为乐观型加锁的例子,其中的事务把 PRODUCT 表中铅笔行记录的数量减少 5。

```
SELECT     PRODUCT.Name, PRODUCT.Quantity
FROM       PRODUCT
WHERE      PRODUCT.Name = 'Pencil'

OldQuantity = PRODUCT.Quantity

SET NewQuantity = PRODUCT.Quantity - 5

{处理事务——倘若 NewQuantity <0 则采取异常操作等。
假设一切正常}

LOCK       PRODUCT
UPDATE     PRODUCT
SET        PRODUCT.Quantity = NewQuantity
WHERE      PRODUCT.Name = 'Pencil'
   AND     PRODUCT.Quantity = OldQuantity
UNLOCK     PRODUCT

{检测更新是否成功。若不,重复事务}
```

图 8-16　乐观型加锁

乐观型加锁是只在事务处理完之后加锁,锁定持续的时间比悲观型加锁要短。对于复杂事务或较慢的客户(由于传输延迟、客户正在做其他事、用户正在喝咖啡或没有退出浏览器关机等原因),可以大大减少锁定持续的时间。在大粒度加锁场合,这种优点尤其重要。

乐观型加锁的缺点,是如果对某行记录有好多个操作,事务可能就要重复许多次。因此,对一个记录有许多操作的事务,不适合应用乐观型加锁。

2. 悲观型加锁

悲观型加锁(Pessimistic Locking)则假设冲突很可能会发生。首先发出加锁命令,接着处理事务,最后再解锁。

图 8-17 显示了采用悲观型加锁的相同事务逻辑。在所有工作开始以前,首先(以某种粒度)对 PRODUCT 加锁,随后读取数据值,处理事务,出现 UPDATE,然后 PRODUCT 解锁。

一般来说,Internet 是一个易生混乱的地方,用户可能会采取比如中途抛弃事务等某种不可预见的行为。因此,除非预先确定了 Internet 用户,否则乐观型加锁是一种较好的选择。可是,在内联网场合,决策可能比较困难一些。很可能乐观型加锁仍然较好,除非存在应用系统会对某些特定行记录做大量操作的特点,或者应用系统需求特别不希望重新处理事务。

```
LOCK        PRODUCT

SELECT      PRODUCT.Name, PRODUCT.Quantity
FROM        PRODUCT
WHERE       PRODUCT.Name = 'Pencil'

SET NewQuantity = PRODUCT.Quantity - 5

{处理事务——倘若 NewQuantity <0 则采取异常操作等。
假设一切正常}

UPDATE      PRODUCT
SET         PRODUCT.Quantity = NewQuantity
WHERE       PRODUCT.Name = 'Pencil'

UNLOCK      PRODUCT

{不必检测更新是否成功}
```

图 8-17 悲观型加锁

8.3.6 声明加锁的特性

并发性控制是一个复杂的课题,确定锁的层级、类型和位置是很困难的。有时候,最优加锁策略过分地依赖于事务的主动性程度及其正在做什么。由于诸如此类的原因,数据库应用程序一般并不使用显式加锁。取而代之的,是主要标记事务的边界,然后向 DBMS 声明它们需要加锁行为的类型。这样一来,DBMS 可以动态地安置或者撤销锁,甚至修改锁的层级和类型。

可以用 BEGIN TRANSACTION，COMMIT TRANSACTION 和 ROLLBACK TRANSACTION 语句标记了事务的边界。图 8-18 是用 BEGIN TRANSACTION，COMMIT TRANSACTION 和 ROLLBACK TRANSACTION 语句标记了事务边界的铅笔事务。这些边界是 DBMS 实行不同加锁策略所需要的重要信息。如果这时开发者声明（通过系统参数或类似手段），他想要乐观型加锁，DBMS 就会为这中加锁风格在适当的位置设置隐式加锁。另一方面，倘若他后来又请求悲观型加锁，则 DBMS 也会另外设置隐式加锁。

```
BEGIN TRANSACTION:

SELECT    PRODUCT.Name, PRODUCT.Quantity
FROM      PRODUCT
WHERE     PRODUCT.Name = 'Pencil'

Set NewQuantity = PRODUCT.Quantity - 5

{处理部分事务——倘若 NewQuantity<0 则采取异常操作等}

UPDATE    PRODUCT
SET       PRODUCT.Quantity = NewQuantity
WHERE     PRODUCT.Name = 'Pencil'

{继续处理事务}

IF {事务正常地完成} THEN
   COMMIT TRANSACTION
ELSE
   ROLLBACK TRANSACTION
ENDIF

{继续处理非本事务部分的其他事务}
```

图 8-18　标记事务边界

8.3.7　一致性事务

ACID 事务是指同时原子化、一致化、隔离化和持久化的事务。其中，原子化事务就是要么出现所有的数据库操作，要么什么也不做；持久化事务是指所有已提交的修改都是永久性的。

在 SQL 语句是一致性的情况下，更新将可以应用到在 SQL 语句启动时就已经存在的行记录集合上，这种一致性为语句级一致性。语句级一致性意味着每个语句都是独立地处理一致化的行记录，但是在两个 SQL 语句之间这段时间内，是可以允许其他的用户对这些行记录进行修改的。事务级一致性意味着在整个事务期间，SQL 语句涉及的所有行记录都不能修改。

8.3.8 事务隔离级

SQL 标准定义了 4 种隔离级，并分别规定了允许它们出现的那些问题(表 8-1)，目的是便于应用系统程序员在需要的时候声明隔离级的类型，然后交给 DBMS 管理加锁，以达到实现该隔离级。

表 8-1 事务隔离级总结

问题类型	隔离级			
	读取未提交	读取已提交	可重复读取	可串行化
脏读取	允许	不允许	不允许	不允许
不可重复读取	允许	允许	不允许	不允许
不存在读取	允许	允许	允许	不允许

读取未被提交隔离级允许出现脏读取、不可重复读取和不存在读取。读取已提交隔离级不允许出现脏读取。而可重复读取隔离级既不允许出现脏读取，也不允许出现不可重复读取。最后，可串行化隔离级对这三种读取都不允许出现。

一般来说，隔离级限制越多，生产率就越低，尽管这可能还要取决于应用系统的负载量以及编写形式。此外，并非所有的 DBMS 产品都支持全部的隔离级。各个产品在支持方式上和应用系统程序员分担的责任上也有所不同。

8.3.9 游标类型

游标(Cursor)是指向一个行记录集的指针，通常利用 SELECT 语句定义。一个事务能够打开若干个游标，既可以是串行依次的，也可以是同时的。此外，在同一个表上能够打开两个甚至更多的游标。

游标既可以直接指向表，也可以通过 SQL 视图指向表。游标要求占用一定的内存，比如说，为 1000 个并发性事务同时打开许多游标，就可能会占用相当多的内存和 CPU 时间。压缩游标开销的一个办法是定义压缩化容量游标，并在不需要全容量游标的场合使用这种游标。

在 Windows 环境下使用的 4 种游标类型(其他系统的游标类型与此类似)。最简单的游标是前向的。利用这种游标，应用程序只能顺着记录集合向前移动。对于本事务的其他游标和其他事务的游标所做出的修改，仅当它们出现在游标的行头处时才是可见的。其余三种游标称为可滚动游标，因为应用程序可以向前或向后顺着记录集合进行滚动。静态游标是每当打开游标时所摄取的关系的一个快照。采用这种游标所做出的修改是可见的，来自其他任何来源的修改则是不可见的。

关键字集游标结合了静态和动态游标的一些特点。游标打开时，记录集合的每一行记录的主关键字值都被保存起来。当应用程序在某个行记录上设置游标时，DBMS 就会使用其关键字值来读取该行记录的当前值。如果应用程序要对一个已被本事务中其他游标或其他事务删除的行记录发出修改更新，DBMS 就会利用原来的关键字值创建一个新的行记录，并在其上设置更新后的值（假设提供了所有必要的字段）。本事务中其他游标或其他事务所插入的新行记录，对于关键字集游标是不可见的。除非事务的隔离级是脏读取，否则只有已提交的更新和删除对该游标是可见的。

动态游标是全功能的游标。所有的插入、更新、删除以及对记录集顺序的修改，对于动态游标都是可见的。与关键字集游标一样，除非事务的隔离级是脏读取，否则只有已提交的修改更新是该游标可见的。

对于不同类型的游标所必需的处理以及管理开销量是不同的。为了改善 DBMS 的性能，应用系统开发者应当按照作业的需要，恰如其分地创建合适的游标。

8.4　死锁和解决方案

虽然加锁解决了一个问题，但同时又带来了另一个问题。考虑两个用户各自分别向库存订购两项物品的情况。假设用户 A 要订购一些纸，如果成功，他还会要一些铅笔。用户 B 则要一些铅笔，如果成功，他还会要一些纸。处理的顺序如图 8-19 所示。

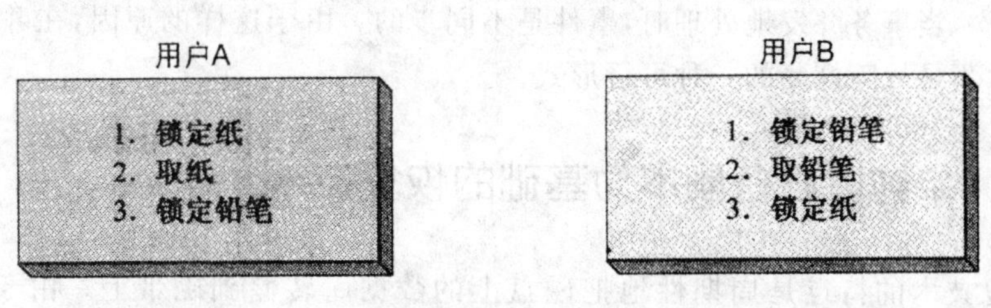

图 8-19　死锁

在图 8-19 中，用户 A 和用户 B 被锁定成称为死锁（Deadlock）的某个条件，有时也称为死亡拥抱（Deadly Embrace），它们都分别无望地在等待已被对方加锁的资源。

解决死锁有两种常用的方法。

(1)在死锁发生前预防

预防死锁的方法有多重：①每次只允许用户有一个加锁请求。这时用户必须一次性地对所有需要的资源进行加锁。如果 A 用户一开始就锁住了自己需要的资源,死亡拥抱就不会发生。②要求所有的应用程序都以相同的顺序锁住资源。

(2)允许发生死锁,然后打破它

差不多每个 DBMS 都具备在死锁出现时打破死锁的算法过程。DBMS 首先必须检测到死锁的发生,典型的解决办法是将某个事务撤销,消除其在数据库里做出的变动。

8.5 数据库恢复技术

8.5.1 通过重新处理来恢复

恢复的最简单形式就是定期地制作数据库副本(称为数据库保存件),并保持一份自备份以来所有处理过的事务记录。这样,一旦发生故障时,操作员就可以从保存件复原出数据库,并重新处理所有的事务。尽管这一策略比较简单,但通常情况下是不可行的。首先,重新处理事务与第一次处理这些事务耗费的时间是一样多的,如果计算机的预定作业繁重,系统就可能无此机会;其次,当事务并发地处理时,事件是不同步的。由于这样的原因,在并发性系统中,重新处理通常不是故障恢复的一种可行形式。

8.5.2 单纯以后备副本为基础的恢复技术

这种恢复技术的特点是周期性地把磁盘上的数据库转储到磁带上。由于磁带脱机存放,可以不受系统故障的影响。转储到磁带上的数据库复本称为后备副本。转储的类型如图 8-20 所示。

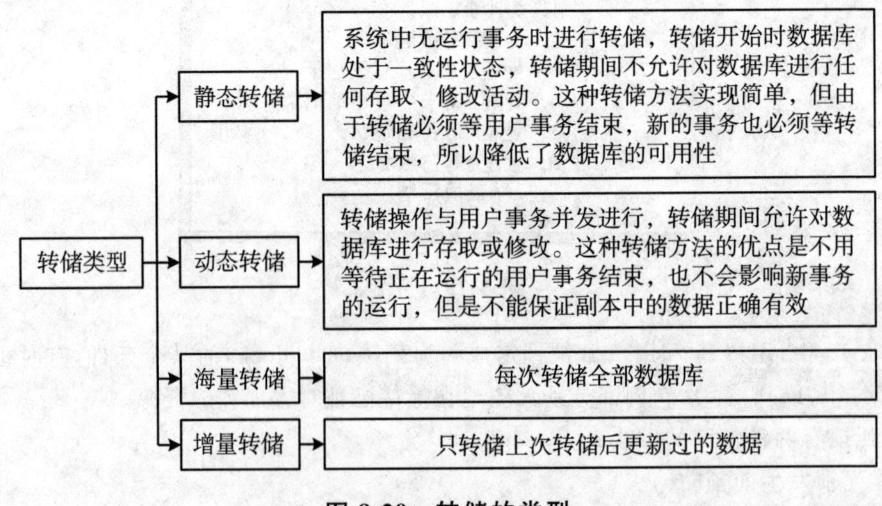

图 8-20 转储的类型

实际上，数据库中的数据一般只部分更新，很少全部更新。因此，可以利用增量转储，只转储其修改过的物理块，这样转储的数据量显著减少，从而可以减少发生故障时的数据更新丢失，如图 8-21 所示。

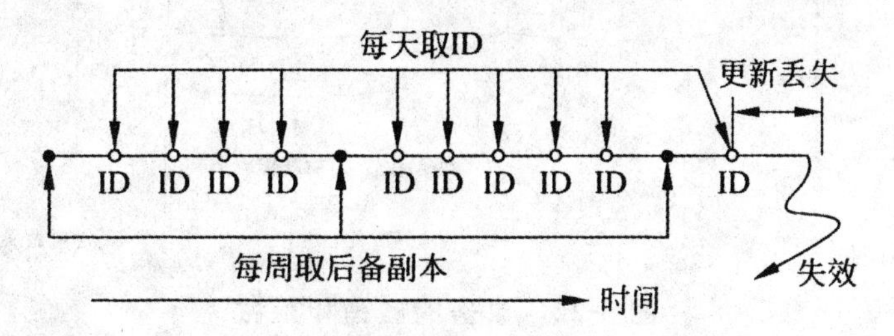

图 8-21　用增量转储减少数据更新丢失

例如，一个数据库系统每周取一次后备副本，在最坏情况下，可能丢失一周的数据更新。如果除了每周取一次后备副本，每天还取一次 ID，则至多丢失一天的数据更新。

可见，当数据失效时，可取出最近的后备副本，并用其后的一系列 ID 把数据库恢复至最近 ID 的数据库状态。很显然，这比恢复到最近后备副本所丢失的数据更新要少。

8.5.3　通过回滚/前滚来恢复

定期地对数据库制作副本（数据库保存件），并保持一份日志，记录自从数据库保存以来其上的事务所做出的变更。这样，一旦发生故障时，可以使用两个方式中的任何一个来进行恢复。

1. 前向回滚

先利用保存的数据复原数据库，然后重新应用自从保存以来的所有有效事务（这里并不是重新处理这些事务，因为在前向回滚时并未涉及应用程序。取而代之的是重复应用记录在日志中处理后的变更）。

2. 后向回滚

这就是通过撤销已经对数据库做出的变更，来退出有错误或仅仅处理了一部分的事务所做出的变更。接着，重新启动出现故障时正在处理的有效事务。

这两种方式都需要保持一份事务结果的日志，其中包含着按年月日时间先后顺序排列的数据变动的记录。如图 8-22 所示，在发生故障的事件中，日志既可以撤销也可以重做事务。为了撤销某个事务，日志必须包含有每个数据库记录（或页面）在变更实施前的一个副本。这类记录称为前映像。一个事务可以通过对数据库应用其所有变更的前映像而使之撤销。为了重做某个事务，日志必须包含每个数据库记录（或页面）在变更后的一个副本。这些记录称为后映像。一个事务可以通过对数据库应用其所有变更的后映像来重做。图 8-23 显示了一个事务日志可能有的数据项。

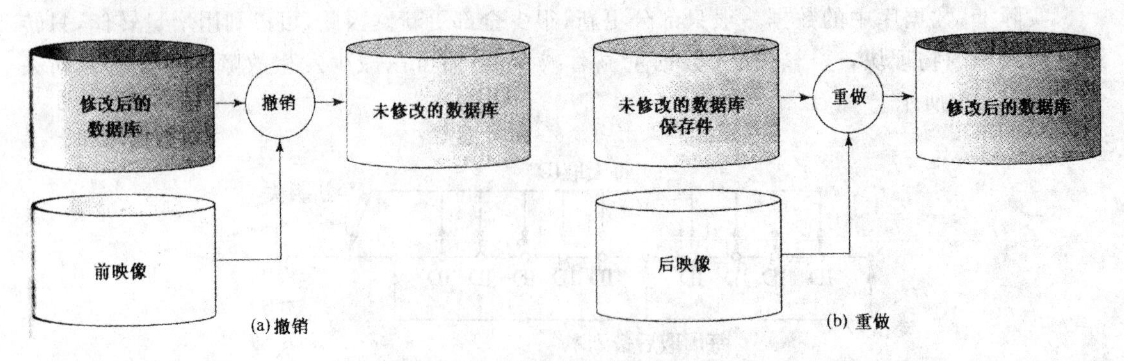

图 8-22　事务的撤销和重做

相对记录号	事务ID	逆向指针	正向指针	时间	操作类型	对象	前映像	后映像
1	OT1	0	2	11:42	START			
2	OT1	1	4	11:43	MODIFY	CUST 100	(旧值)	(新值)
3	OT2	0	8	11:46	START			
4	OT1	2	5	11:47	MODIFY	SP AA	(旧值)	(新值)
5	OT1	4	7	11:47	INSERT	ORDER 11		(值)
6	CT1	0	9	11:48	START			
7	OT1	5	0	11:49	COMMIT			
8	OT2	3	0	11:50	COMMIT			
9	CT1	6	10	11:51	MODIFY	SP BB	(旧值)	(新值)
10	CT1	9	0	11:51	COMMIT			

图 8-23　事务日志示例

对这个日志来说，每个事务都有唯一的标识名，且给定事务的所有映像都用指针链接在一起。有一个指针是指向该事务工作以前的变更(逆向指针，Reverse Pointer)，其他指针则指向该事务的后来变化(正向指针，Forward Pointer)。指针字段的零值意味着链表的末端。DBMS的恢复子系统就是使用这些指针来对特定事务的所有记录进行定位的。日志中的其他数据项是：行为的时间，操作的类型(START 标识事务的开始，COMMIT 终止事务，释放了所有锁)，激活的对象(如记录类型和标识符)以及前映像和后映像等。

给定了一个带有前映像和后映像的日志，那么撤销和重做操作就比较直接了。要想撤销图 8-24 中的事务，恢复处理器只要简单地用变更记录的前映像来替换它们就可以了。

一旦所有的前映像都被复原，事务就被撤销了。为了重做某个事务，恢复处理程序便启动事务开始时的数据库版本，并应用所有的后映像。

要把数据库复原为其最新保存件，再重新应用所有的事务，可以利用检测点的机制。检测点就是数据库和事务日志之间的同步点。检测点是一种廉价操作，通常每小时可以实施 3～4 次(甚至更多)检测点操作。这样一来，必须恢复的处理不会超过 15～20 分钟。绝大多数 DBMS 产品本身就是自动实施检测点操作的，无须人工干预。

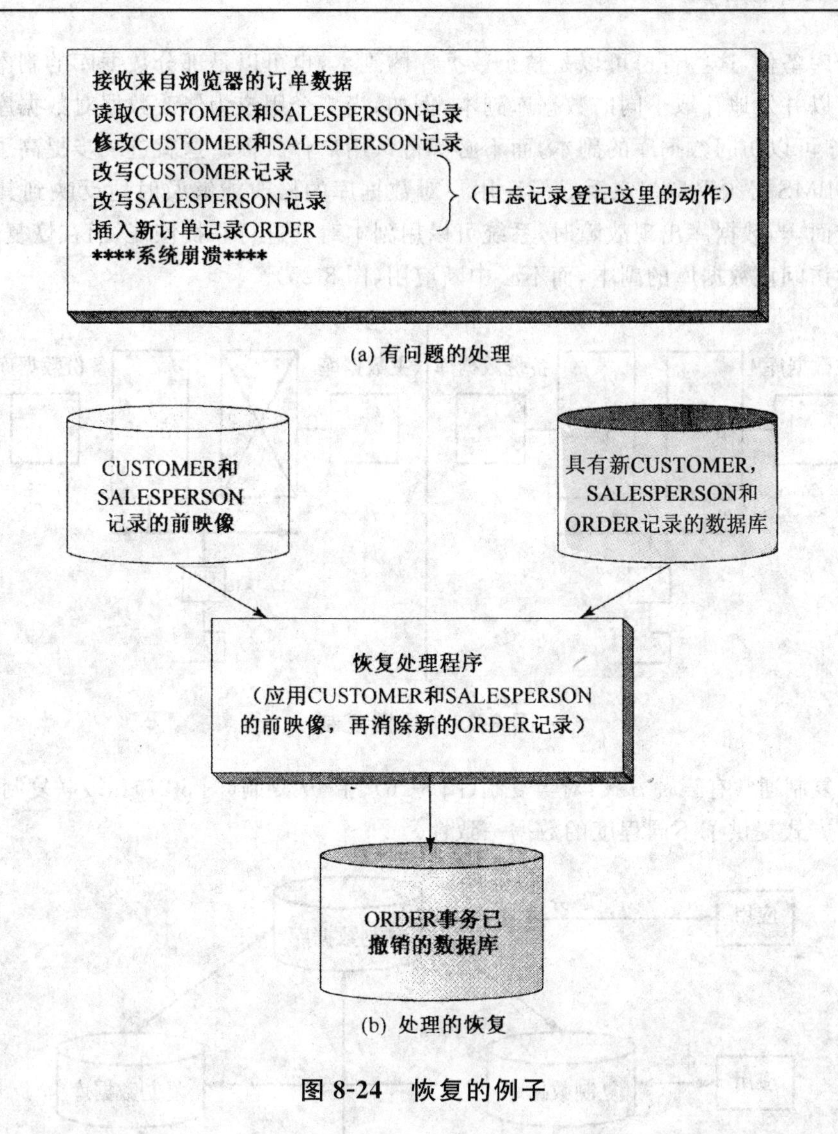

图 8-24　恢复的例子

为了完成检测点命令，DBMS 拒绝接受新的请求，结束正在处理尚未完成的请求，并把缓冲区写入磁盘。然后，DBMS 一直等到操作系统确认所有对数据库和日志的写请求都已完成。此时，日志和数据库是同步的。接着，向日志写入一条检测点记录。然后，数据库便可以从该检测点开始恢复，而且只需要应用那些在该检测点之后出现的事务的后映像。

8.6　数据库复制与数据库镜像

8.6.1　数据库复制

复制是使数据库更具容错性的方法，主要用于分布式结构的数据库中。它在多个场地保留多个数据库备份，这些备份可以是整个数据库的副本，也可以是部分数据库的副本。各个场地的用户可以并发地存取不同的数据库副本，例如，当一个用户为修改数据对数据库加了排它锁，其他用户可以访问数据库的副本，而不必等待该用户释放锁。这就进一步提高了系统的并发度。但DBMS必须采取一定手段保证用户对数据库的修改能够及时地反映到其所有副本上。另一方面，当数据库出现故障时，系统可以用副本对其进行联机恢复，而在恢复过程中，用户可以继续访问该数据库的副本，而不必中断应用(图 8-25)。

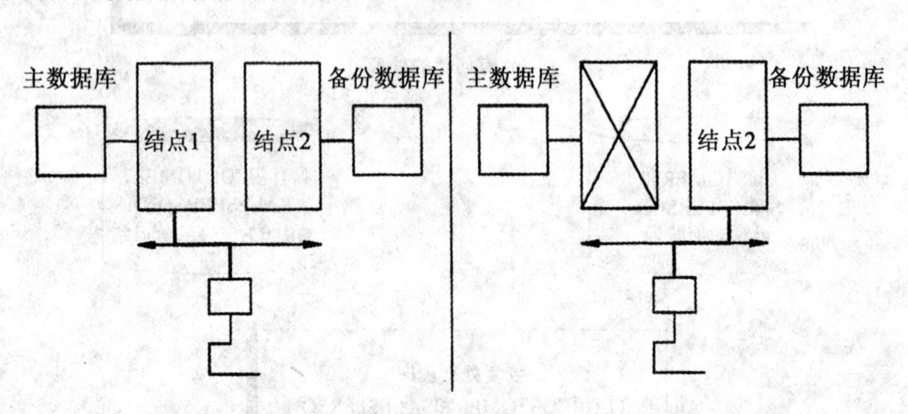

图 8-25　数据复制

数据库复制通常有三种方式:对等复制(图 8-26)、主/从复制(图 8-27)和级联复制(图 8-28)。不同的复制方式提供了不同程度的数据一致性。

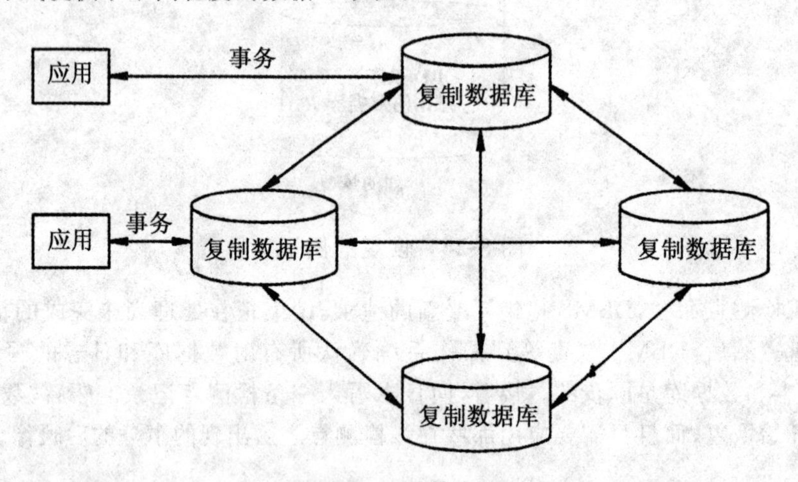

图 8-26　对等复制

对等复制是最理想的复制方式。在这种方式下，各个场地的数据库地位是平等的，可以互相复制数据。用户可以在任何场地读取和更新公共数据集，在某一场地更新公共数据集时，DBMS会立即将数据传送到所有其他副本。

主/从复制即数据只能从主数据库中复制到从数据库中。更新数据只能在主场地上进行，从场地供用户读数据。但当主场地出现故障时，更新数据的应用可以转到其中一个复制场地上去。这种复制方式实现起来比较简单，易于维护数据一致性。

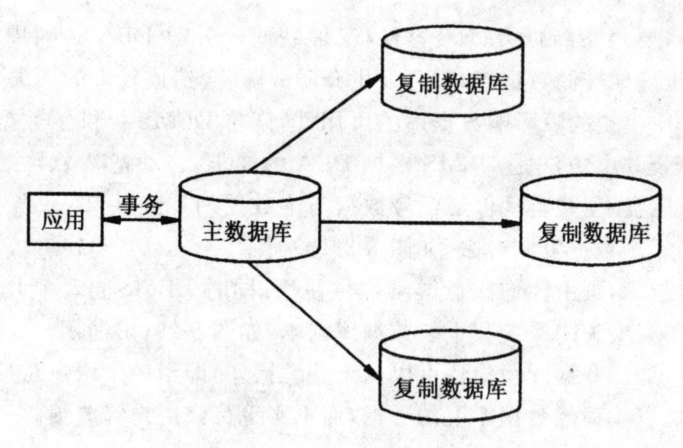

图 8-27　主/从复制

级联复制是指从主场地复制过来的数据又从该场地再次复制到其他场地，即 A 场地把数据复制到 B 场地，B 场地又把这些数据或其中部分数据再复制到其他场地。级联复制可以平衡当前各种数据需求对网络交通的压力。例如，要将数据传送到整个欧洲，可以首先把数据从纽约复制到巴黎，然后再把其中部分数据从巴黎复制到各个欧洲国家的主要城市。级联复制通常与前两种配置联合使用。

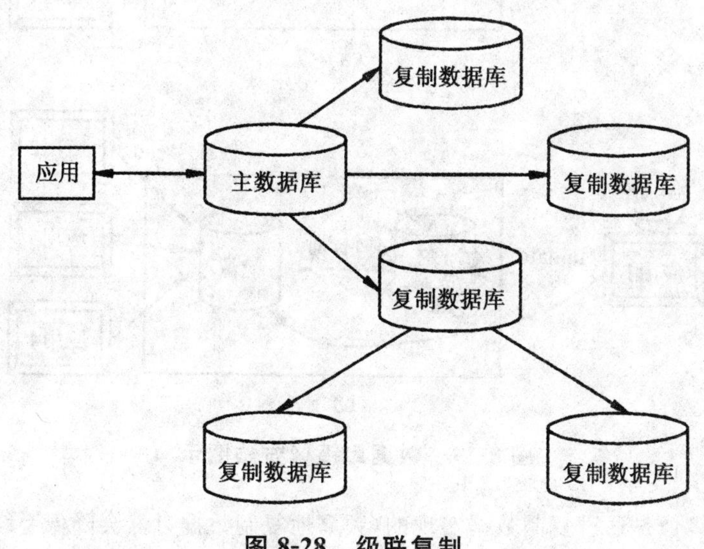

图 8-28　级联复制

DBMS 在使用复制技术时必须做到以下几点：

①数据库复制必须对用户透明。

②主数据库和各个复制数据库在任何时候都必须保持事务的完整性。

③DBMS 必须提供控制冲突的方法，包括各种形式的自动解决方法及人工干预方法。

8.6.2　数据库镜像

在数据库系统的各种故障中，介质故障对系统的影响较为严重。一旦出现介质故障，用户应用就会全部中断,要想重新恢复既不容易,又浪费时间。故 DBA 必须周期性地转储数据库,如果不及时而正确地转储数据库,一旦发生介质故障,会造成较大的损失。

为避免磁盘介质出现故障影响数据库的可用性,许多 DBMS 提供了数据库镜像(Mirror)功能用于数据库恢复。其方法是 DBMS 根据 DBA 的要求,自动把整个数据库或其中的关键数据复制到另一个磁盘上,并自动保证镜像数据与主数据的一致性,即每当主数据库更新时,DBMS 自动把更新后的数据复制过去,如图 8-29(a)所示。

一旦出现介质故障,可由镜像磁盘继续提供使用,同时 DBMS 自动利用镜像磁盘数据进行数据库的恢复,不需要关闭系统和重装数据库副本,如图 8-29(b)所示。

在没有出现故障时,数据库镜像还可以用于并发操作,即当一个用户对数据加排他锁修改数据时,其他用户可以读镜像数据库上的数据,而不必等待该用户释放锁。

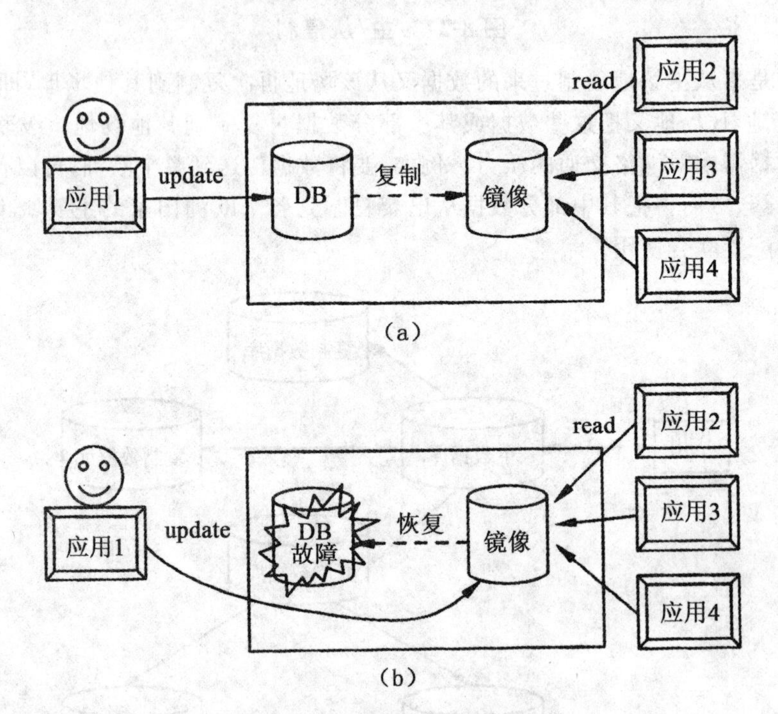

图 8-29 数据库镜像方法图示

由于数据库镜像是通过复制数据实现的,频繁地复制数据自然会降低系统运行效率,因此在实际应用中用户往往只选择对关键数据和日志文件镜像,而不是对整个数据库进行镜像。

为了提供存储设备的高可用性,保障数据的安全性,常用的一种解决方案是再增加一台备用存储设备,由两台存储设备负责数据库系统的数据存储服务,保障数据库的安全和数据存储服务器的稳定。根据两个存储设备之间工作方式以及数据同步和复制机制的不同,可分为两种方式:卷镜像复制方式和 RAID(Redundant Array of Independent Disk,独立冗余磁盘阵列)镜像卷方式。

8.7　数据库再设计的实现

8.7.1　数据库再设计的必要性

你可能想知道,“为什么不得不再设计一个数据库?如果第一次就正确地建立了数据库,为什么还需要对它再设计呢?”这个问题的答案有两个。首先,第一次就正确地建立数据库不那么容易,尤其是当数据库来自新系统的开发时。即便能够获得所有的用户需求,并建立了正确的数据模型,要把这个数据模型转变成正确的数据库设计,也是非常困难的。对于大型数据库来说,该项任务令人望而生畏,并可能要求分若干个阶段来开发。在这些阶段里,数据库的某些方面可能需要重新设计。同时,不可避免地,必须纠正所犯的错误。

回答这个问题的第二个理由更为重要些。暂时反映在信息系统和使用它们的组织机构之间的联系上。用比较时髦的说法是两者彼此相互影响,即信息系统在影响着组织机构,而组织机构也在影响着信息系统。

然而,实际上,两者的联系要比这种相互影响更强有力得多。信息系统和组织机构不仅相互影响,它们还相互创建。一旦安装了一个新的信息系统,用户就能按照新的行为方式来表现。每当用户按照这些新的行为方式运转时,将会希望改变信息系统,以便提供更新的行为方式。等到这些变更制订出来后,用户又会有对信息系统提出更多的变更请求,如此等等,永无止境地反复循环。

这种循环过程意味着对于信息系统的变更并非是出于实现不良的悲惨后果,不如说这是信息系统使用的必然结果。因此,信息系统无法离开对于变更的需要,变更不能也不应当通过需求定义好一些、初始设计好一些、实现好一些或者别的什么“好一些”来消除。与此相反,变更乃是信息系统使用的一部分和外包装。这样,我们需要对它制订计划。在数据库处理的语义环境中,这意味着需要知道如何实施数据库再设计。

8.7.2　检查函数依赖性的 SQL 语句

当数据库中无数据时,进行再设计相对要容易得多。但是,对于不得不修改的包含有数据的数据库,或者当我们想要使得变更对现有数据存在的影响最小时,会遇到严重困难。在能够继续进行某种变更之前,需要知道一定的条件或者假定是否在数据中是有效的。在做数据库修改之前,还可能需要查找所有这样的非正常情况,并且在纠正它们之后再向前推进。基于此,有两个 SQL 语句是特别有益的:即子查询和它们的“表亲”EXISTS 与 NOT EXISTS。相关子查询和 EXISTS 与 NOT EXISTS 是重要的 SQL 语句,它们能用来回答高级查询,而在数据库再设计期间,它们能用来确定指定的数据条件是否成立。例如,它们能用来确定在数据中是否可能存在函数依赖性。

1. 相关子查询

相关子查询(Correlated Subquery)能够在数据库再设计期间有效地利用。其中有一项应用是证实函数依赖性。相关子查询呈现出类似于常规子查询的欺骗性。区别在于常规子查询是自底向上处理的。在常规子查询中,能从最低层的查询确定结果,并用它来评价上层的查询。与此相反,在相关子查询中,处理是嵌套的,即利用从上层的查询语句得到的一行与在低层查询中得到的若干行相比较。相关子查询的关键性差异是低层的选择语句使用了高层语句的若干列。

2. EXISTS 和 NOT EXISTS

EXISTS 和 NOT EXISTS 是相关子查询的另一种形式。有了它们,高层查询所产生的结果可以依赖于底层的查询中的若干行的存在或者不存在。如果在子查询中能遇到任何满足指定条件的行,那么 EXISTS 条件为真;仅当子查询的所有行都不满足指定的条件时,NOT EXISTS 条件才为真。NOT EXISTS 对于涉及包含必须对所有行为真的条件的查询场合,是很有用处的,比如"购买过所有产品的客户"。

8.7.3 分析现有的数据库

在继续讨论数据库再设计之前,思考一下对于其运作依赖于数据库的某个实际的公司来说,这项任务意味着什么?例如,假设你在为 Amazon. tom 之类的公司工作,并进一步假设已分配给你一个重要的数据库再设计任务,比如说修改供应商表的主键。

开始时,你可能感到奇怪,为什么他们想要做这个?这是有可能的,在早期,当他们仅仅销售书籍时,Amazon 对于供应商使用其公司的名称。但是,当 Amazon 开始出售更多类型的产品时,公司名称就不够了。或许因为存在太多的重复,所以他们决定转换成一个专门为 Amazon 所创建的 VendorID。

现在,想要用什么来转换主键?除了把新的数据追加到正确的行之外,还需要用其他什么办法?显然,如果旧主键曾经被用做外键,那么所有的外键也需要修改。这样就需要知道在其中使用过旧主键的所有联系。但是,视图怎么样?是否每个视图仍使用旧主键?如果是这样,它们就都需要修改。还有,触发器以及存储过程怎么样?它们全都使用旧主键吗?同时,也不能忘记任何现有的应用程序代码,一旦移去旧主键,它们有可能崩溃。

现在,为了创建一个"恶梦"例行程序,如果通过改变过程获得了部分成果,但有某样东西不能正确地工作,那将会发生什么?不妨假设你遇到了意外的数据,于是在试图追加新主键时,从 DBMS 收到了错误信息。Amazon 总不能把其 Web 网站修改成显示:"抱歉,数据库已崩溃,(希望你)明天再来!"

这个"恶梦"例行程序衍生出许多的话题,其中大多数与系统分析和设计有关。但是,关于数据库处理,有三条原则是很清楚的。首先,正如俗话所说,"三思而后行"。在试图对一个数据库修改任何结构之前,必须清楚地理解该数据库的当前结构和内容,必须知道哪些依赖于哪些。其次,在对一个运作数据库做出任何实际的结构性修改之前,必须在拥有所有重要的测试数据案例的(相当规模的)测试数据库上测试那些修改。最后,只要有可能,就需要在做出任何结构性修改之前先创建一份该运作数据库的完整副本。倘若一切都阴错阳差地出现问题,那么这份副本就能在纠正问题时用来恢复数据库。

1. 逆向工程

所谓逆向工程,就是读取一个数据库模式并从该模式产生出数据模型的过程。所产生的数据模型并非真是一个逻辑模型,因为它对于每个表,即便是没有任何非键数据并且完全不应该在逻辑模型里出现的交表也都会产生出实体。由逆向工程所产生的模式,倒不如说它是事物到其本身的、穿着实体联系外衣的表联系图。在本书中把它称为 RE(逆向工程)化的数据模型。

图 8-30 显示的是 View Ridge 数据库的 SQL Server 2008 Express 版本,通过 Microsoft Visio 2007 所产生的 RE 数据库设计。

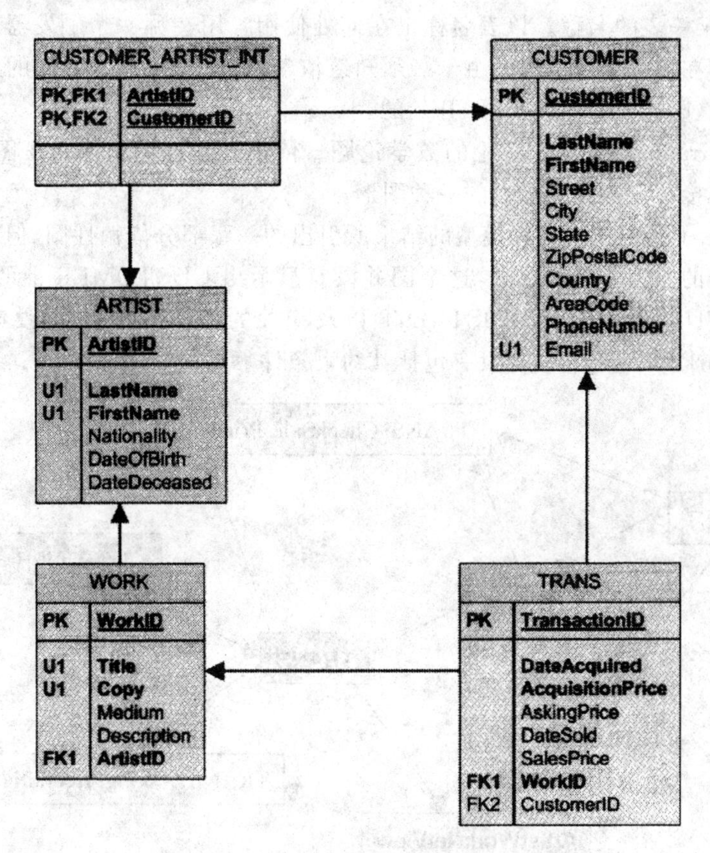

图 8-30 逆向工程化的数据库设计

在这使用 Microsoft Visio 是因为它的通用性,这意味着必须使用 Visio 的非标准数据库模型符号。注意,Visio 使用一个定向箭头来指示联系(联系线条从子实体开始,箭头指向父实体)。虽然 Visio 在数据库中区分标识联系和非标识联系,但它不显式地区分。Visio 同样存储粒度,但它不像 IE 鸦脚符号那样显示它们。因为 Visio 仅仅使用一个表结构,所以我们标记了颜色来指示强实体和弱实体。还可以注意到符号 PK 指主键,FK 指外键,U 指一个

UNIQUE 约束，设为 NOT NULL 的列为粗字体，设为 NULL 的列为非粗字体。总的说来，这是 ViewRidge 模式的合理表示。

虽然 Visio 只能进行数据库设计，不能做数据建模，但是其他的一些设计软件，如 CA 公司的 ERwin，可以从逻辑上（数据建模）和物理上（数据库设计）构建数据库结构。除若干表和视图之外，有些数据模型还将从该数据库里捕捉到约束条件、触发器和存储过程。

这些结构并没有加以解释，而是把它们的正文导入到此数据模型中。同时，在某些产品里，还能获得正文与引用它们的项目的联系。约束条件、触发器和存储过程的再设计，已经超出这里所讨论的范围。然而，应当意识到，它们也是数据库的一部分，因而也是再设计的论题。

2. 依赖性图

在修改数据库结构之前，理解结构之间的依赖性是极其重要的。修改会怎样影响依赖？例如，考虑修改某一表的名称。该表名称正在何处使用？用在哪一个触发器里？用在哪一个存储过程里？用在哪一个联系里？由于必须知道依赖性，所以许多数据库的再设计项目都是从制作依赖性图（Dependency Graph）开始的。

术语“图”（Graph）是来自于图论的数学论题。依赖性图并不是像条形图那样显示，而是包含着结点和连接结点的弧（或线）的一种图形。

图 8-31 显示了利用逆向工程模型的结果所引出的一张部分依赖性图，但其中的视图和触发器是人工解释的。为了简单起见，这个图并没有显示出 CUSTOMER 上的视图和触发器，也没有显示出 CUSTOMER_ARTIST_INT 以及相关的结构。同时，既没有包括存储过程 WORK_AddWorkTransaction，也没有包括其约束条件。

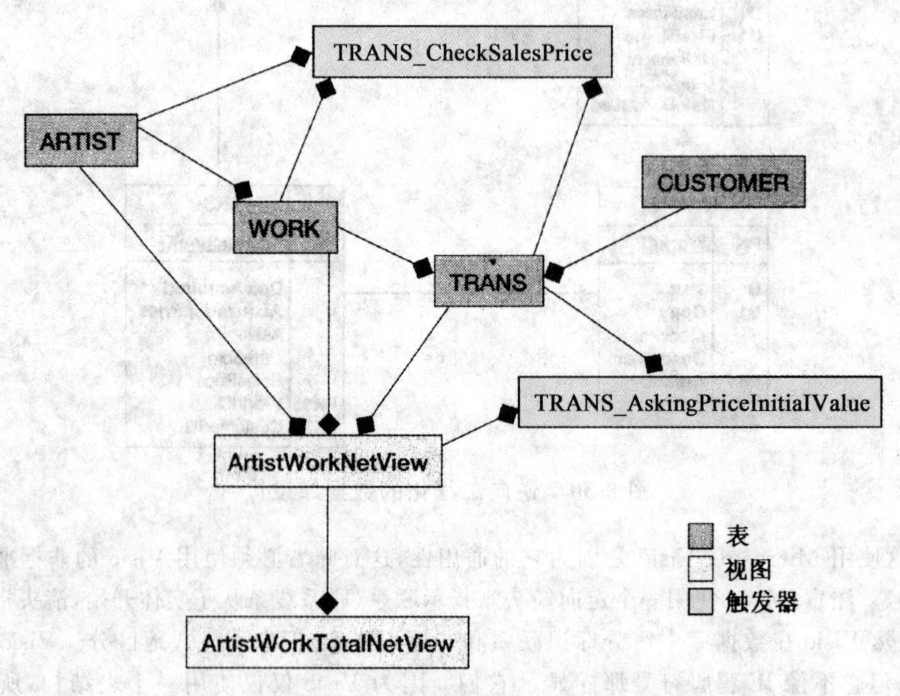

图 8-31　依赖性图(部分)的例子

即便是这样的部分图形,也已经揭示出(数据库结构中间)依赖性的复杂程度。例如,可以看到,当在 TRANS 表上修改任何事物时,进行最少的修改将是明智的。这类修改的后果,需要针对两种联系、三个触发器和三张视图做评估。再次提醒,三思而后行!

3. 数据库备份和测试数据库

由于再设计期间可能对数据库造成潜在的破坏,在做出任何结构性修改之前,应当先创建一份该运作数据库的完整备份。同样重要的是,所提议的任何修改应当经过彻底的测试十分必要。不仅结构修改必须成功地进行,而且所有的触发器、存储过程和应用系统都必须在修改后的数据库上正确运行。

典型地,在再设计过程中使用的数据库模式至少应有三份副本。第一份是能用于初始测试的小型测试数据库。第二份是较大的测试数据库,甚至可能是包含整个运作数据库的满副本,它用于第二阶段的测试。第三份是运作数据库本身,有时是若干个大型测试数据库。

必须创建一种工具,能在测试过程期间将所有测试数据库恢复到原来的状态。利用这种手段,万一需要时,测试就能够从同样的起点再次运行。根据具体的 DBMS,在测试运行之后,可以采用备份和恢复或者其他手段来复原数据库。

显然,对于有庞大的数据库的组织机构来说,直接将运作数据库的副本作为测试数据库是不可能的。相反地,需要创建较小的测试数据库,但是那些测试数据库必须具有其运作数据库的所有重要的数据特征,否则将不能提供真实的测试环境。构造这样的测试数据库是一种高难度并富有挑战性的工作。事实上,造就了许多开发测试数据库及其数据库测试套件的有趣的就业机会。

最后,对于有庞大数据库的企业,不可能在进行结构修改之前预先制作运作数据库的完整副本。在这种情况下,数据库需要分块备份,而修改也是在每一块内做出的。这项任务十分困难并且要求丰富的知识和经验。它也需要数周或数月的规划。你可以作为初学者参与到这样的修改队伍里,但是,倘若试图对这样的大型数据库做出结构修改,那么就应当具有多年的数据库经验。即便如此,这仍然是一项令人沮丧的任务。

8.7.4 修改表名与表列

本节将考虑变更若干表名字和表的多个列。我们将仅仅使用 SQL 语句来完成这些修改。许多 DBMS 产品提供有除 SQL 之外的修改结构的工具。例如,一些产品拥有简化这种过程的图示化设计工具。但是,这些特性并不是标准通用的,不应该依赖于它们。本章所给出的语句,可以工作在每一个企业类 DBMS 产品中,绝大多数同时还可以在 Access 上工作。

1. 修改表名

初看上去,修改表名似乎是一种不错和轻松的操作,事实上这种修改的后果大大出乎意料。例如,如果想要修改表 WORK 的名字为 WORK_VERSION2,那么就必须完成若干项任务。定义在从 WORK 到 TRANS 的联系上的约束条件必须加以修改,ArtistWorkNetView 视图必须重新定义，而 TRANS_CheckSalesPrice 触发器也必须依据新的名字改写。

此外，在 SQL 中没有修改表名字的命令。相反地，需要采用新的名字来重新创建表，并清除旧表。然而，这一要求蕴涵着需要为修改表名字制订一种好的策略。首先，需要创建包含所有相关结构的新表，等到新表工作正常再清除旧表。倘若改名的表太大无法复制，就不得不使用其他的策略。

然而，这种策略有一个严重的问题，即 WorkID 是一个代理键。当创建该新表时，DBMS 将会在该新表里创建 WorkID 的新值。此新值与表示外键 TRANS 值的旧表里的值未必相匹配，TRANS_WorkID 将是错误的。解决这个问题的最简单的办法，是首先创建 WORK 表的新版本，不把 WorkID 定义为代理键。然后，用 WORK 表的当前值来填满该表，包括 WorkID 的当前值在内。最后再把 WorkID 修改为一个代理键。

首先，通过向 DBMS 提交 SQL CREATE TABLE WCIRK_VERSION2 语句来创建该表。我们让 WorkID 是整数而不是代理键。对于该 WORK 约束，也需要给出新的名字。原来的约束仍然存在，倘若不采用新的名字，其 DBMS 将会在处理 CREATE TABLE 语句时报告重复约束的问题。新约束名字的一个例子如下所示：

```
CONSTRAINT WorkV2PK PRIMARY KEY(WorkID),
CONSTRAINT WorkV2AKI UNIQUE(Title,Copy),
CONSTRAINT ArtistV2FK FOREIGN KEY(ArtistID)
                    REFERENCES ARTIST(ArtistID)
                          ON DELETE NO ACTION
                          ON UPDATE NO ACTION
```

其次，利用如下的 SQL 语句，把数据复制到新表里：

```
INSERT INTO WORK_VERSZON2(WorkID 1 Copy 1 Title 1 Mediumt
        Description,ArtistID)
        SELECT      WorkID 1 Copy 1 Title 1 Medium 1 Description 1 ArtistID
        FROM      WORK;
```

这时，修改 WORK_VERSION2 表，使其 WorkID 成为一个代理键。对于 SQL Server 来说，最容易的办法是打开图示化表设计器，重新定义 WorkID 为 IDENTITY 列(实现这样的修改不存在任何标准的 SQL 语句)。设定 Identity Seed 属性初值为 500。SQL Server 将会设定 WorkID 的下一个新值为 WorkID 最大值加 1，即成为最大值。采用 Oracle 和 MySQL 修改为代理键的其他策略。

现在剩下的全部工作就是定义两个触发器。这可以通过复制旧触发器的文本，并将名字 WORK 修改为 WORK_VERSION2 而实现。

此时，应该针对数据库运行测试套件，以证实所有的修改都已正确实施。在这之后，使用 WORK 的存储过程和应用系统就可以修改成运行新的表名字。如果一切正确，那么外键约束条件 TransactionWorkFK 和表 WORK 就能通过如下的语句加以清除：

```
ALTER TABLE TRANS DROP CONSTRAINT TransWorkFK;
        DROP TABLE WORK;
```

然后，通过对表的新名称，将 TransWorkFK 约束重新加到 TRANS 上：

```
ALTER TABLE TRANS ADD CONSTRAINT TransWorkFK FOREIGN KEY(WorkID)
        REFERENCES WORK_VERSION2(WorkID)
            ON UPDATE NO ACTION
            ON DELETE NO ACTION;
```

显然，修改表名字需要做的事情比想象中的要多得多。现在，应该明白为什么有些组织机构采取绝不允许任何应用系统或用户使用表的真名的做法。相反地，他们往往定义视图作为表的别名。倘若这样做的话，每当需要修改其数据来源表的名字时，仅仅只需要修改定义着别名的视图就可以了。

2. 追加与清除列

把 NULL 列追加到表里是直截了当的。例如，向 WORK 表追加 NULL 列 DateCreated，可以简单地使用 ALTER 语句如下：

```
ALTER TABLE WORK
ADD DateCreated DateTime NULL;
```

如果有其他诸如 DEFAULT 或 UNIQUE 之类的列约束条件，可以将它们包括在列定义里，正像将列定义作为 CREATE TABLE 语句的一部分那样。然而，倘若包括 DEFAULT 约束条件，那么需要小心：其默认值将运用到所有新行上，但是目前现有的行仍然还是可空值的。

例如，假设想把 DateCreated 的默认值设置成 1900 年 1 月 1 日，以表示其值尚未被输入。在这种情况下，不妨使用如下的 ALTER 语句：

```
ALTER TABLE WORK
ADD DateCreated DateTime NULL DEFAULT' 01/01/1900';
```

这个语句使得 WORK 中新行的 DateCreated 可以在默认场合赋予 1/1/1900。但为了设置现有的数据行，则还需要执行如下的查询：

```
UPDATE WORK
SET DateCreated=－01/01/1900′;
WHERE DateCreatedIS NULL;
```

追加 NOT NULL 列

为了追加新的 NOT NULL 列，首先将其作为 NULL 列追加。然后，使用如上所示的更新语句来显示在所有行中给列赋予某个值。在这之后，执行如下的 SQL 语句就把 DateCreated 的 NULL 约束条件修改成为 NOT NULL。

ALTER TABLE WORK

ALTER COLUMN DateCreated DateTime NOT NULL;然而，再一次提醒，如果 DateCreated 尚未在所有行中给过值，这个语句必然会失败。

清除列

清除非关键字的列是很容易的。例如，从 WORK 清除 DateCreated 列，可以使用下列方法完成：

```
ALTER TABLE WORK
DROP COLUMN DateCreated;
```

要想清除某个外键列，必须首先清除定义该外键的约束条件。这样的一种修改相当于清除一种联系。

要想清除主键，首先需要清除该主键的约束条件。然而，为此必须首先清除使用该主键的所有外键。这样，要清除 WORK 的主键并且代之以复合主键（Title，Copy，ArtistID），必须完成如下的步骤：

①从 TRANS 清除约束条件 WorkFK。

②从 WORK 清除约束条件 WorkPK。

③使用（Title，Copy，ArtistID）来创建新的约束条件 WorkPK。

④在 TRANS 中创建一个引用（Title，Copy，ArtistID）的新的约束条件 WorkFK。

⑤清除列 WorkID。

在清除 WorkID 之前，证实所有的修改都已正确地完成是极其重要的。一旦清除后，除非通过备份副本来恢复 WORK 表，否则就再也没有办法恢复它了。

3. 修改列的数据类型或约束条件

如要修改列的数据类型或约束条件，只要利用 ALTER TABLE ALTER COLUMN 命令简单地重新定义就可以了。然而，倘若要将列从 NULL 修改成 NOT NULL，那么为了保证修改取得成功，在所有行的被修改的列上必须拥有某个值。

同时，某些类型的数据修改可能会造成数据丢失。例如，修改 char(50) 为日期将造成任何文本域的丢失，因为 DBMS 不能把它成功地铸造成一个日期。或者 DBMS 可能干脆拒绝执行列修改。其结果取决于所使用的具体 DBMS 产品。

一般来说，将数字修改为 char 或 varchar 将会取得成功。同时，修改日期或 Money 或其他较具体的数据类型为 char 或 varchar 通常也会取得成功。但反过来修改 char 或 varchar 成为日期、Money 或数字，则要冒一定的风险，它有时是可以的，有时则不然。

在 View Ridge 模式中，如果 DateOfBirth 曾经被定义为 Char(4)，那么虽然冒风险但是明智的数据类型修改是：把 ARTIST 的 DateOfBirth 修改成为 Numeric(4,0)。

这将是一种明智的修改，因为这一列的所有值都是数字，如下的语句将完成这一修改：

```
ALTER TABLE ARTIST
ALTER COLUMN DateOfBirth Numeric(4,0)NULL;
ALTER TABLE ARTIST
ADD CONSTRAINT NumericBirthYearCheck
CHECK(DateOfBirth>1900 AND DateOfBirth<2100);
```

对 DateOfBirth 的预先的检查约束条件，现在应该删除。

4. 追加和清除约束条件

正如已经示例的那样，约束条件能够通过 ALTERTABLEADDCONSTRAINT 和 ALTERTABLE DROP CONSTRAINT 语句进行追加和清除。

8.7.5　修改联系基数和属性

修改基数是数据库再设计的一项常见任务。有时,需要修改最小的基数从 0 到 1 或者是从 1 到 0。另一项常见任务是把最大基数从 1∶1 修改为 1∶N,或者从 1∶N 修改为 N∶M。不太多见的另一种可能是减少最大基数,从 N∶M 修改为 1∶N,或者从 1∶N 修改为 1∶1。正如我们将看到的,后者的修改只能通过数据的丢失来实现。

1. 修改最小基数

修改最小基数的操作,依赖于是在联系的双亲侧还是子女侧上修改。

修改双亲侧的最小基数

如果修改落在双亲一侧,意味着子女将要求或者不要求拥有一个双亲,于是,修改的问题归结为是否允许代表联系的外键为 NULL 值。例如,假设从 DEPARTMENT 到 EMPLOYEE 有一个 1∶N 的联系,外键 DepartmentNumber 出现在 EMPLOYEE 表中。修改是否要求每个雇员都有一个部门的问题,就成了单纯修改 DepartmentNumber 的 NULL 状态的问题。

如果将某个最小基数从 0 修改为 1,那么应当处于 NULL 状态的外键,必须修改成 NOT NULL。修改某个列为 NOT NULL,仅当该表的所有行都具有某种值的情况下才可能实施。在某个外键的情况下,这意味着每条记录必须都已经联系。要不然的话,就必须修改所有的记录,使得在外键成为 NOT NULL 之前,每条记录都有一个联系。在前例中,就是在修改 DepartmentNumber 为 NOT NULL 之前,所有的雇员都必须与某个部门有关。

根据所使用的 DBMS,有些定义联系的外键约束条件,在修改外键之前或许已不得不清除了。那么,这时就需要重新再追加外键约束条件。如下的 SQL 将实现前述的例子:

```
ALTER TABLE EMPLOYEE
        DROP CONSTRAINT DepartmentFK;
ALTER TABLE EMPLOYEE
        ALTER COLUMN DepartmentNumber Int NOT NULL;
ALTER TABLE EMPLOYEE
        ADD CONSTRAINT DepartmentFK FOREIGN KEY(DepartmentNumber)
REFERENCES DEPARTMENT(DepartmentNumber)
            ON UPDATE CASCADE;
```

在修改最小基数从 0 到 1 时,同时还需要规定对于更新和删除上的级联行为。本例中,更新是需要级联的,但删除则不必(记住,默认行为即是 NO ACTION)。

修改最小基数从 1 到 0 很简单。只要将 DepartmentNumber 从 NOT NULL 改为 NULL。有必要的话,可能还需要修改在更新和删除上的级联行为。

修改子女侧的最小基数

在某个联系的子女侧强制修改非零最小基数的唯一方式,是编写一个触发器来强制此约束条件。因此,修改最小基数从 0 到 1,必须编写相应的触发器。但对于修改最小基数从 1 到 0,只需要清除强制执行该约束的此触发器就可以了。

在DEPARTMENT-to-EMPLOYEE联系的例子中，为了要求每个DEPARTMENT都有一个EMPLOYEE触发器，就需要在DEPARTMENT的INSERT上以及在EMPLO～E的UPDATE和DELETE上编写触发器。在DEPARTMENT上的触发器代码确保每个EMPLO～E都是赋给这一新DEPARTMENT的，而EMPLO～E上的触发器代码确保被移到某个新部门的雇员或者正要删除的雇员，并非是与其双亲的联系中的最后一名雇员。

这一讨论假定了需要有子女的约束条件是通过触发器强制的。倘若需要有子女的约束条件是通过应用程序来强制的，那么对于这些应用程序的强制也必须加以修改。这也是赞成在触发器中而并非在应用代码中强制这样的约束条件的另一个原因。

2. 修改最大基数

当将基数从1∶1增加到1∶N或者从1∶N增加到N∶M时，唯一的困难是保存现有的联系。这是能够做到的，但它需要一点专门处理。当减少基数时，联系数据将会丢失。在这种场合下，必须确立一项方针策略以决定丢失哪些联系。

(1)将1∶1联系修改成1∶N联系

图8-32显示了EMPLOYEE和PARKING_PERMIT之间的1∶1联系。

对于1∶1联系，外键能放置在随便哪个表中。然而，无论它被放置于何处，必须定义为唯一用来强制1∶1基数的。对于图8-32中表来说，所采取的操作取决于其1∶N联系的双亲是EMPLOYEE还是PARKING PERMITD。

倘若EMPLOYEE是双亲(即雇员有多个可停车许可)，那么唯一需要修改的是：清除约束条件PARKING_PERMIT. EmployeeNumber为唯一，然后联系就变成为1∶N。

倘若PARKING_PERMIT是双亲(比如对于每一停车位来说，停车许可分配给了许多位雇员)，那么外键及相应的值必须从PARKING_PERMIT移到EMPLOYEE。如下的SQL语句完成这项任务：

```
ALTER TABLE EMPLOYEE
        ADD PermitNumber Int NULL;
UPDATE EMPLOYEE
            SET EMPLOYEE. PermitNumber=
            (SELECT   PP. PermitNumber
            FROM   PARKING_PERMIT AS PP
            WHERE PP. EmployeeNumber=EMPLOYEE. RmployeeNumber);
```

一旦外键已移到表EMPLOYEE上，就应该清除PARKING_PERMIT的EmployeeNumber列。接着，必须创建某个新的外键约束条件，用以定义引用完整性，以便同一个停车许可有可能与多位雇员相联系。因此，该新的外键未必具有某种唯一的约束条件。

(2)将1∶N联系修改成N∶M联系

假设View Ridge画廊决定要对于某种特定的交易处理重复性地记录其采购行为。例如，其一些艺术品可能是某个客户与银行或值得信任的某个客户彼此之间的共同拥有；或许当一对夫妇购买艺术品时，它可能想要同时记录两个人的名字。无论是什么原因，这种修改将会要求将CUSTOMER和TRANS之间的1∶N联系修改成为一个N∶M联系。

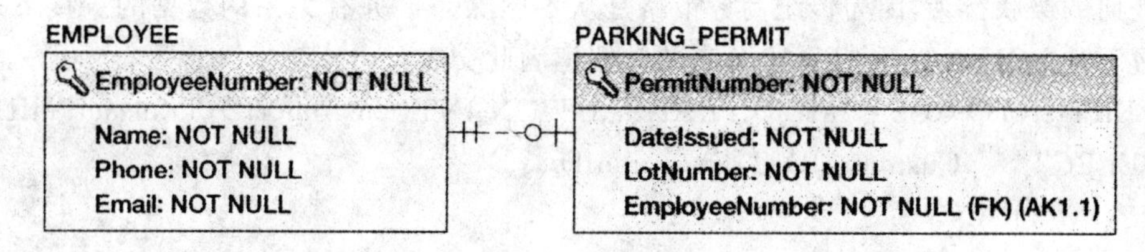

图 8-32　1∶1 联系的例子

将 1∶N 联系修改成 N∶M 联系是很容易的。只要创建新的交表并用数据填满它，再清除旧的外键列。图 8-33 显示出设计 View mdge 数据库支持一个新的交表 N∶M 联系。

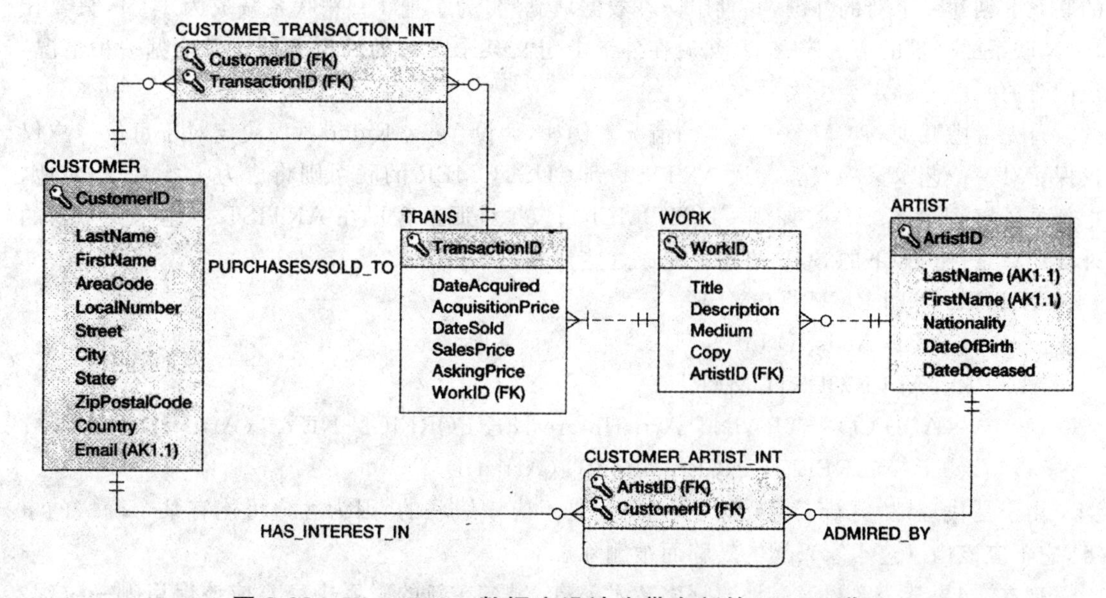

图 8-33　View Ridge 数据库设计为带有新的 N∶M 联系

必须先创建该表，然后对于其中 CustomerID 为 NOT NULL 的 TRANS 行，复制 TransactionID 和 CustomerID 的值。首先，使用下列 SQL 语句创建新的交表：

```
CRRATE TABLE. CUSTOMER_TRANSACTION_INT(
    CustomerID      Int      NOT NULL,
    TransactionID      Int      NOT NULL 1
    CONSTRAINT CustomerTransaction_PK
        PRIMARY KEY(CustomerID,TransactionID),
    CONSTRAINT Customer _Transaction_Int_Trans_FK
        FOREIGN KEY(TransactionID)REFERENCES TRANS(TransactionID),
    CONSTRAINT Customer_Transaction_Int_Customer_FK
        FOREIGN KEY(CustomerID)REFERENCES CUSTOMER(CustomerID)
    );
```

注意，这里的更新没有任何的级联行为，因为 CustomerID 是一个代理键。对于删除操作也没有任何的级联行为，因为传统商务策略是从不删除与事务有关系的数据的。接下来的任务是通过下述 SQL 语句，用 TRANS 表的数据填满此交表：

```
INSERT INTO CUSTOMER_TRANSACTION-INT(CustomerID,TransactionID)
  SELECT    CustomerID,TransactionID
  FROM TRANS
  WHERE     CustomerIDIS NOT NULL;
```

一旦所有这些修改完成，就可以清除 TRANS 的 CustomeriD 列。

(3)减小基数(伴随着数据丢失)

减小基数的结构修改是很容易实现的。为了把 N：M 联系减成为 1：N，只要在子女的联系上创建一个新的外键，并且用交表数据填满它；为了把 1：N 联系减成为 1：1，只要让 1：N 联系的外键的值为唯一的，然后在外键上定义某个唯一的约束条件。无论哪一种情况，最困难的问题是确定会丢失哪类数据。

首先考虑减少 N：M 到 1：N 的情况。例如，假设 View Ridge 画廊决定对于每位客户仅仅保留对一位艺术家的兴趣。从 ARTIST 到 CUSTOMER 的联系则将成为 1：N。相应地，把新的外键列 ArtistID 追加到 CUSTOMER 上，并对那个客户在 ARTIST 上建立一个新的外键约束条件。如下的 SQL 语句将完成这些任务：

```
ALTER TABLE CUSTOMER
        ADD ArtistID Int NULL;
ALTER TABLE CUSTOMER
        ADD CONSTRAINT ArtistInterestFK FOREIGN KEY  (ArtistID)
                REFERENCES ARTIST(ArtistID);
```

由于是代理键，更新不需要级联，而删除是不应该级联的，因为客户可能有某个确实的事务，它不应该由于艺术家兴趣的转移而被删除。

现在，如果某个客户潜在地对许多艺术家有兴趣，在新的联系中究竟应该保留哪一位呢？画廊的回答依赖于商业策略。在这里，假设我们决定简单地取第一个：

```
UPDATE    CUSTOMER
SET     ArtistID=
(SELECT Top 1 ArtistID
FROM     CUSTOMER_ARTIST_INT AS CAI
WHERE     CUSTOMER. CustomerID=CAI. CustomerID);
```

短语“Top1”用来返回第一个合格行。

需要修改所有的视图、触发器、存储过程和应用代码，以便适应新的 1：N 联系。接着，清除在 CUSTOMER_ARTIST_INT 上定义的约束条件，最后，清除表 CUSTOMER_ARTIST_INT。

要把 1：N 修改成为 1：1 联系，只需要去除所有联系的外键上完全相同的值，然后对外键追加某个唯一的约束条件。

8.7.6　追加、删除表及其联系

追加新的表及其联系是直截了当的。正如以前显示的，只需要使用带有 FOREIGN KEY 约束条件的 CREATE TABLE 语句来追加表及其联系。倘若某个现有的表与新表有子女联系，那么就使用现有的表来追加 FOREIGN KEY 约束条件。

例如，如果将主键名为 Name 的新表 COUNTRY 追加到 View Ridge 数据库里，并且将 CUSTOMER. Country 作为进入该新表的外键，那么可以在 CUSTOMER 中定义新外键的约束条件：

```
ALTER TABLE CUSTOMER
ADD CONSTRAINT CountryFK FOREIGN KEY(Country)
REFERENCES COUNTRY(Name)
ON UPDATE CASCADE;
```

删除联系和表只不过是清除外键的约束条件，然后清除表的问题。当然，在实施这些之前，必须首先建立依赖性图，并用它来确定哪些视图、存储过程、触发器和应用程序将会受到该删除的影响。

8.7.7　正向工程

可以使用许多种的数据建模产品，根据你的利益对数据库做出修改。为此，首先对该数据库实施逆向工程，并修改得到的 RE 数据模型，然后调用数据建模工具的正向工程功能。

这里将不再谈论正向工程，因为它隐藏了需要学习的 SQL。同时，正向工程过程的细节又是非常依赖于具体产品的。

由于正确地修改数据模型极其重要，许多专业人员对于利用一个自动的过程来实现数据库再设计是抱有疑虑的。当然，在对运作数据使用正向工程之前，有必要彻底地测试一下所得到的结果。有些产品在对数据库修改之前还会显示为了评估而需要执行的 SQL。

数据库再设计，是自动化实现或许不是最好想法的一个领域。有许多东西依赖于所做修改的性质以及该正向工程的数据建模产品的特性的质量。

第9章　现代数据库新技术

9.1　现代数据库系统概述

数据库技术从20世纪60年代中期产生到今天仅仅是30年的历史，但其发展速度之快，使用范围之广是其他技术望尘莫及的。短短30年间已从第一代的网状、层次数据库，第二代的关系数据库系统，发展到第三代以面向对象模型为主要特征的数据库系统。如图9-1所示，可以从数据模型、新技术内容、应用领域三个方面，通过一个三维空间的视图，阐述新一代数据库系统。

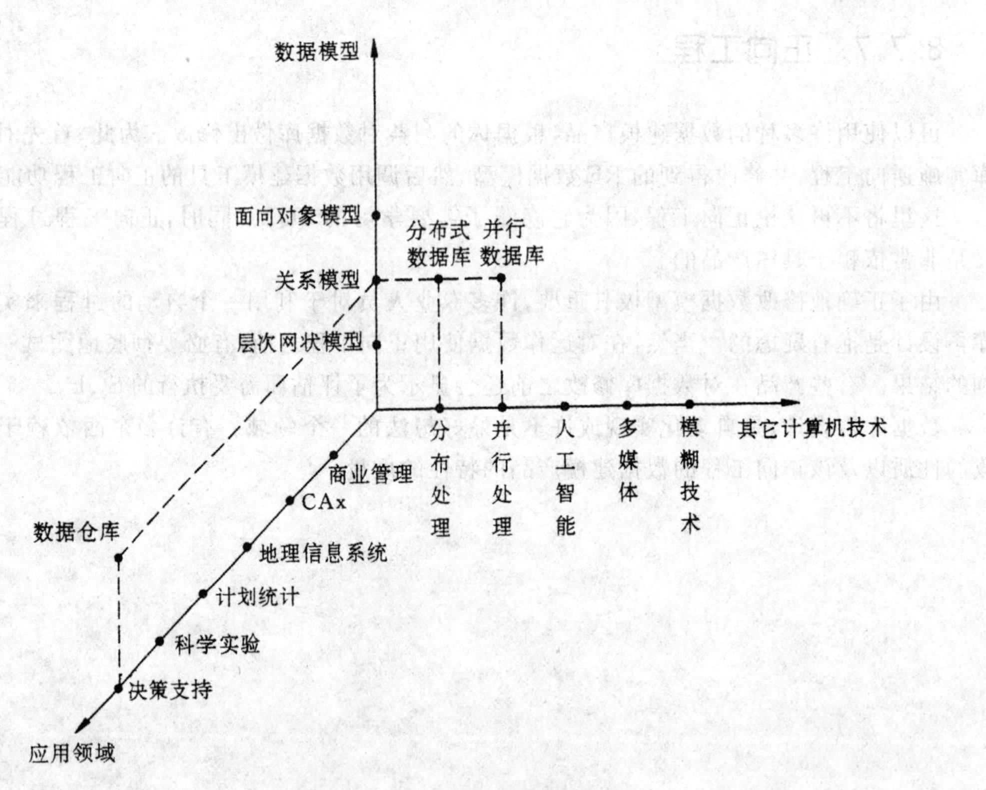

图9-1　新一代数据库系统

9.1.1 现代数据库系统的新特征

现代应用的复杂性、主动性和时态性等特性对数据库系统的要求是多方面的，从数据建模到数据查询，从数据存储到数据库管理等多方面，大致归纳如下：

1. 强有力的数据建模能力

数据模型用来帮助人们研究设计和表示应用的静态、动态特性和约束条件。这是任何数据库系统的基础。而应用要求现代数据库系统有更强的数据建模能力，要求数据库系统提供建模技术和工具支持。一方面，系统要提供丰富的基础数据类型，除一般的原子数据类型外，还要提供构造数据类型及抽象数据类型。另一方面，系统要提供复杂的信息建模，并提供复杂的数据操作、时间操作、多介质操作等新型操作。

2. 先进的图形查询设施

要求系统提供特制查询语言功能，如特制的图形浏览器、使用语义的查询设施和实时查询技术等，而且要求能够进行整体查询优化和时间查询优化等。要求数据库系统提供用户接口、数据库构造、数据模式、应用处理的高级图形设施的统一集成。

3. 强有力的数据存储与共享能力

要求数据库系统有更强的数据处理能力。一方面，要求可以存储各种类型的数据，不仅包含传统意义上的数据，还可以是图形、过程、规则和事件等；不仅包含传统的结构化数据，还可以是非结构化数据和超结构化数据；不仅是单一介质数据，还可以是多介质数据。另一方面，人们能够存取和修改这些数据，而不管它们的存储形式及物理地址。

4. 时控或主动触发能力

要求数据库系统有处理数据库时间的能力，这种时间可以是现实世界的有效时间或者数据库的事务时间，但是不能仅仅是用户自定义的时间。要求数据库系统有主动能力或触发能力，就是数据库系统的行为不再仅受到应用或者程序的约束，还有可能受到系统中条件成立的约束，如出现符合某种条件的数据，系统就触发某种对应的动作。

9.1.2 新一代数据库应用

随着计算机应用领域的迅速扩展，数据库的应用领域也在不断扩大。这里介绍两种主要的新一代数据库应用。

1. 工程设计与制造

20世纪80年代以来，计算机辅助工程设计与制造引起了人们的极大兴趣。计算机领域和其他工程技术领域的科技工作者已经开展了大量的研究工作,取得了丰硕的研究成果。计算机已经广泛用于工程设计与制造业。计算机辅助工程设计与制造过程要求高效率地管理设计信息和制造信息。目前,人们正在研究如何把这些领域集成化。这些领域的集成将要求相应信息的集成化管理。这就要求数据库管理系统对产品生产的不同阶段提供相适应的信息表示和数据处理能力,有效地支持如下的数据库应用。

①市场预测与销售管理。

②产品规划、生产管理、投资决策和成本核算。

③产品设计与工程实施计划、原材料需求分析与规划。

④产品制造的计划和管理。

⑤制造过程的自动控制。

数据库的标准化特点可以有效地支持工程设计和制造各领域的集成。

2. 办公自动化系统

办公自动化是发展最快的信息系统应用领域。办公工作可以分为两大类。一类是一般性事务处理工作,如档案管理、文件处理等。另一类办公工作比较复杂,具有较高的创造性和智能性。办公自动化系统的核心是办公信息系统。数据库技术对办公信息系统具有很大影响。办公信息系统对数据库管理系统也提出了很多新的要求。

9.2 分布式数据库系统

9.2.1 分布式数据库系统概述

1. 分布式数据库系统的定义

分布式数据库(Distributed Database,DDB)是利用通信网络把存有相关意义的数据的多个数据库系统连接起来,对用户可以提供一个虚拟的数据库系统服务。

定义强调了以下两点:

①分布性。系统的数据库有多个,而且这多个数据库不在同一个地点。

②逻辑整体性。尽管这些数据库不在一起,但是在逻辑上可以把他们看成是统一的数据库系统,是一个整体。

在分布式系统中,不必每个站点都设置自己的数据库,如图 9-2 所示,服务器 3 没有自己的数据库。在这个系统中,3 台服务器通过网络相连,每个服务器都有若干个客户机,用户可以通过每台客户机对本地服务器的数据库执行局部应用,也可以对两个或两个以上的服务器执行全局应用。这个系统就是分布式数据库系统。

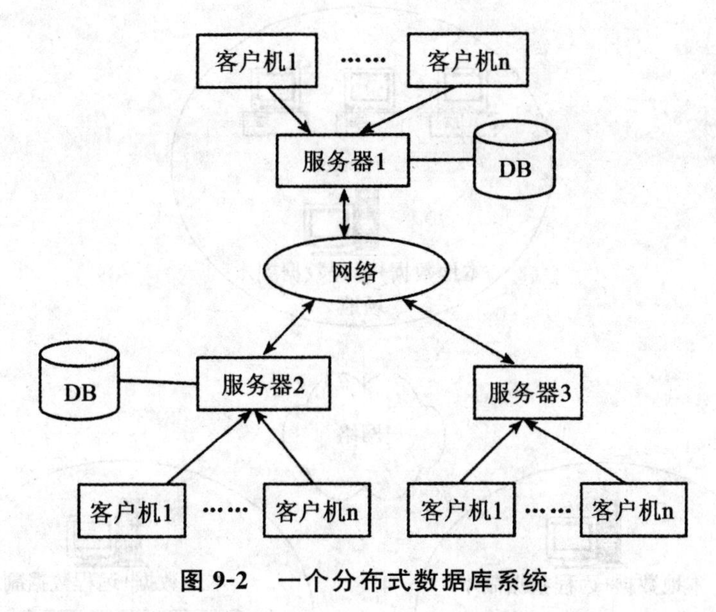

图 9-2　一个分布式数据库系统

2. 分布式数据库系统的分类

分布式数据库系统的分类没有统一的标准，比较受大家认同的有两类：按照各结点上的数据库管理系统及使用的数据模型、按照各结点的自治性和按照分布透明性等来分类。通常大都采用第一种方式对分布式数据库系统进行分类，这样分布式数据库系统可分为以下三种类型：

①同构同质型。即在各个结点上的数据库的数据模型采用同一类型和同一种型号。

②同构异质型。即在各个结点上的数据库的数据模型采用同一类型，不同型号。

③异构异质型。即在各个结点上的数据库的数据模型采用不同类型，不同型号。

9.2.2　分布式数据存储技术

在分布式数据库中，数据的存储可以通过三种方式实现，即复制存储方式、分片存储方式和混合存储方式。下面详细地研究各种存储方式。

1. 数据复制

在集中式数据库中，数据库中的一个关系只存储一次。但在分布式数据库中，可以通过把数据库中的一个关系存储多次而实现分布式存储。

假设需要把关系 Book 存储到数据库中。如果系统维护关系 Book 的若干个完全相同的副本，且每个副本都存储在不同的场地上，该存储方式称为数据复制（Data Replication）。如果分布式系统中所有的场地都存储了 Book 的一个副本，称这种数据复制方式为全复制。数据复制存储方式示意图如图 9-3 所示。

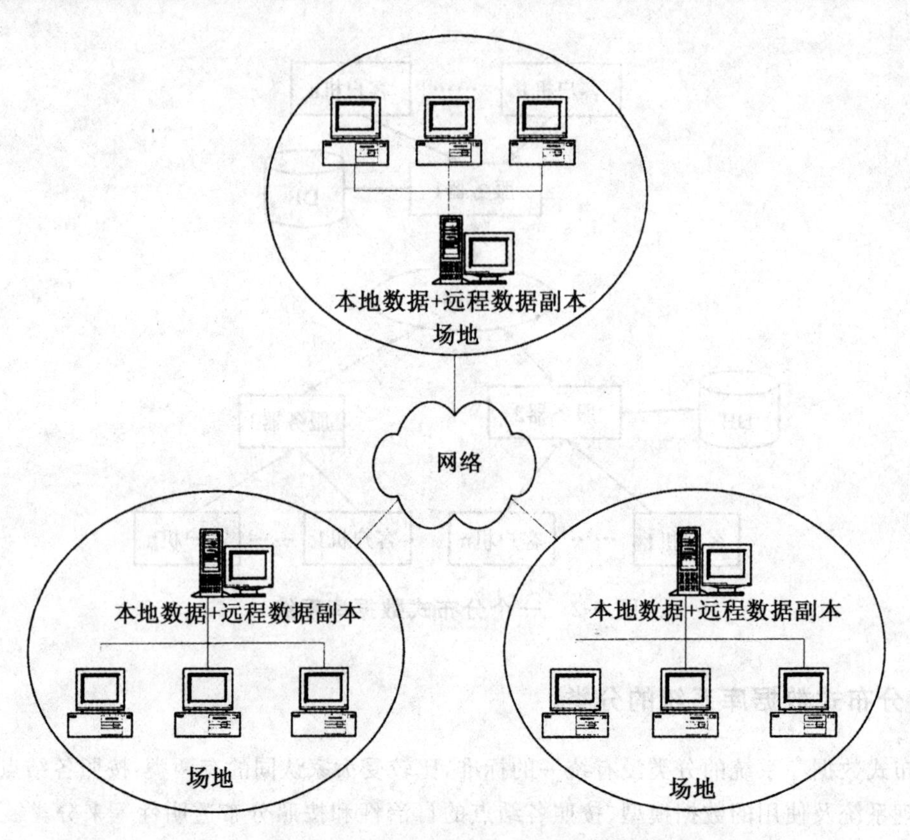

图 9-3 数据复制存储方式示意图

数据复制的优点是提高可用性、增加数据库系统的并行度、增强并发能力。当某个场地发生故障时，该场地的数据可以在其他场地找到。因此对系统的各种查询操作不受某一个场地的故障影响。

如果对整个系统的操作是对关系 Book 的检索操作，那么多个场地可以并行地处理对关系 Book 的检索。从而可以减少检索操作在不同场地之间的移动，提高了系统处理并发事务的能力。

但是，数据复制也存在着明显的缺点，即数据更新成本加大。例如，现在需要更新关系 Book 中的某些数据。关系 Book 中的数据更新之后，还需要把更新的数据复制到所有相关的场地中，因此加大了系统的更新成本。

2. 数据分片

如果把关系 Book 划分成多个片断，每个片断都存储在不同场地上，且所有的片断包含的信息足够重构原始关系 Book，该数据存储方式称为数据分片（Data Fragmentation）。数据分片可以通过的关系代数的基本操作实现，重构也可以通过并运算或连接运算实现。

有三种方式的数据分片，即水平分片、垂直分片和混合分片。下面通过研究一个实例来说明这种运算。假设关系模式 Book＝{isbn，title，page，bookType，price，pressName}，其关系实例如图 9-4 所示。在该示例中，只包括了上海译文出版社、作家出版社和机械工业出版社等三个出版社的图书数据。

(1)水平分片

关系 Book 被划分成 3 个片断，即 $Book_1$、$Book_2$ 和 $Book_3$。每个片断包含了某个出版社出版的图书，这三个片断分别是：

$Book_1 = \sigma_{pressName=}$'上海译文出版社'(Book)

$Book_2 = \sigma_{pressName=}$'作家出版社'(Book)

$Book_3 = \sigma_{pressName=}$'机械工业出版社'(Book)

isbn	title	page	bookType	price	pressName
7-5327-1224-9/I·717	基督山伯爵	1428	文学	18.00	上海译文出版社
7-5327-1224-9/I·321	三个火枪手	982	文学	16.70	上海译文出版社
7-5327-0924-8/I·489	乱世佳人	1320	文学	16.10	上海译文出版社
7-5063-0281-0/I·280	金盏花	250	文学	5.20	作家出版社
7-5063-0149-0/I·148	月朦胧，鸟朦胧	234	文学	4.90	作家出版社
7-5063-0513-5/I·512	碧云天	288	文学	4.30	作家出版社
7-111-07526-9	计算机网络	772	计算机	65.00	机械工业出版社
7-111-07115-8	UNIX 编程环境	256	计算机	24.00	机械工业出版社
7-111-06915-3	Internet 技术基础	196	计算机	18.00	机械工业出版社

图 9-4　Book 关系实例

片断 $Book_1$ 存储了上海译文出版社场地的数据，$Book_2$ 存储了作家出版社场地的数据，$Book_3$ 存储了机械工业出版社场地的数据，如图 9-5 所示。

isbn	title	page	bookType	price	pressName
7-5327-1224-9/I·717	基督山伯爵	1428	文学	18.00	上海译文出版社
7-5327-1224-9/I·321	三个火枪手	982	文学	16.70	上海译文出版社
7-5327-0924-8/I·489	乱世佳人	1320	文学	16.10	上海译文出版社

(a) $Book_1$片段

isbn	title	page	bookType	price	pressName
7-5063-0281-0/I·280	金盏花	250	文学	5.20	作家出版社
7-5063-0149-0/I·148	月朦胧，鸟朦胧	234	文学	4.90	作家出版社
7-5063-0513-5/I·512	碧云天	288	文学	4.30	作家出版社

(b) $Book_2$片段

isbn	title	page	bookType	price	pressName
7-111-07526-9	计算机网络	772	计算机	65.00	机械工业出版社
7-111-07115-8	UNIX 编程环境	256	计算机	24.00	机械工业出版社
7-111-06915-3	Internet 技术基础	196	计算机	18.00	机械工业出版社

(c) $Book_3$片段

图 9-5　关系 Book 的水平分片

关系 Book 的重构可以通过片断 $Book_1$、$Book_2$ 和 $Book_3$ 的并运算来实现，如下所示：

$$Book = Book_1 \cup Book_2 \cup Book_3$$

(2)垂直分片

垂直分片是通过对关系的分解得到的。首先，可以把关系模式 R 分解成若干个属性子集 R_1、R_2、…、R_n 且 $R = R_1 \cup R_2 \cup \cdots \cup R_n$。然后，定义片断 r_i 为

$$r_i = \prod R_i(r)$$

每个片断的自然连接可以得到关系 r，即

$$r = r_1 r_2 \cdots r_n$$

在分解关系模式 R 时，每个关系模式 R 的子集都应该包括关系模式 R 的主键属性，这是为了实现重构关系 r 所要求的。

现在，把关系模式 Books={isbn, title, page, bookType, price, pressName}分解成两个关系模式 BookA 和 BookB，如下所示：

BookA={isbn, title, page, bookType}

BookB={isbn, price, pressName}

定义片断 $Book_1$ 和 $Book_2$ 分别为：

$$Book_1 = \prod BookA(Book)$$

$$Book_2 = \prod BookB(Book)$$

片断 $Book_1$ 和 $Book_2$ 的实例如图 9-6 所示。

原始关系 Book 可以通过下面的自然连接重构实现：

$$Book = \prod_{Book}(Book_1 \bowtie Book_2)$$

3. 数据混合存储

如果在数据存储过程中，既包含了水平分片存储方式，又包括了垂直分片存储方式，则将这种存储方式称为数据混合存储方式。图 9-7 示意了这种数据混合存储方式的存储过程。

isbn	title	page	bookType
7-5327-1224-9/I • 717	基督山伯爵	1428	文学
7-5327-1224-9/I • 321	三个火枪手	982	文学
7-5327-0924-8/I • 489	乱世佳人	1320	文学
7-5063-0281-0/I • 280	金盏花	250	文学
7-5063-0149-0/I • 148	月朦胧，鸟朦胧	234	文学
7-5063-0513-5/I • 512	碧云天	288	文学
7-111-07526-9	计算机网络	772	计算机
7-111-07115-8	UNIX 编程环境	256	计算机
7-111-06915-3	Internet 技术基础	196	计算机

(a) $Book_1$片段

图 9-6 关系 Book 的垂直分片

isbn	price	pressName
7-5327-1224-9/I・717	18.00	上海译文出版社
7-5327-1224-9/I・321	16.70	上海译文出版社
7-5327-0924-8/I・489	16.10	上海译文出版社
7-5063-0281-0/I・280	5.20	作家出版社
7-5063-0149-0/I・148	4.90	作家出版社
7-5063-0513-5/I・512	4.30	作家出版社
7-111-07526-9	65.00	机械工业出版社
7-111-07115-8	24.00	机械工业出版社
7-111-06915-3	18.00	机械工业出版社

(b) $Book_2$片段

图 9-6　关系 Book 的垂直分片(续)

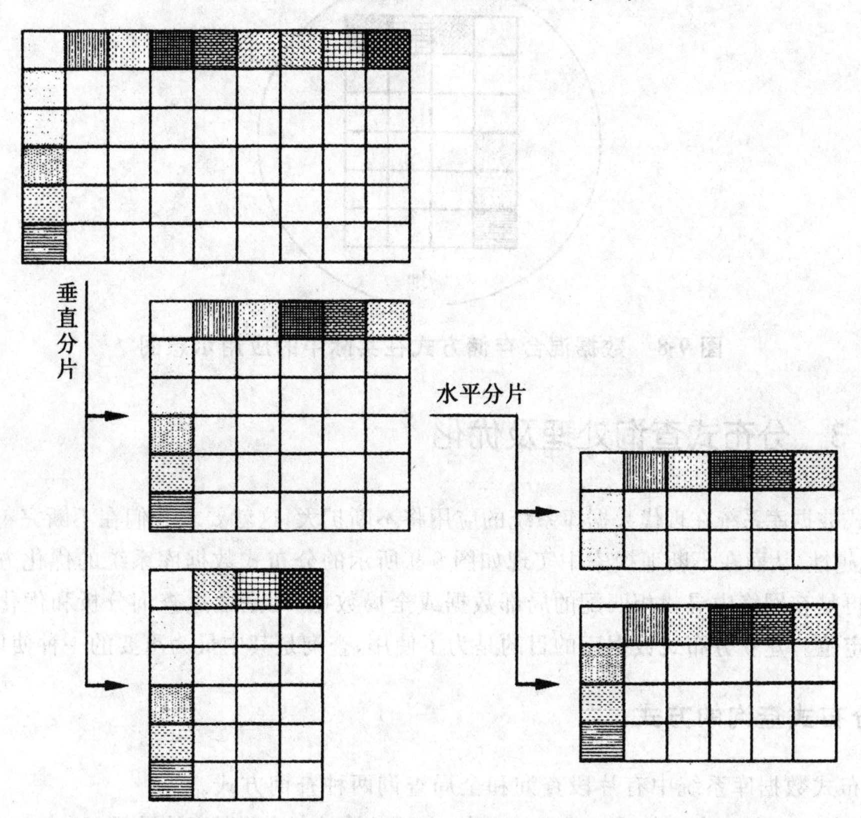

图 9-7　数据混合存储方式过程示意图

在实际应用过程中,具体如何分片,应该根据分布式环境中场地的实际情况来确定。图 9-8 所示为示图 9-7 的结果在不同的场地的存储方式。

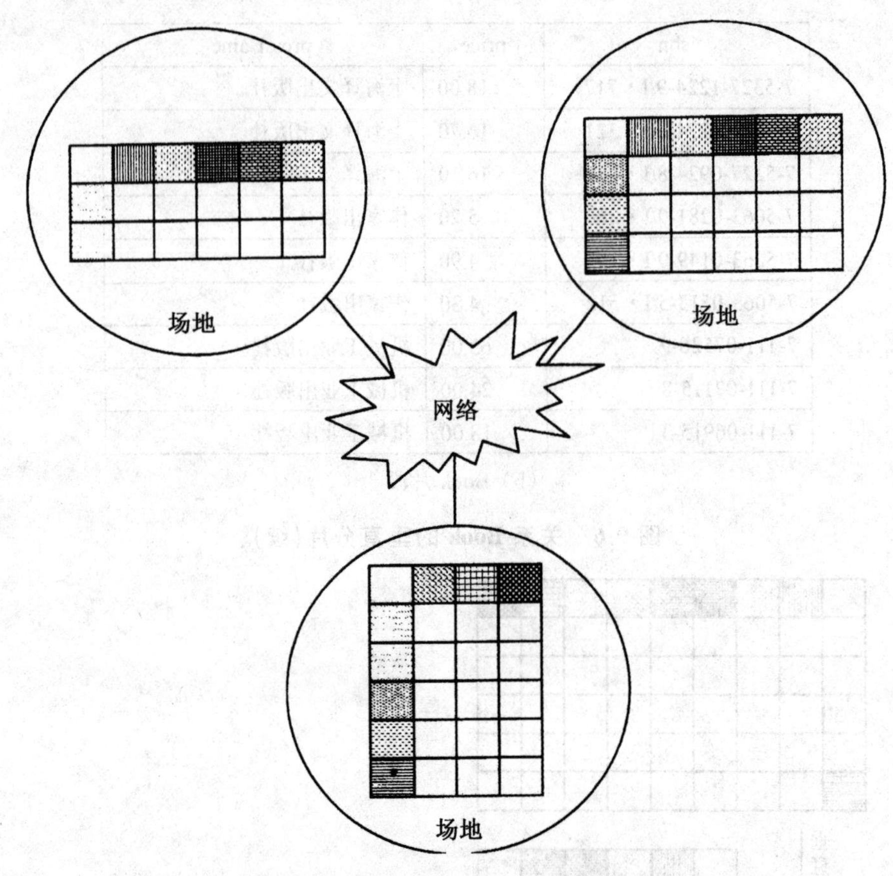

图 9-8　数据混合存储方式在实际中的应用示意图

9.2.3　分布式查询处理及优化

分布式数据库系统在现代数据库系统的应用将不断扩大，这就要求我们在不断完善中摒弃缺点，发扬优越性，从而在不断地摸索中实现如图 9-9 所示的分布式数据库系统的优化方法。用户的查询不再是在网络中寻找相匹配的局部数据或全局数据，而是通过查询分析和优化算法来进行数据的定位。建立分布式数据库的目的是为了使用，查询是其中最为重要的一种使用形式。

1. 分布式查询的方式

在分布式数据库系统中有片段查询和全局查询两种查询方式。

片段查询是直接定义在关系片段上的查询，它可以是对本地数据库的局部查询操作，也可以是由全局查询转换而来的子查询操作。其查询优化的技术与集中式查询所采取的处理技术相同。

全局查询是定义在全局关系上的查询，因此查询处理和优化技术要复杂得多。由于全局关系所定义的仅仅是一个外模式即用户视图，其数据是经过分片、分配后存储在各个结点上的，因此对全局数据库的查询必须转换为一组对各个结点上关系片段的子查询后才能执行，图 9-10 给出了分布式查询处理的一般过程。

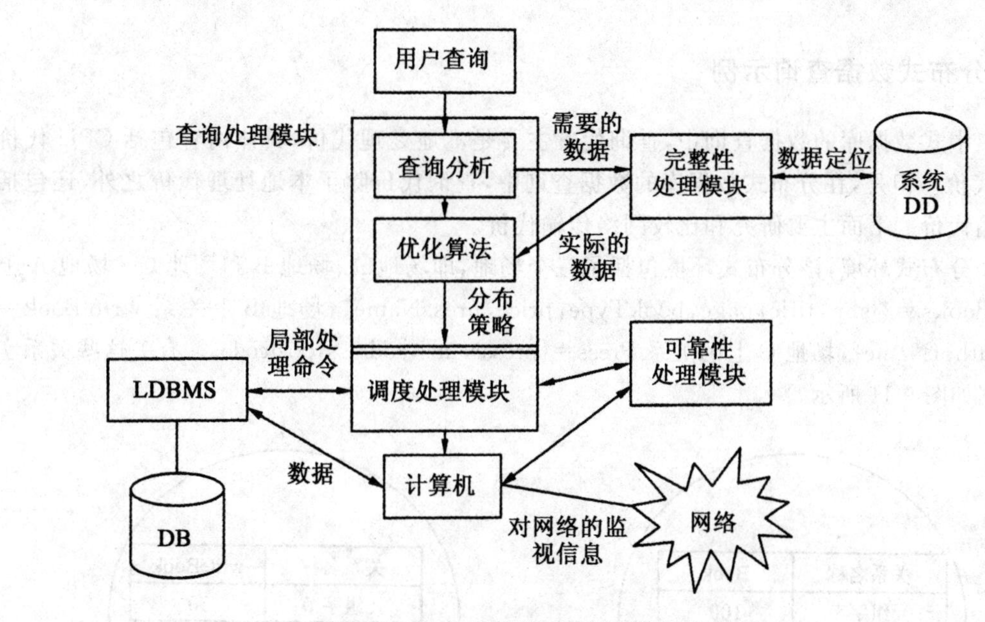

图 9-9 分布式数据库系统的优化方法

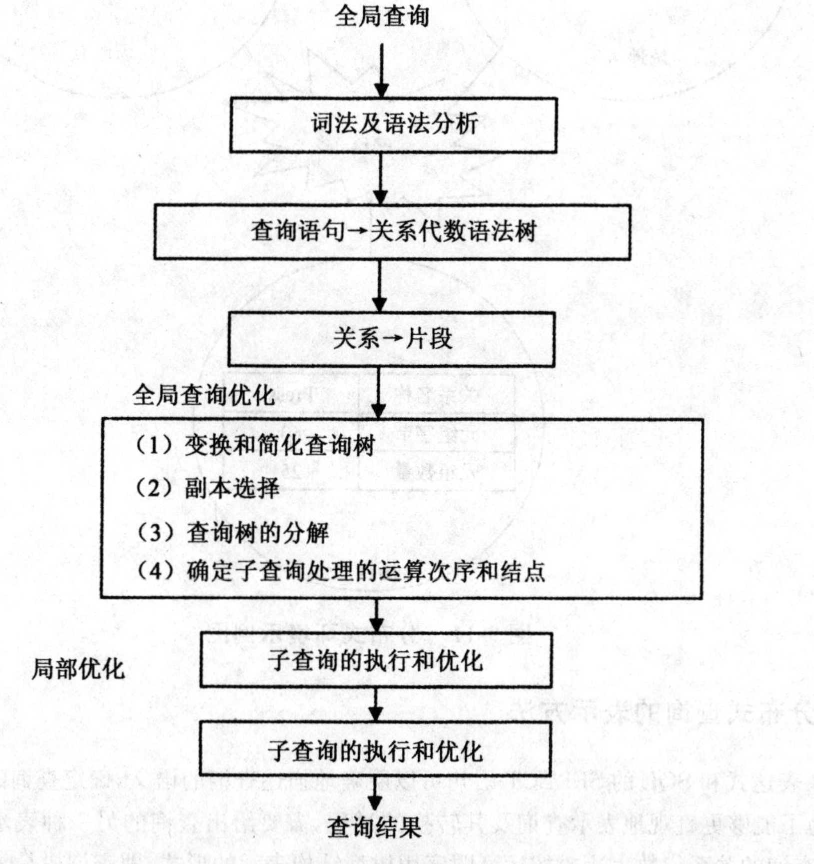

图 9-10 分布式查询处理的一般过程

2. 分布式数据查询示例

在集中式数据库的数据查询中，查询代价主要是本地处理代价，具体内容包括 CPU 代价和 I/O 代价。但是，在分布式数据库的数据查询中，查询代价除了本地处理代价之外，还包括网络传输代价。下面主要研究和比较网络传输代价。

一个分布式环境，该分布式环境包括了三个场地，即场地 A、场地 B 和场地 C。场地 A 上的关系 Books＝{isbn，title，page，bookType，price，pressName}，场地 B 上关系 writeBook＝{isbn，authorName}，场地 C 上的关系 Press＝{pressName，address，postcode}。有关这些关系实例的数据如图 9-11 所示。

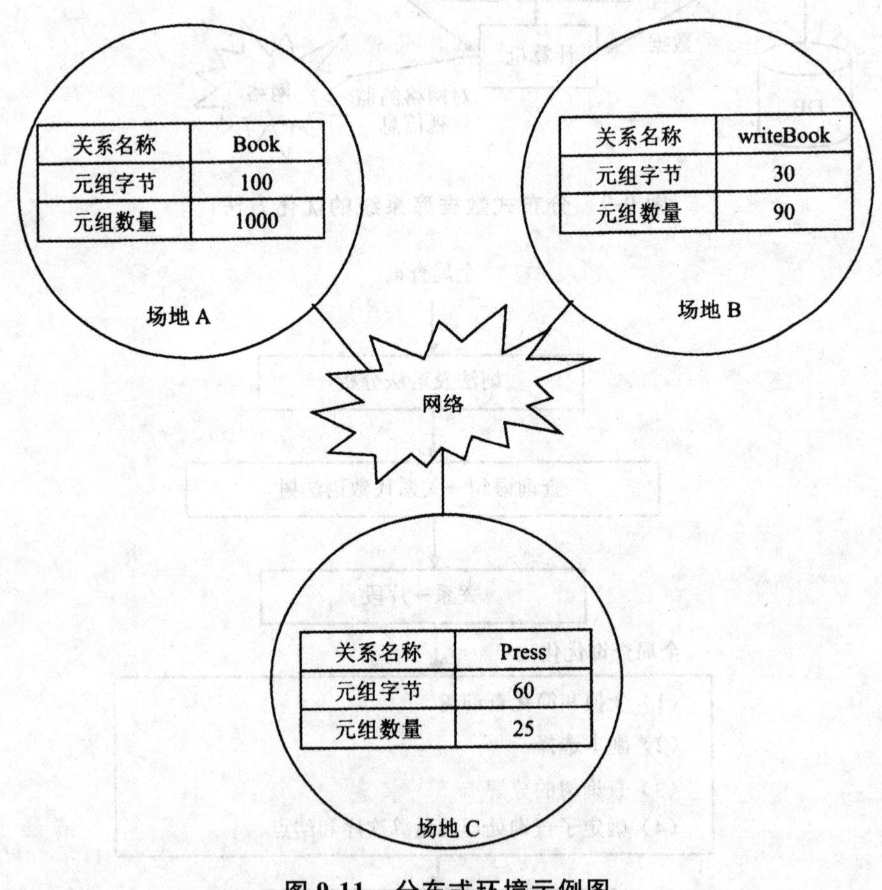

图 9-11　分布式环境示例图

3. 分布式查询的表示方法

关系表达式和 SQL 的 SELECT 语句可以明确地描述查询的语义，确定查询的操作及其执行顺序。为了能够更直观地表示查询及其转换的过程，需要给出查询的另一种表示方法——查询树，它是查询的关系代数表达式按运算顺序用树型结构表示的形式，即查询树是一棵树：

$$T=(V,E)$$

其中V代表结点集，每一个非叶结点是关系运算符，叶结点是关系名；E为边集，两个结点之间有边(V_1,V_2)当且仅当V_2是V_1的运算分量。

4. 关系代数的等价律与变换规则

将全局查询转换为片段查询，且后者的查询结果与前者等价是分布查询处理的关键。为了使读者更加明确地认识这一转换的过程，下面先介绍关于关系代数的等价变换律和等价变换准则。

(1)关系代数的等价变换律

可以利用关系代数中的等价变换律对查询表达式(或查询树)进行转换，从而将全局查询转换为片段查询，并获得较优的执行方案。

在查询表达式中包括一元运算(如选择、投影等)，用U表示；二元运算(如并、交、差、连接、自然连接、半连接等)，用B表示。

设R、S、T为关系，U为一元运算符，B为二元运算符，则以下等价律在一定条件下成立：

一元运算交换律：$U_1U_2R=U_2U_1R$

一元运算幂等律：$UR=U_1U_2R$

一元运算因子分解律：$U(R)BU(S)\Rightarrow U(RBS)$

二元运算交换律：$RBS=SBR$

二元运算结合律：$RB(SBT)=(RBS)BT$

一元运算对二元运算分配律：$U(RBS)\Rightarrow U(R)BU(S)$

说明：在以上这些等价律中，对于具体的一元和二元运算符有的等价律需带有条件。关于这些等价律正确性的证明以及充要条件可参阅有关文献。

(2)等价变换准则

既然可以用查询树表示一个全局查询，那么还可以用查询树的变换来描述将全局查询转换为片段查询的过程。在对查询树进行变换的每一步，需遵循一定的等价变换准则，以保证变换的等价性并实现部分优化。

准则1 利用选择与投影的幂等律为每个操作数关系生成选择与投影。

准则2 尽量把查询树中的选择与投影运算向下推移。

在执行全局查询的过程中，二元运算，特别是连接运算的开销很大。在执行二元运算之前先对关系施加选择和投影运算，即将选择和投影运算下移，就可以缩小二元运算对象的规模，降低二元运算的开销。

5. 全局查询到片段查询的变换

利用关系代数的等价律和变换准则可以从一定程度上实现全局查询的优化，但是查询树中的运算对象仍然是全局关系，需要进一步把全局关系上的查询表达式转换为片段上的查询表达式，从而将全局关系上的查询树转换为片段上的查询树。以片段作为其运算对象的查询表达式称为片段查询的规范表达式。

得到与一个给定全局查询表达式等价的片段查询的规范表达式的方法是这样的：对于在

全局查询表达式中出现的全局关系名,用其各片段重构全局关系的代数表达式来替代。

若把全局查询的查询树中的叶结点用与分片模式相应的逆反表达式来代替,便可以得到片段上的查询树。

6. 限定关系代数

限定是表示片段内所有的元组应满足的性质的一个谓词,它是在使用选择运算进行水平分片时带有的特定选择条件。通过限定关系代数及其运算规则的学习,可以实现对全局查询表达式进一步的优化。

(1)限定关系代数的定义

所谓限定关系是指带有限定词的关系,即一个限定关系定义为一个二元组,记为$[R:Q_R]$。其中:R为关系,称为限定关系的体;Q_R为限定词,它是一个谓词,给出了关系R中所有元组应具有的内部性质,称为限定关系的限定条件。

限定关系代数是对关系代数的一种扩充,它以限定关系$[R:Q_R]$作为运算对象。将关系演算施加于限定关系的结果仍然是一个限定关系。因此,在计算限定关系的运算结果时,要同时对关系和限定词进行操作。

(2)限定关系代数的运算规则

规则1 $\sigma_F[R:Q_R]\Rightarrow[\sigma_F R:F\text{and}Q_R]$

由此可以看出,对限定关系$[R:Q_R]$施加选择运算的结果仍然是一个限定关系,该限定关系的体为$\sigma_F R$,限定词为$F\text{and}Q_R$。

规则2 $\pi_A[R:Q_R]\Rightarrow[\pi_A R:Q_R]$

由此可以看出,对限定关系$[R:Q_R]$施加投影运算的结果仍然是一个限定关系,该限定关系的体为$\pi_A R$,限定词仍然为Q_R。

规则3 $[R:Q_R]\times[S:Q_S]\Rightarrow[R\times S:Q_R\text{and}Q_S]$

由此可以看出,对限定关系$[R:Q_R]$和$[S:Q_S]$施加笛卡儿积运算的结果仍然是一个限定关系,该限定关系的体为$R\times S$,限定词为$Q_R\text{and}Q_S$。

规则4 $[R:Q_R]-[S:Q_S]\Rightarrow[R-S:Q_R]$

由此可以看出,对限定关系$[R:Q_R]$和$[S:Q_S]$施加差运算的结果仍然是一个限定关系,该限定关系的体为$R-S$,限定词为Q_R。

规则5 $[R:Q_R]\cup[S:Q_S]\Rightarrow[R\cup S:Q_R\text{or}Q_S]$

由此可以看出,对限定关系$[R:Q_R]$和$[S:Q_S]$施加并运算的结果仍然是一个限定关系,该限定关系的体为$R\cup S$,限定词为$Q_R\text{or}Q_S$。

规则6 $[R:Q_R]\underset{F}{\bowtie}[S:Q_S]\Rightarrow[R\underset{F}{\bowtie}S:Q_R\text{and}Q_S F]$

由此可以看出,对限定关系$[R:Q_R]$和$[S:Q_S]$施加连接运算的结果仍然是一个限定关系,该限定关系的体为$R\underset{F}{\bowtie}S$,限定词为$Q_R\text{and}Q_S F$。

规则7 $[R:Q_R]\underset{F}{\ltimes}[S:Q_S]\Rightarrow[R\underset{F}{\ltimes}S:Q_R\text{and}Q_S F]$

由此可以看出,对限定关系$[R:Q_R]$和$[S:Q_S]$施加半连接运算的结果仍然是一个限定关系,该限定关系的体为$R\underset{F}{\ltimes}S$限定词为$Q_R\text{and}Q_S F$。

可以利用上述运算规则对关系等价的概念予以扩充。两个限定关系等价，当且仅当它们的实体是等价关系且限定词是同一真值函数。关系代数中的全部等价变换律适用于限定关系代数。

(3)限定关系代数在查询优化中的应用

上述限定关系的运算规则中，许多运算结果的限定词是有关谓词的合取(即“与”运算“and”)。在这样的合取式中，可能会有互相矛盾的限定谓词，包含矛盾谓词的限定条件称为矛盾的限定条件，具有矛盾限定条件的限定关系为空集。因此，限定词可以用来消除不包含于查询中的片段(空关系)，从而进一步优化查询的处理过程。

下面是关于空集的一些等价变换律，可以把它们应用于查询优化的过程中：

$\sigma_F(\varnothing)=\varnothing$

$\pi_A(\varnothing)=\varnothing$

$R\times\varnothing=\varnothing$

$R\cup\varnothing=R$

$R-\varnothing=R$

$\varnothing-R=\varnothing$

$R\bowtie\varnothing=\varnothing$

$R\ltimes\varnothing=\varnothing$

$\Phi\ltimes R=\varnothing$

可以利用以下准则对片段查询表达式的化简：

准则3　将选择运算下推到叶结点，然后用限定关系代数规则进行变换，如果运算结果的限定词是永假式，则用空关系代替该结果。

准则4　用限定关系代数求连接运算对象的限定词，如果运算结果的限定词是永假式，则用空关系代替该连接及其运算对象的子树。

准则5　为了实现全局查询中连接对并操作的分配，在运算符树上必须把并操作上移到该结点之上。

准则6　把垂直分片用的属性集与查询表达式中投影运算的属性集进行比较，去掉无关的垂直分片。如果只剩一个与查询有关的垂直分片，则去掉重构全局关系的反演中所用的连接运算。

9.3　对象关系数据库系统

9.3.1　面向对象思想和基本概念

1. 面向对象的基本思想和特征

面向对象方法是人们认识和表示客观事物的一种极其重要的方法。它强调直接以客观世界中的事物为中心来思考问题和认识问题，并根据这些事物的本质特征，把它们抽象地表示为系统中的对象，作为系统的基本单位。

2. 面向对象方法中的基本概念

下面简单介绍面向对象方法中的基本概念，同时加深对于面向对象方法的理解，为我们以后更好地理解面向对象数据库系统打下基础。

(1)对象

对象是客观世界的一种抽象和泛化，是系统中用来描述客观事物的一个实体，它是构成系统的一个基本单位，它由一组数据结构和在这些数据结构上的方法封装起来的基本单位。一个对象是由属性集合、方法集合和消息集合加上对象标识组成的，这样对象之间就产生一个嵌套层次结构。

设 Obj1 和 Obj2 是两个对象。如果 Obj2 是 Obj1 的某个属性的值，称 Obj2 属于 Obj1，或 Obj1 包含 Obj2。一般地，如果对象 Obj1 包含对象 Obj2，则称 Obj1 为复杂对象或复合对象。

如果 Obj2 是 Obj1 的组成成分，则可称其是 Obj1 的子对象。Obj2 还可以包含对象 Obj3，这样 Obj2 也是复杂对象，从而形成一个嵌套层次结构。

例如，每辆汽车包括汽车型号、汽车名称、发动机、车体、车轮、内部设备等属性。其中，汽车型号和汽车名称的数据类型是字符串，发动机不是一个标准数据类型，而是一个对象，包括发动机型号、马力等属性；车体也是一个对象，包括钢板厚度、钢板型号、车体形状等属性；内部设备也是一个对象，包括车座、音响设备、安全设备等，而音响设备又是一个对象，包括 VCD、喇叭等属性，如图 9-12 所示。

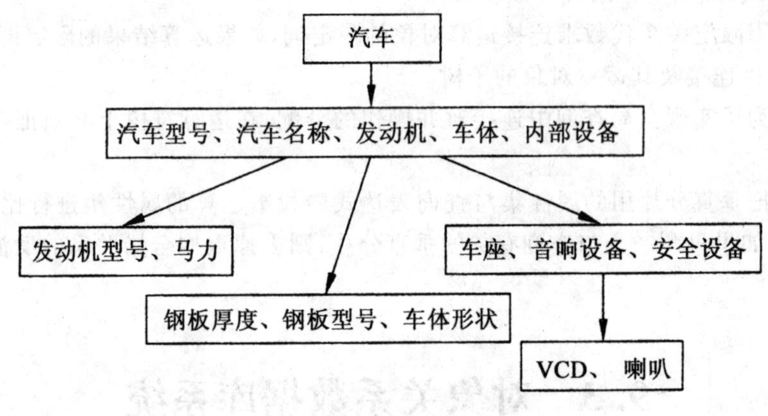

图 9-12　汽车的嵌套层次图

(2)对象标识符

每个对象在系统内部都有一个唯一且不变的标识，这个标识就称为对象标识(Object ID，OID)，在计算机中对象标识符是一组用字符串表示的代码，该代码一般由系统给出，对象标识符在计算机中替代传统的数据的关键字。

一个对象一般由属性、方法加上它的对象标识组成，同时它还有若干重要的性质。

(3)隐蔽性

因为封装外部世界不可能了解对象的内部实现细节，外部只能通过界面来了解和使用对象。对象隐蔽有利于将复杂处理简单化，使外部世界简化了对对象的认识和了解。

(4)稳定性

在对象中以对象属性为核心并以方法为附属，可以构成一个重用性强的稳定实体，在计算机中即表示以对象数据(结构)为核心以程序为附属可构成一个稳定实体。

(5)消息

客观世界中对象间是相互关联的，即是相互作用、相互沟通与相互影响的，对象的相互关联方式通过消息实现，由于对象的封装性与隐蔽性，对象的消息仅作用于对象界面，再通过界面进一步影响与改变对象自身。消息一般由三部分组成，它们是：

①接收者：它表示消息所施加作用的对象。

②操作参数：它给出消息行使操作时所需的外部数据。

③操作：它给出消息的操作要求。

在计算机中消息可用一般程序代码实现。

我们可以看到对象就是一个在其内部封装了属性和方法，并且以属性为核心，以方法运行在属性的周围的实体。它对外隐藏了其内部实现细节，仅对外提供一些接口，它与外界的交流和沟通通过这些接口使用消息来进行。我们已经对对象有了一定的认识，下面介绍面向对象方法中另外一个极其重要的概念——类。

(6)类

类是对对象的抽象和描述，是具有相同属性和操作的多个对象的相似特征的统一描述。类的出现简化了人们对客观世界的理解，人们可以对属于类的全体对象进行统一研究而不必对每个对象进行研究。类中实例的属性与方法可以统一说明，同时类也可有一个统一的界面，消息不仅可以作为对象间作用的工具，更重要的可作为类间沟通的工具。同时类也具有封装性、隐蔽性和稳定性，在本质上，类取代对象成为面向对象方法中实际研究与讨论的基本抽象单位。

类之间的基本关系有三种：继承关系、聚合关系(组合关系)和通信关系。其中继承关系和聚合关系反映的是类之间的静态关系。同时，类之间还可以通过消息进行通信，它反映的是类之间的动态关系。

(7)类继承

继承是类之间的一种关系，在继承关系中一个类共享了另外一个类或几个其他类中定义的结构和行为。类的继承通常有：在继承关系中，被其他类继承其结构和行为的类称为超类(或父类)，称继承其他类结构和行为的类为子类。类之间的层次结构如图9-13所示。

从学科的分类可以看出：

有的类只有一个直接超类，则该类仅从这个超类继承属性和方法，称为单继承。如图9-13所示的数学仅有一个直接超类——理学。

有的类具有多个直接超类，则该类从多个直接超类中继承属性和方法，称为多继承。如图9-13所示的生物化学有生物学和化学两个超类。

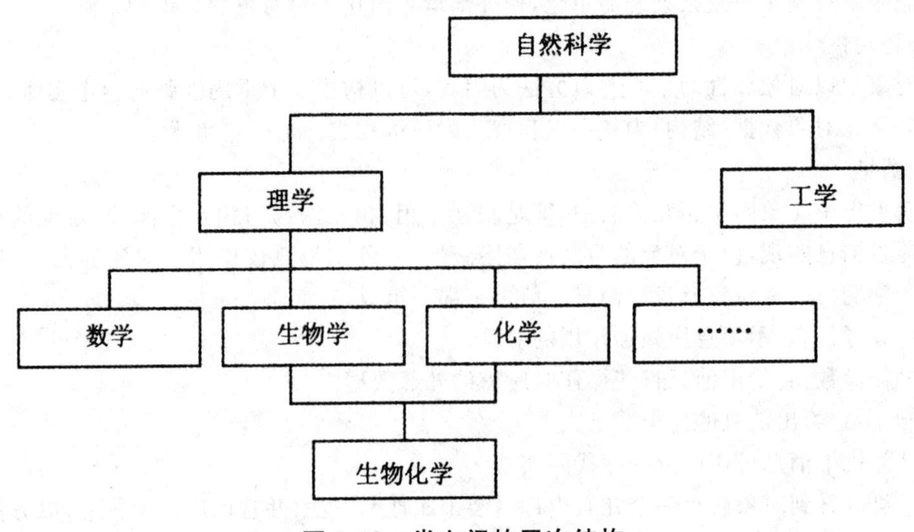

图 9-13 类之间的层次结构

(8)类聚合

集合是类间另外一个重要关系,它反映的是整体和部分的关系。世界上任何复杂的事物总是分解成由若干基本事物构成,这是一种由部分组成整体的关系,如图 9-14 所示。

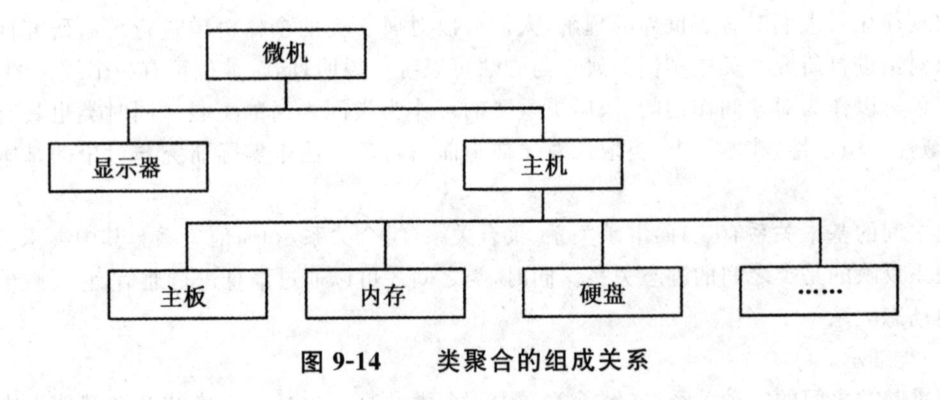

图 9-14 类聚合的组成关系

显示器、主机和微机之间就是聚合关系。这种关系在计算机中表现为一个类的属性为另外一个类。

(9)对象与类的持久性

对象和类都有其生存周期,如果对象或类的生存周期普遍较短,则称此种对象或类为挥发性(Transient)的对象或类。如果对象或类的生存周期普遍较长,则称其为持久性(Persistent)的对象或类。

在面向对象程序设计语言中的对象或类随着程序运行的结束而全部消失,因此都是挥发性对象或类。而要将对象或类长期保存需要解决对象与类的存储、恢复、存取和共享等问题,这就只能借助面向对象数据库系统,因此对象或类的持久性的实现是面向对象数据库系统的基本任务。

9.3.2　面向对象数据技术架构

当前,市场上存在许多用于解决面向对象数据库管理的技术。多种面向对象数据库技术的存在的主要原因是面向对象数据库技术发展缓慢。最早的面向对象数据库技术提供了小型的扩展,把大多数面向对象的处置至于 DBMS 之外。随着用户需求的不断增加以及计算机硬件、软件技术的不断成熟,出现了更多、更好的解决面向对象数据库管理的技术。最新出现的技术是重写 DBMS 以便从根本上适应面向对象的数据管理需求。主要的面向对象数据库技术包括大对象和外部软件技术、专用媒体服务器技术、对象数据库中间件技术、用户定义类型的对象关系 DBMS、面向对象的 DBMS 等。不同的用户往往有不同的要求,因此各种技术方案都有自身的特点和适用范围。下面分别讨论这些典型的面向对象数据库技术架构。

1. 大对象和外部软件

最早将对象添加到关系型数据库中的方法是使用带外部软件的大对象。将复杂数据以二进制或文本大对象的方式存储在关系数据库的列中。例如,图像使用 BLOB(Binary Large Object,二进制大对象)或 image 数据类型,大型文本文档使用 CLOB(Character Large Object,字符大对象)或 text 数据类型。描述大对象技术中的系统结构和数据存储示意图如图 9-15 所示。

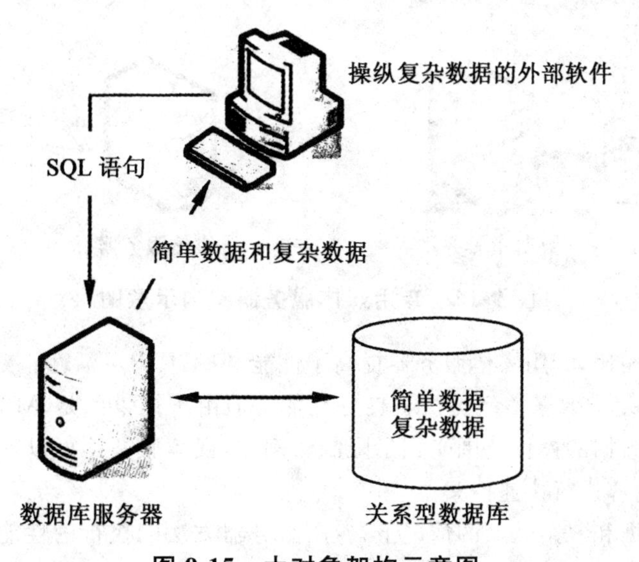

图 9-15　大对象架构示意图

在大对象架构中,通常将大对象与表中的其他数据分开存储。用户可以直接检索大对象,但是不能显示大对象数据。DBMS 之外的软件执行显示和操纵大对象的操作。通常的外部软件包括 ActiveX 控件、Java 小程序和 Web 浏览器插件等。

大对象方法容易实现,因此得到了普遍应用。只需要对关系型 DBMS 进行较小的改动,即可存储所有的复杂数据。另外,用户可以从市场上购买到各种第三方软件来支持主要的复杂数据类型。例如市场上有许多可以显示多种图像格式的第三方工具。

尽管大对象方法有诸多优点,但也存在严重的性能缺陷。由于 DBMS 不了解复杂数据的操作和结构,所以无法对各种操作进行优化。不能使用大对象的特性来过滤数据,不能对大对象使用索引。由于大对象与其他数据分开存储,因此需要附加的磁盘访问。另外,大对象的顺序与其他表数据的顺序不一致。

2. 专用媒体服务器

在专用媒体服务器架构中,复杂数据驻留在 DBMS 之外。在这种架构中,可以使用专门的独立服务器来操纵单一类型的复杂数据,例如视频或图像。编程人员使用 API,通过媒体服务器来访问复杂数据。API 提供了一组过程来检索、更新和转换特殊类型的复杂数据。为了同时操纵简单数据和复杂数据,程序代码既包含嵌入式 SQL,也包含了媒体服务器的 API 调用。专用媒体服务器架构示意图如图 9-16 所示。

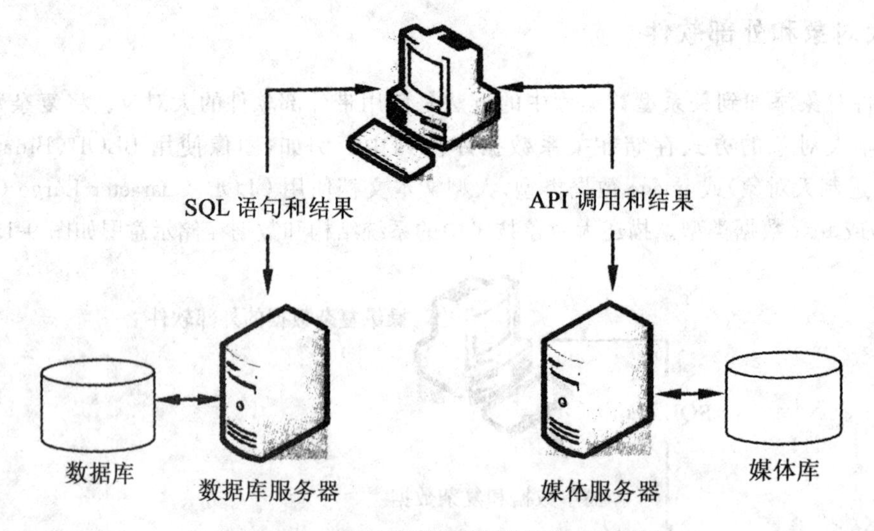

图 9-16 专用媒体服务器架构示意图

与大对象架构相比,专用媒体服务器提高了性能,但不具有灵活性。专用服务器和高度专用的 API 为图书的复杂数据类型提供了良好性能。但由于提供的是 API,而不是查询语句,因此这种架构中对数据的操作范围受到了限制。例如,视频服务器可以支持视频的快速流式传输,但是不能按内容进行快速搜索。

在兼有简单数据和复杂数据的情况下,专用服务器方法的执行的性能不佳。查询优化器不能同时优化简单数据和复杂数据的搜索,因此 DBMS 不了解复杂数据。另外,媒体服务器可能不提供索引技术。在这种架构中,事务处理仅限于简单数据,因为专用媒体服务器通常不支持事务处理。

3. 对象数据库中间件

对象数据库中间件通过模拟对象功能来解决媒体服务器架构中存在的问题。在这种技术中,客户端不再直接访问媒体服务器,而是客户端将 SQL 语句发送给中间件,中间件再向媒体服务器发送 API 调用,并将 SQL 语句发送给数据库服务器。在这种架构中,SQL 语句可以组合简单数据上传统操作和复杂数据上的专用操作。对象数据库中间件部要求用户了解每一个媒体服务器上独立的 API。另外,对象数据库中间件提供了位置独立,因为用户不需要了解复杂数据的主流位置。这种对象数据库中间件技术架构示意图如图 9-17 所示。

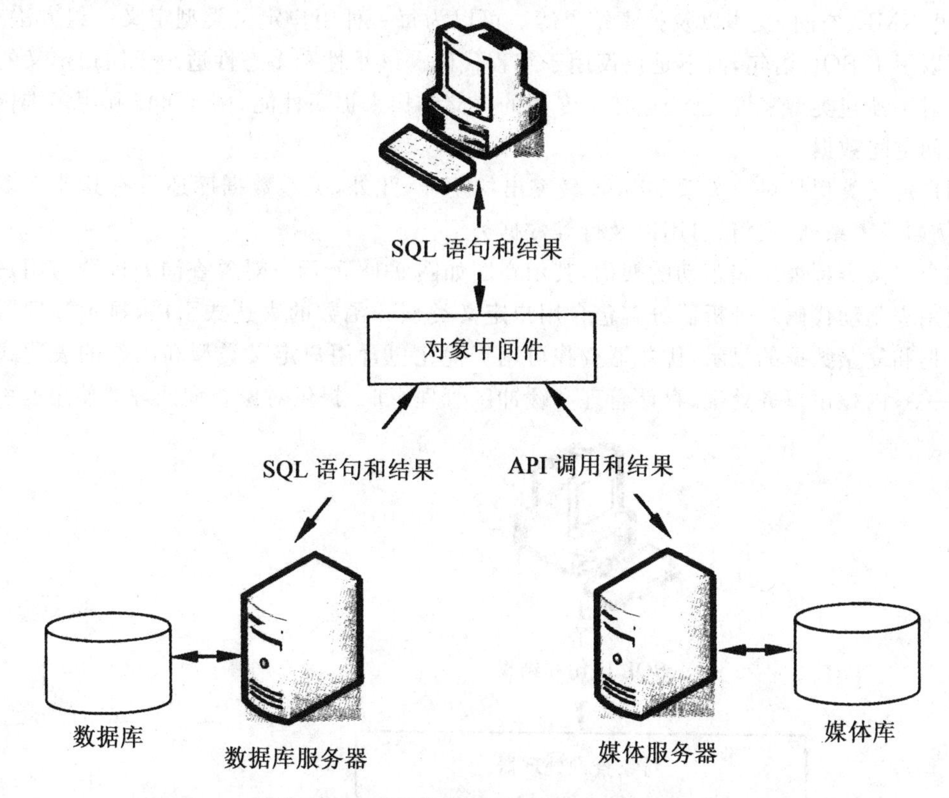

图 9-17　对象数据库中间件架构示意图

对象中间件提供了一种集成存储在 PC 和远程服务器上的复杂数据以及关系型数据库的方法。如果没有对象中间件,某些复杂数据将不能与简单数据方便地组合在一起。即对象中间件方法既可用在需要与 DBMS 更加紧密集成在一起的架构,也可以用于用户不希望在数据库中存储复杂数据的情景。

由于缺乏与 DBMS 的集成,对象中间件可能受到性能方面的限制。组合复杂数据与简单数据会遇到与专用媒体服务器同样的性能问题。DBMS 不能优化那些同时组合简单数据和复杂数据的请求。中间件可以提供组合简单数据和复杂数据的事务处理。但是由于必须使用两阶段提交和分布式并发控制技术,事务的性能会有所下降。

4. 用户定义类型的对象关系 DBMS

前面讲过的三种面向对象数据库技术几乎不对 DBMS 做任何修改,或完全不修改 DBMS,但它们只能提供有限的查询和优化能力。通过对 DBMS 做更大的改动,可以大大提高查询和优化能力。

为了能够提供附加的查询能力，对象关系 DBMS 支持用户定义的类型。几乎任何类型的复杂数据都可以作为用户定义类型来添加。如图像数据、空间数据、时间序列、视频等都是典型的类型。主流 DBMS 供应商提供了一组预构建的用户定义类型、扩展预建类型的能力以及新建用户定义类型的能力。如 IBM 的 DB2 系统提供的预构建的用户定义类型包括音频、图像、视频、XML、空间、文本以及搜索结果等。可以为每一种用户定义类型定义一组方法，这些方法可以用于 SQL 语句，而不是仅仅用于编程代码。继承性和多态性适用于用户定义的数据类型。对于预建类型来说，已经创建了专用的存储结构来提高性能，例如可以利用多维树状结构来访问空间数据。

用户定义类型是对象关系 DBMS 最突出的功能，此外，关系数据库还具有其他许多对象功能，例如子表系列、数组、引用以及行等数据类型。

用户定义类型采用表驱动的架构，其示意图如图 9-18 所示。对象查询处理器为用户定义类型使用表驱动代码。分析器分解包含用户定义类型和函数的表达式引用，显示管理器控制简单数据和复杂数据的显示，优化器查找可用于优化包含用户定义类型和函数的表达式存储结构。关系内核由事务处理、存储管理和缓冲区管理组成，提供对象查询处理器使用的引擎。

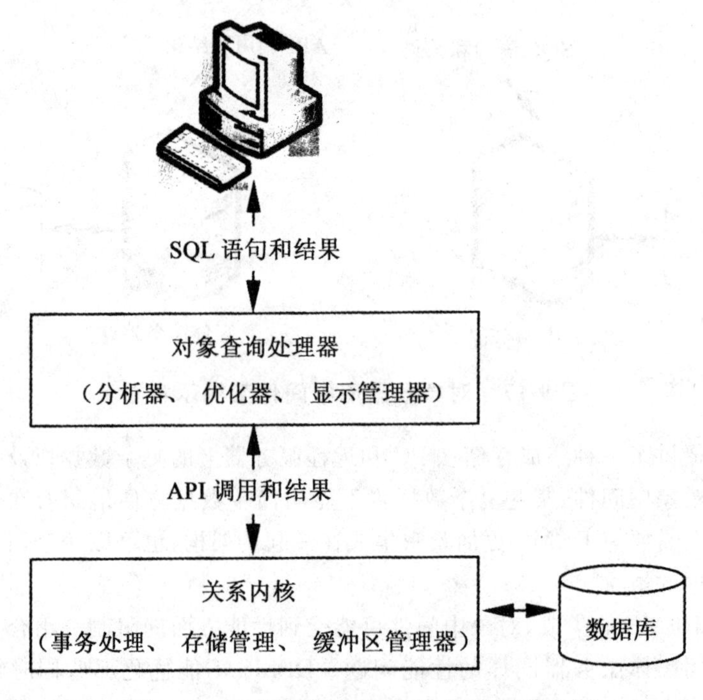

图 9-18　对象关系 DBMS 架构示意图

5. 面向对象 DBMS

许多专家认为应该对 DBMS 做更多的实质性修改，同时修改数据模型和内核来适应面向对象的要求。该思想最终导致了面向对象 DBMS 类型的产生。这种面向对象 DBMS 架构示意图如图 9-19 所示。

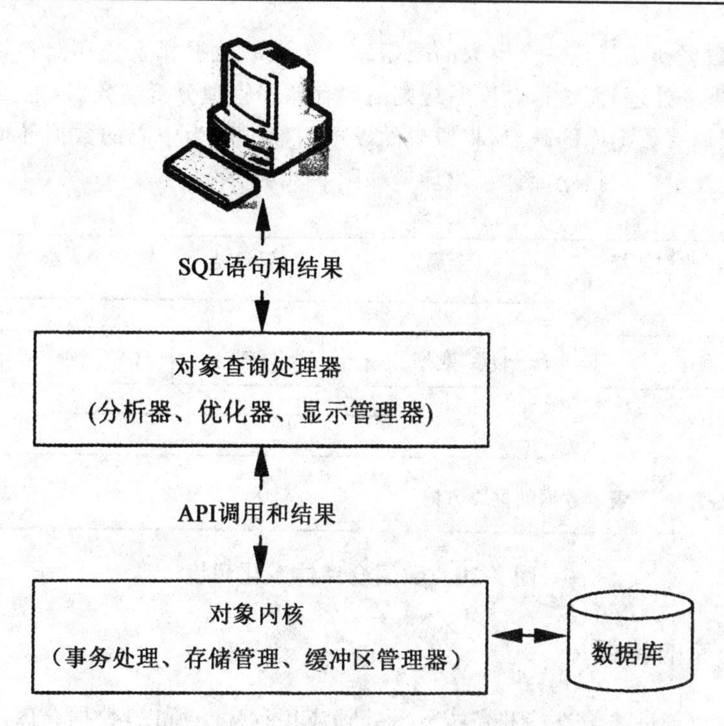

图 9-19 面向对象 DBMS 架构示意

许多从事面向对象 DBMS 开发的公司组织起来,成立了对象数据库管理组(Object Database Management Group,ODMG)。ODMG 提出了 ODL 和对象查询语言(Object Definition Language,ODL)。

实际上,面向对象 DBMS 比对象关系 DBMS 产品至少早 10 年。早期的面向对象 DBMS 用于非正式查询、查询优化和事务处理等不是十分重要的应用程序中,强调支持大型软件系统中的复杂数据。现在,面向对象 DBMS 已经逐渐提供了非正式查询、查询优化和有效的事务支持。但面向对象 DBMS 在为传统的事务化业务应用程序提供卓越性能、在数据库市场中处于有利地位方面,仍存在许多问题。在商业方面,ODMG 的努力受到 SQL:2003 标准中对象关系标准的侵蚀。关系型 DBMS 的市场力量、开源 DBMS 的出现和发展、对象关系标准的制定和推广,抑制了 ODMG 的 DBMS 的进一步发展。

9.4 数据仓库

9.4.1 数据仓库的定义与特点

1. 数据仓库的定义

数据仓库是一个处理过程,该过程从历史的角度组织和存储数据,并能集成地进行数据分析。简而言之，数据仓库就是一个巨大的数据库。传统的数据库系统存储和管理的是操作型数据，主要用于事务处理；而数据仓库系统则需要存储和管理分析型数据，主要用于决策分析。数据仓库弥补了原有数据库的缺点，将原来的以单一数据库为中心的数据环境发展为一种新环境——体系化环境。数据仓库体系化环境如图 9-20 所示。

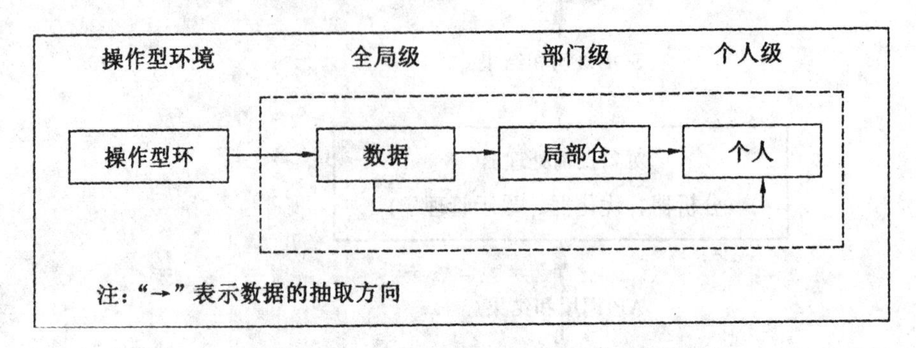

图 9-20 数据仓库体系化环境

2. 数据仓库的特征

数据仓库可以辅助决策支持和在线分析处理应用程序。所以，数据仓库除了具有传统数据库管理系统的共享性、完整性和数据独立性等特征外，还具有面向主题、时变性和只读性等基本特征。

(1)数据仓库的数据面向主题

面向主题的数据组织方式可在较高层次上对分析对象的数据，并且给出完整、一致的描述，从而完整、统一地刻画各个分析对象所涉及的各项数据以及数据之间的联系，适应各个部门的业务活动特点和数据的动态特征，从根本上实现数据与应用的分离。例如，零售商或许会将订单系统和数据库分为零售、分类销售和出口销售等几部分。每一个系统都支持对捕获的数据的基本查询，但是如果用户要在所有的销售信息上运行一个查询则显得比较麻烦。在数据仓库中，"销售"这一主题中综合了关于销售的各种信息，其中包括零售、分类销售和出口销售等信息。即根据最终用户的观点组织和提供数据，而数据库只能根据应用的观点组织数据。

(2)数据仓库的数据随时间变化

所谓时变性是指数据仓库中的数据虽然不随源数据库实时地变化，即具有一定的稳定性，但需要每隔一定的时间间隔更新数据仓库中的内容。另外，数据仓库还需要随时间的变化删去过期的、对分析已无价值的数据，并且还需要按规定的时间段增加综合数据。由于需要通过对来自多个数据库和应用程序的数据进行集成和关联而获得随时间变化的数据，所以数据仓库中数据的编码应包含时间项，这样也是符合时间趋势分析的一个要求。

(3)数据仓库的只读性

因为存储在数据仓库中的数据表示是某一时刻点的数据，所以在数据仓库中，不允许删除、插入和修改。由于数据在加载之后不再修改，所以对数据仓库的设计可以通过使用索引、预先计算的数据和物理的数据库正规化来优化查询的性能。万一数据仓库中的数据需要修改，那么可以使用 OLAP 工具来管理静态的数据仓库数据和动态的数据。图 9-21 示意了数据可以修改的关系型数据库的模型,图 9-22 示意了数据为只读的数据仓库模型。

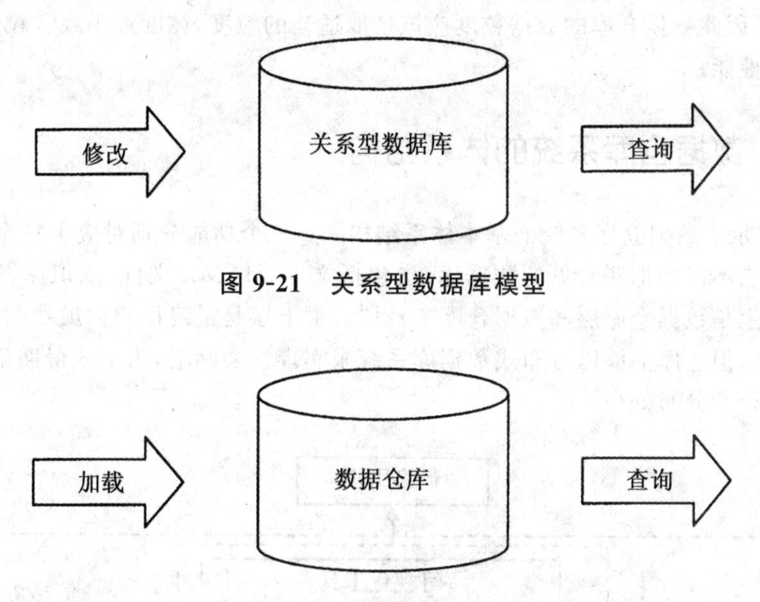

图 9-21　关系型数据库模型

图 9-22　数据仓库模型

9.4.2　数据仓库的数据组织

数据仓库是在数据库系统的基础上发展起来的,但它的数据组织结构形式与原有的数据库有着很大的不同,需要将从原有的业务数据库中获得的基本数据和综合数据分成一些不同的级别。数据仓库中存储的不同层次和类别的数据,包括历史详细数据、当前详细数据、轻度综合数据和高度综合数据等,整个数据仓库中的数据由元数据负责组织和管理。一般数据仓库的数据组织结构如图 9-23 所示。

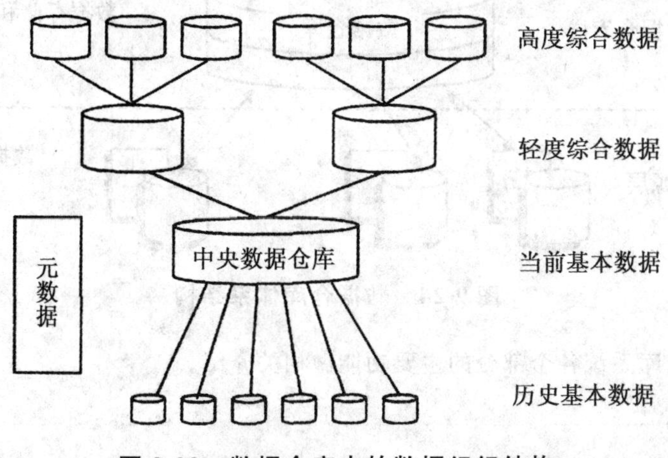

图 9-23　数据仓库中的数据组织结构

由此可见，数据仓库的作用不是作为事务处理用的，而主要是为联机分析处理或者决策支持做数据准备，因此数据仓库的数据粒度应该选取适当的粒度，粒度过小或者粒度过大都不利于数据仓库的性能。

9.4.3 数据仓库系统的体系结构

图 9-24 显示了数据仓库系统的基本体系结构图。三个功能分别对应了三个不同层次，底层是数据源。它不但指那些常见的数据库，也包括文件、HTML 文件、知识库、遗留系统等各种数据源。向上是数据仓库层和数据仓库工具层。最上层是最终用户。虽然图中表示的是单一、集中的仓库，但仓库能够以分布式数据库系统来实现。实际上，为了获得期望的性能，常常需要数据的并行和分布处理。

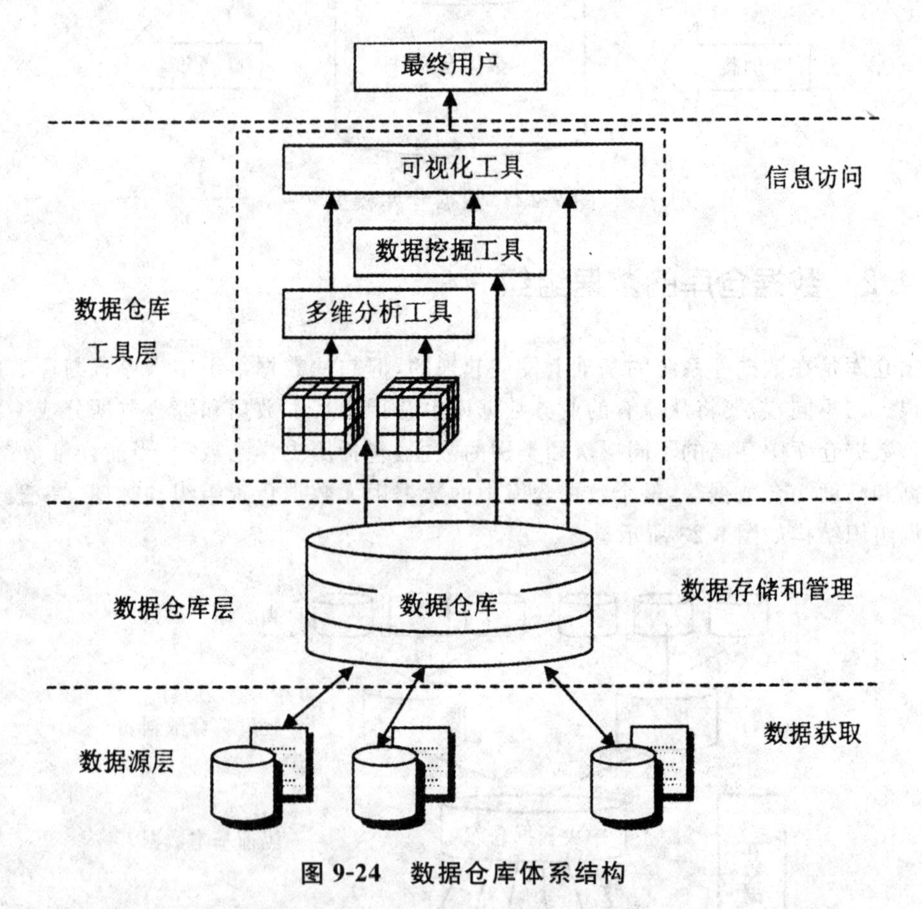

图 9-24 数据仓库体系结构

下面对数据仓库系统各个部分的主要功能做相关介绍。

1. 数据仓库

数据仓库是数据仓库系统的基础。数据仓库中的数据来源于多个数据源。源数据可以是企业内部的关系型数据库，也可以包括非传统数据，如文件、HTML 文档等。源数据经过数据仓库管理系统的提取、转换与集成后以多维的形式存放在数据仓库中。

微软数据中心库提供了一个通用的位置，可以用来存放对象和对象之间的关系。通过使用一些软件工具，来描述面向对象的信息。数据中心库的体系结构如图 9-25 所示。

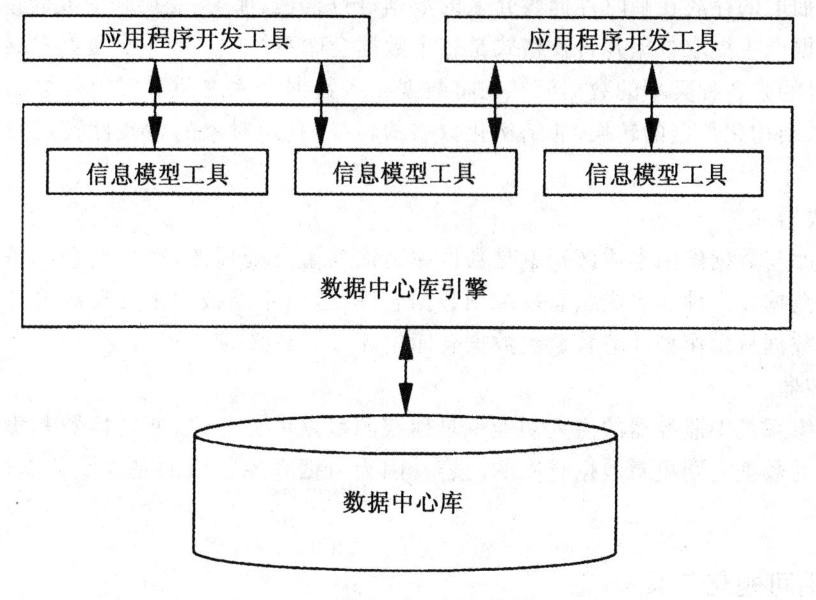

图 9-25　数据中心库体系结构

2. 数据仓库管理系统

数据仓库管理系统是数据仓库系统的核心。具有元数据的定义与管理；数据的抽取、清理、转换和集成；数据仓库的安全、归档、备份、维护、恢复等功能。数据仓库管理系统由一系列工具组成，包括数据仓库管理工具，数据抽取、转换、装载工具，元数据管理工具和数据建模工具等。

(1)元数据管理器

元数据在数据仓库系统中扮演着重要角色，它是数据仓库的字典。由于数据仓库是提供给 DSS 分析者使用的，这些用户不同于 IT 专业人员，他们通常不具有很高的计算机水平。因此，在数据仓库环境下必须通过元数据为 DSS 分析者提供尽量多的帮助和服务。此外，元数据还涉及数据从操作型环境到数据仓库环境的映射，它指导着数据的抽取、转换和装载工作，知道用户使用数据仓库。数据仓库系统的核心就是以元数据驱动的数据仓库引擎，通过元数据，用户可以将注意力完全集中在商业概念及分析界面上，而不必关心系统的底层细节。

在数据仓库系统中，可以把元数据存储在数据库服务器上，从而构成元数据库。元数据管理器通过一系列接口使用户可以在所有应用中共享元数据。此外，元数据管理器在客户端提供图形化界面，为用户建立、维护和使用元数据提供服务。

(2)转换器

转换器的功能是将源数据库中异构的数据转换成与数据仓库要求一致的结构，并往数据仓库中追加数据。

对已经抽取的存放在临时存储媒介上的数据进行整理、加工、变换和集成的过程称为数据转换。从数据源中提取数据并转换格式是整个数据仓库系统中一项十分复杂又必不可少的工作，它所面对的是各种类型的数据源。在将数据导入数据仓库之前需要进行数据结构和数据类型的转换、结构化数据的转换、非结构化数据的转换(利用对象的封装性实现对非结构化数据的处理)。

(3)集成器

数据仓库与数据库的本质区别就是数据库是面向事务处理的，而数据仓库是面向决策分析的。如果数据以一种非集成状态装载到数据仓库，它就不能被用来支持决策分析，所以说，将集成后的数据从操作型环境装载到数据仓库中才是有意义的。

(4)监控器

数据仓库系统中监控器的主要功能就是捕获源数据的变化，以便转换器和集成器能高效地根据变化的数据定期更新数据仓库的内容。因为数据仓库提供的是离线数据，与源数据存在时间差。

3. 前端可视化工具

数据仓库主要是面向决策分析的，它的用户大都是领导决策层。由于数据仓库的数据量大，所以必须有一套功能强大的工具方便用户使用，来完成决策支持系统的各种要求。前端可视化工具主要包括：查询/报表工具、OLAP 工具以及验证工具等。

(1)查询/报表工具

数据仓库的查询是针对分析处理数据的查询，查询/报表工具以图形化方式和报表方式显示查询的结果，帮助了解结果数据的结构、关系以及动态性。包括简单查询工具、多维查询工具和查询报告工具等。

(2)多维分析(OLAP)工具

OLAP 工具可为多维操作提供接口。OLAP 工具分为两类：一类是基于多维数据库的(MOLAP)；另一类是基于关系数据库的(ROLAP)。这些工具的共同点是都能够实现联机分析处理，向用户呈现的都是多维视图。区别在于 ROLAP 是利用关系表来模拟多维数据库，物理上并不形成多维数据库；MOLAP 把分析所需要的数据从数据仓库中抽取出来，物理上组织成多维数据库。

(3)验证工具

用户提出假设，利用各种验证工具，通过反复、递归的检索查询以验证或否定自己的假设，从数据仓库中发现事实。

4. 数据仓库的数据模型

关系数据库采取二维数据模型来组织数据，这个模型下各个实体是对等的，但在数据仓库中的数据是按主题来组织,它是大量相关表的有机联合,每个表的地位是不对等的。因此,经典的二维数据模型不能很好地适应数据仓库,数据仓库和 OLAP 采用多维数据模型来表示数据,它利用维和度量的概念来刻画数据,将数据看做数据立方体(Data Cube)的形式。维是人们观察数据的特定角度,因此数据仓库要将基于二维的数据多维化。多维化是将面向平面、行和列的数据转化为一个虚拟的多面体,将数据组织成一个多维矩阵,每一维描述一个重要视角。

常用的多维模型有星型模型、雪花模型、事实星座模型等。这里主要介绍星型模型和雪花模型。星型模型是由一个包含主题的事实表和多个包含事实的非正规化描述的维度表来组成的,每一个维度表通过一个主键与事实表进行连接,如图 9-26 所示。

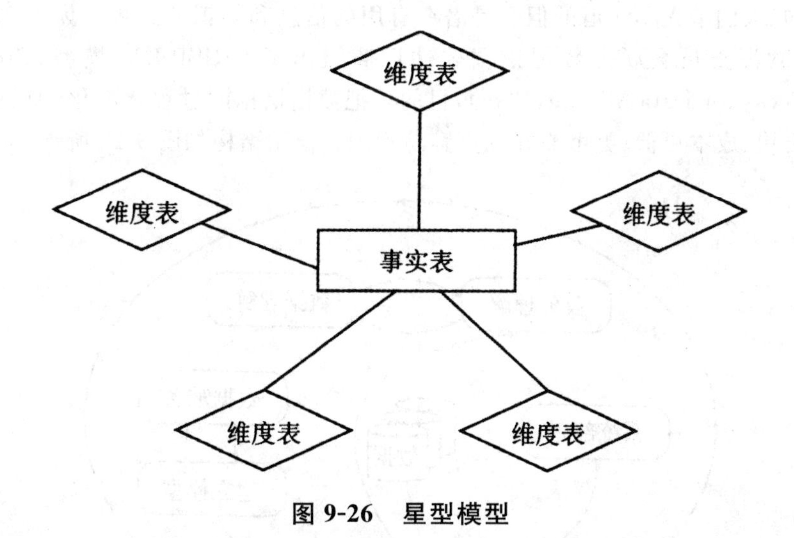

图 9-26　星型模型

雪花模型是对星型模型的扩展,每一个维度都可以向外连接到多个详细类别表。如图 9-27 所示,在这种模式中维度表除了具有星型模型中维度表的功能外,还连接上对事实表进行详细描述的详细类别表,达到了缩小事实表、提高查询效率的目的。

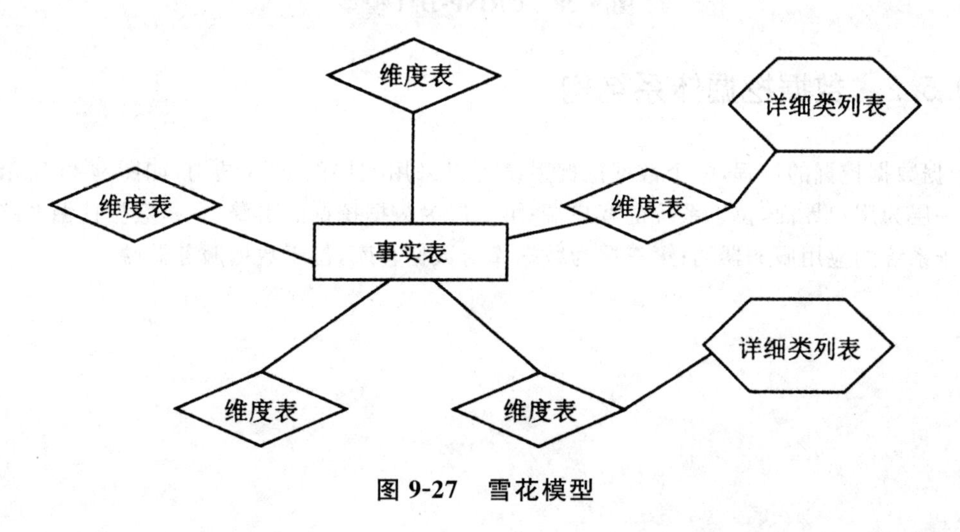

图 9-27　雪花模型

9.5 数据挖掘

9.5.1 数据挖掘的概念

数据挖掘(Data Mining)就是从大量的、不完全的、有噪声的、模糊的、随机的数据中,提取隐含在其中的、人们事先不知道的但又是潜在有用的信息和知识的过程。为了促进数据挖掘技术的应用,欧洲委员会联合数据挖掘软件厂商提出了 CRISP-DM 模型(Cross Industry Standard Process for Data Mining,1996),目的是把数据挖掘的过程标准化,使数据挖掘项目的实施速度更快、成本更低、更可靠并且更容易管理。模型结构如图 9-28 所示。

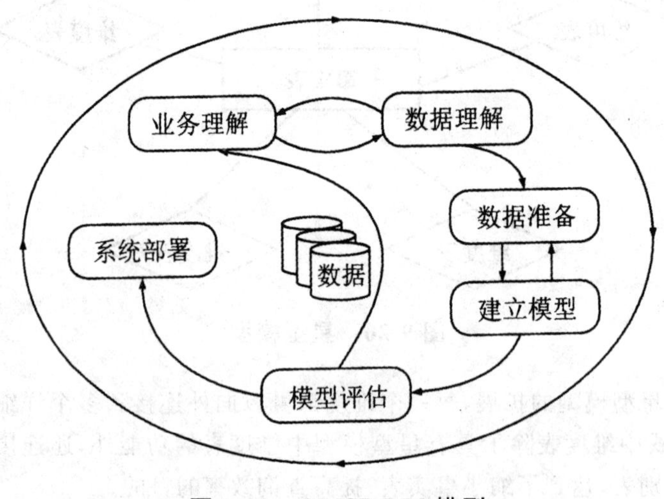

图 9-28 CRISP-DM 模型

9.5.2 数据挖掘体系结构

根据数据挖掘的过程,整个数据挖掘系统可以采用三层的 C/S 结构,如图 9-29 所示。其中,第一层为用户界面,位于系统的客户端;第二层为数据挖掘的引擎,它是数据挖掘系统的核心,位于系统的应用服务器端;第三层为数据库与数据仓库,位于数据服务器端。

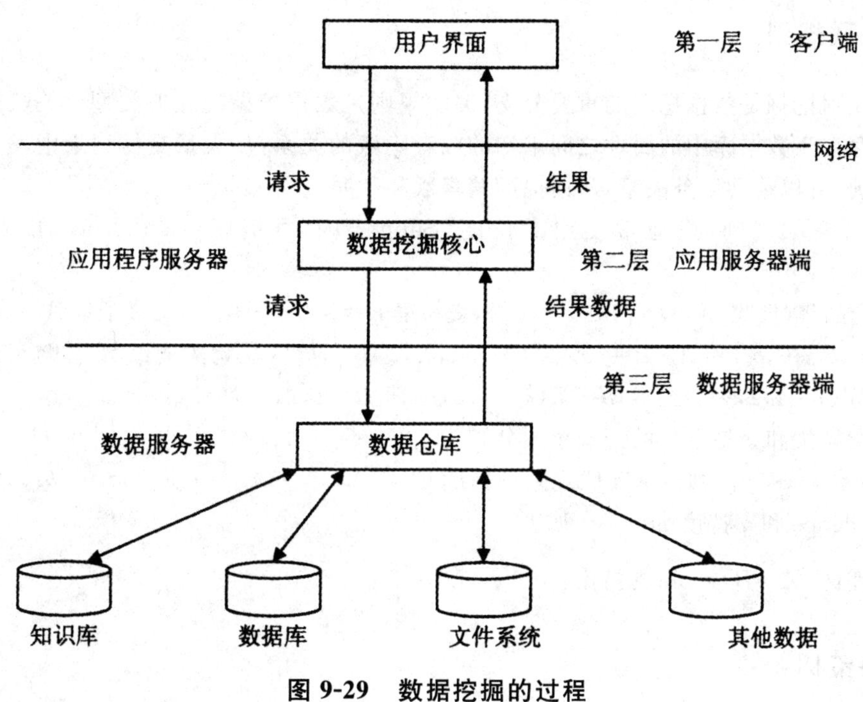

图 9-29　数据挖掘的过程

9.5.3　数据挖掘的过程

数据挖掘是指一个完整的过程，该过程从大量数据中挖掘先前未知的、有效的、可使用的信息，并使用这些信息作出决策或丰富知识。

数据挖掘的一般步骤如图 9-30 所示。

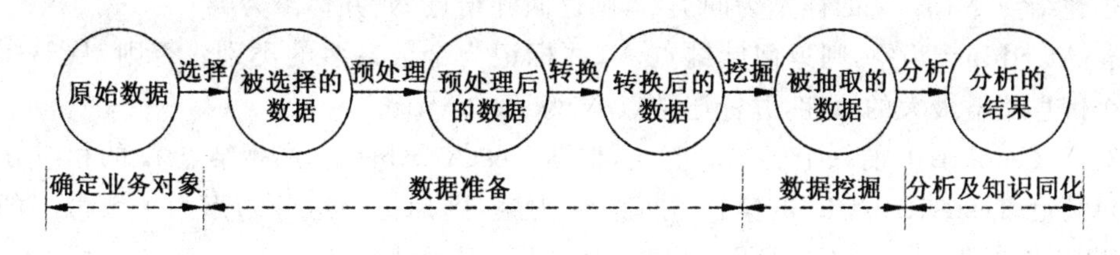

图 9-30　数据挖掘的过程

9.5.4　数据挖掘算法

随着 DW 和 DM 技术的逐渐成熟，DM 技术已经在数据仓库系统中得到了广泛应用，同时基于信息论和粗糙集的归纳学习算法、基于神经网络和遗传算法的仿生算法、基于概率与统计理论的统计分析算法、基于图形与图像技术的可视分析算法、基于模糊数学理论的模糊分析算法、基于数学运算的公式发现算法、基于 Web 数据的 Web 挖掘算法以及基于内容的多媒体信息挖掘算法等大量的 DM 算法不断地涌现出来。

1. 关联规则

关联规则挖掘是数据挖掘的重要分支,关联规则是数据挖掘的经典类型。关联规则挖掘可以发现存在于数据库中的属性之间未知的或者隐藏的关系,从大量交易记录中发现有意义的关联规则,可以帮助商务决策,从而提高销售额和利润。

在挖掘关联规则时,通常使用支持度(Support)和可信度(Confidence)以及相应的域值。

已知商品集(模式)$W=\{w_1,w_2,\cdots,w_u\}$,交易集 $E=\{e_1,e_2,\cdots,e_v\}$,交易子集 $A=\{a_1,a_2,\cdots,a_m\}$、$B=\{b_1,b_2,\cdots,b_n\}$和 $A\cap B=\{a_1,a_2,\cdots,a_m,b_1,b_2,\cdots,b_n\}$(既购买商品 A 又购买商品 B)。其中:$e_j\in W(j=1,2,\cdots,v)$;$a_k,b_l\in E(k=1,2,\cdots,m;l=1,2,\cdots,n)$。

并且交易集和交易子集的记录个数分别为:$|E|=e$;$|A|=x$;$|B|=y$;$|A\cap B|=z$。

显然 $z<x,z<y$。则对于关联规则 $A\rightarrow B$(即:$\{a_1,a_2,\cdots,a_m\}\rightarrow\{b_1,b_2,\cdots,b_n\}$)定义其可信度 Confidence 和支持度 Support 如下:

可信度:$C(A\rightarrow B)=\frac{z}{x}$;支持度:$S(A\rightarrow;E)=\frac{z}{e}$。

2. 决策树

决策树作为经典的分类算法,是采用自上而下的递归构造方法构造决策树。树的每一个结点使用信息增益度选择属性,从而可以从决策树中提取分类规则。

如果训练样本的所有样本是同类的,则把它作为叶结点,结点内容是类别标记;否则,根据预定策略选择二个属性,并且按照属性值,将样本划分为若干子集,使得每个子集上样本的属性值相同;然后依次递归处理每个子集。

输入:训练样本(候选属性集:AttribList);输出:决策树。

①创建结点 N,若 N 的样本为同类 C,则返回叶结点 N,并标志为类 C。

②若 AttribList 为空,则返回叶结点 N,并标记为个数最多的类别。否则,从 AttribList 选择一个信息增益最大的属性,并标记结点 N 为 TestAttrib。

③对于 TestAttrib 的每个已知取值 a_i,根据 TestAttrib$=a_i$,产生结点 N 的相应分支。

④对满足 TestAttrib$=a_i$ 的集合 S_i;若 S_i 为空,则标记相应叶结点为个数最多的类别。否则,把相应叶结点标志为 GenDTree(S_i,AttribList-TestAttrib)。

说明:生成决策树是 NP-Hard 问题,因此关键是采用启发式策略选择优的判断条件。

决策树源于概念学习系统(Concept Learning System,CLS),其经典算法是 Quiulan 的 ID3(Iterative Dichotomiser 3)算法,然后推广到 C4.5、CART 和 Assistant 算法。

例如:春夏集团根据自身的经济实力和经营情况,准备在全国再开设三类连锁计算机 DIY 商城,每一类两家。通过市场调查,目前全国经营的历史数据如表 9-1 所示。

表 9-1　计算机 DIY 商城历史数据

商城	位置	规模	档次	经营效果
100	大城市	大规模	高档	失败
150	大城市	大规模	低档	成功
80	大城市	小规模	高档	成功
60	小城市	大规模	低档	失败
60	小城市	小规模	低档	成功
100	大城市	小规模	低档	失败

则计算机 DIY 商城经营情况决策树如图 9-31 所示。

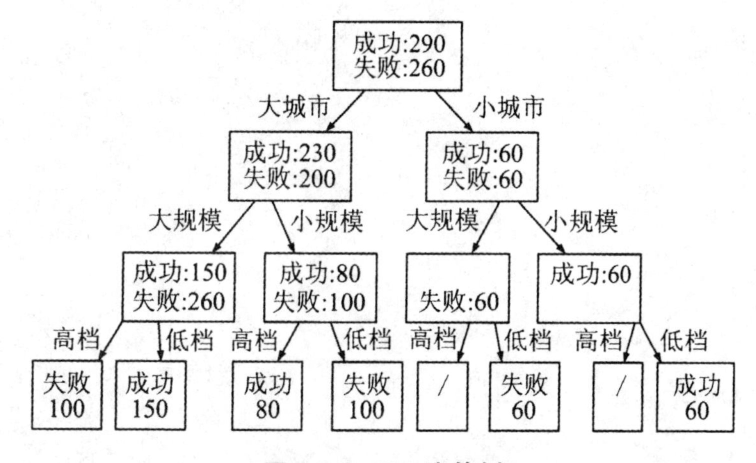

图 9-31　ID3 决策树

根据决策树得出的关联规则如下：

IF 位置＝大城市∧规模＝大规模∧档次＝低档 THEN 成功

IF 位置＝大城市∧规模＝小规模∧档次＝高档 THEN 成功

IF 位置＝小城市∧规模＝小规模∧档次＝低档 THEN 成功

因此，开设三类连锁商店的可行性方案为：在大城市开设大规模低档连锁商店两家，在大城市开设小规模高档连锁商店两家，在小城市开设小规模低档连锁商店两家。

3. 预测

预测是首先构造模型，然后使用模型预测未知值。经典算法是线性回归、多元回归和非线性回归等回归分析。传统算法是趋势外推和时间序列等。优点是原理简单和理论成熟。

(1)线性回归

利用直线 $y=\alpha+\beta x$ 描述数据模型。已知样本$(x_1,y_1),\cdots,(x_n,y_n)$，则利用最小二乘法计算的回归系数 α 和 β 如下：

$$\beta=\frac{i\sum_{i=1}^{n}(x_i-\overline{x})(y_i-\overline{y})}{\sum_{i=1}^{n}(x_i-\overline{x})^2};\alpha=\overline{y}-\beta\overline{x};\overline{x}=\frac{1}{n}\sum_{i=1}^{n}x_i;\overline{y}=\frac{1}{n}\sum_{i=1}^{n}y_i$$

(2)多元回归

由多维变量组成的线性回归函数 $y=\alpha+\beta_1x_1+\beta_2x_2$;可以利用最小二乘法计算回归参数 α,β_1 和 β_2。多元回归的经典算法是 Polynom 算法,即:对于预测目标变量 y 和影响因素 $x_1,\cdots,x_n$。若满足 $y=a_1x_1+a_2x_2+\cdots+a_nx_n$,则可以根据已知数据估算出系数 $a_1,\cdots,a_n$,从而进行预测。

预测理论研究的新领域是人工神经网络(ANN)预测、专家系统预测、模糊预测、粗糙预测、小波分析预测、优选组合预测等。

参考文献

[1]王珊,萨师煊.数据库系统概论[M].第4版.北京:高等教育出版社,2006.

[2]张银玲.数据库原理及应用[M].北京:电子工业出版社,2016.

[3]李辉.数据库技术与应用[M].北京:清华大学出版社发行部,2016.

[4]蔡延光.数据库原理与应用[M].北京:机械工业出版社,2016.

[5]王国胤等.数据库原理与设计[M].北京:电子工业出版社,2011.

[6]董卫军,邢为民,索琦.数据库基础与应用[M].第2版.北京:清华大学出版社,2016.

[7]郝忠孝.数据库学术理论研究方法解析[M].北京:科学出版社,2016.

[8]陆慧娟,高波涌,何灵敏.数据库系统原理[M].第2版.北京:中国电力出版社,2011.

[9]姜桂洪,刘树淑,孙勇.数据库技术及应用[M].北京:科学出版社,2016.

[10]谢兴生.高级数据库系统及其应用[M].北京:清华大学出版社,2010.

[11]陈燕.数据挖掘技术与应用[M].第2版.北京:清华大学出版社,2016.

[12]陈晓云,徐玉生.数据库原理与设计[M].兰州:兰州大学出版社,2009.

[13]李月军.数据库原理与设计[M].北京:清华大学出版社,2012.

[14]杨海霞.数据库原理与设计[M].第2版.北京:人民邮电出版社,2013.

[15]朱杨勇.数据库系统设计与开发[M].北京:清华大学出版社,2007.

[16]王世民,王雯,刘新亮.数据库原理与设计——基于SQL Server 2012[M].北京:清华大学出版社,2015.

[17]王常选,廖国琼,吴京慧,刘喜平.数据库系统原理与设计[M].北京:清华大学出版社,2009.

[18]万常选.数据库系统原理与设计[M].第2版.北京:清华大学出版社,2012.

[19]元昌安等.数据挖掘原理与SPSS Clementine应用宝典[M].北京:电子工业出版社,2009.

[20]王珊,李盛恩.数据库基础与应用[M].第2版.北京:人民邮电出版社,2009.

[21]范明,数据挖掘导论[M].北京:人民邮电出版社,2006.

[22](美)Abraham Silberschatz,Henry F. Korth,(印)S. Sudarshan.数据库系统概念(Database System Concepts)[M].5版.杨冬青,马秀莉,唐世渭,等译.北京:机械工业出版社,2008.

参考文献